"十四五"职业教育国家规划教材

行水云课数字教材

高等职业教育
水利类新形态一体化教材

工程制图CAD与识图

主　编　武　荣
主　审　郭旭新

中国水利水电出版社
www.waterpub.com.cn
·北京·

内 容 提 要

本教材是根据《房屋建筑制图统一标准》（GB 50001—2010）、《水利水电工程制图标准 基础制图》（SL 73.1—2013）、《建筑结构制图标准》（GB/T 50105—2010）、《道路工程制图标准》（GB 50162—1992）等国家最新发布的规范，结合实际教学与工程实践经验编写而成的。本教材以理论服务于实践为目的，以必需和够用为适度，以掌握概念、强化应用和培养技能为重点。本教材共分十四个学习单元，主要介绍制图的基本知识，投影的基本知识，点、直线、平面的投影，基本体，轴测图，立体表面的交线，组合体，视图、剖视图和断面图，标高投影，钢筋混凝土结构图，房屋建筑图，水利工程图，道路工程图，AutoCAD 绘图等。

本教材可用于水利、工业与民用建筑、路桥等一线技术人员的培训，也可作为高职高专土木工程类专业，特别是水利工程专业、水利水电建筑工程专业、工业与民用建筑专业、测绘专业、路桥专业教学用书。

图书在版编目（CIP）数据

工程制图CAD与识图 / 武荣主编. -- 北京 : 中国水利水电出版社, 2023.8

“十四五”职业教育国家规划教材　高等职业教育水利类新形态一体化教材

ISBN 978-7-5226-0848-8

Ⅰ. ①工… Ⅱ. ①武… Ⅲ. ①工程制图－AutoCAD软件－职业教育－教材②工程制图－识别－职业教育－教材 Ⅳ. ①TB23

中国版本图书馆CIP数据核字(2022)第125839号

书　　名	“十四五”职业教育国家规划教材 高等职业教育水利类新形态一体化教材 **工程制图 CAD 与识图** GONGCHENG ZHITU CAD YU SHITU
作　　者	主编　武　荣 主审　郭旭新
出版发行	中国水利水电出版社 （北京市海淀区玉渊潭南路 1 号 D 座　100038） 网址：www. waterpub. com. cn E-mail：sales@mwr. gov. cn 电话：（010）68545888（营销中心）
经　　售	北京科水图书销售有限公司 电话：（010）68545874、63202643 全国各地新华书店和相关出版物销售网点
排　　版	中国水利水电出版社微机排版中心
印　　刷	北京市密东印刷有限公司
规　　格	184mm×260mm　16 开本　15.5 印张　377 千字
版　　次	2023 年 8 月第 1 版　2023 年 8 月第 1 次印刷
印　　数	0001—2000 册
定　　价	**55.00** 元

前言

本教材注重结合土建类工程行业的实际，体现土建类的人才需求特点，在编写过程中，突出了“以岗位为依据、以能力为本位”的思想和“合格+特长”人才培养模式；贯彻工程行业规范，突出工学结合，注重职业能力的训练和个性培养；按照学习和工作的不同特点，坚持学习知识、能力、素质协调发展，力求实现学生由“学会”向“会学”转变、教学过程“以教师为主”向“以学生为主”转变、理论和实践分开教学向两者融于工作过程教学转变。

本教材编写团队由高职院校教师和行业、企业专家组成。本教材共十四个学习单元，其中学习单元一～学习单元九为绘图的基本知识，学习单元十～学习单元十三为专业绘图知识，学习单元十四为选学内容。本教材主要由以下人员完成：杨凌职业技术学院茹秋瑾、田园（学习单元一）、谭剑波（学习单元二）、武荣（学习单元三、学习单元六、学习单元九～学习单元十二）、王雪梅（学习单元四）、宋亮（学习单元七）、王凯（学习单元十三）、李晓琳（学习单元十四）；中国水电建设集团十五工程局有限公司上官平（学习单元五）；中水北方勘测设计研究有限公司水道及隧洞所高文强（学习单元八）。本教材由杨凌职业技术学院郭旭新教授担任主审。

本教材在编写过程中，将工作过程中的内容及任务引入课堂教学，实现了“学中做”和“做中学”，体现了职业教育的核心理念，体现了大国工匠精神、钉钉子精神、劳动精神、奋斗精神、奉献精神、创造精神。本教材在编写中引用了大量的规范、专业文献和资料，恕未在书中一一注明，在此，对有关作者表示诚挚的感谢。

专业建设团队的领导和全体教师提出了许多宝贵意见，水利工程学院领导也给予了大力支持，在此表示最诚挚的感谢。

本教材的内容体系在国内是首次尝试，构建有很多不妥之处，加之作者水平有限，不足之处在所难免，恳请广大师生和读者对书中存在的缺点和疏漏，提出批评指正，编者不胜感激。

编者

2022年10月

“行水云课”数字教材使用说明

“行水云课”水利职业教育服务平台是中国水利水电出版社立足水电、整合行业优质资源全力打造的“内容”+“平台”的一体化数字教学产品。平台包含高等教育、职业教育、职工教育、专题培训、行水讲堂五大版块，旨在提供一套与传统教学紧密衔接、可扩展、智能化的学习教育解决方案。

本教材是整合传统纸质教材内容和富媒体数字资源的新型教材，将大量图片、音频、视频、3D动画等教学素材与纸质教材内容相结合，用以辅助教学。读者登录“行水云课”平台，进入教材页面后输入激活码激活，即可获得该数字教材的使用权限。可通过扫描纸质教材二维码查看与纸质内容相对应的知识点多媒体资源，完整数字教材及其配套数字资源可通过移动终端APP、“行水云课”微信公众号或中国水利水电出版社“行水云课”平台查看。

多媒体资源索引

续表

资 源 名 称	资 源 类 型	页　码
组合体的尺寸标注	视频	90
视图绘制	视频	95
剖视图绘制	视频	98
全剖视图、半剖视图	视频	102
断面图绘制	视频	106
点和线的标高投影	视频	111
平面的标高投影	视频	114
曲面的标高投影	视频	119
钢筋图的绘制	视频	134
钢筋图的标注	视频	134
钢筋断面图的绘制	视频	134
建筑平面图绘制 A	视频	147
建筑平面图单个房间绘制 B	视频	147
单个房间的尺寸标注 B	视频	147
建筑平面图文字及定位轴线标注 B	视频	147
建筑立面图 B	视频	148
建筑立面图窗户绘制	视频	148
图层的设置	视频	217
三视图的绘制	视频	223
渠道的绘制	视频	226
专业绘图（练习）	文件夹	234

目　录

绪　　论

生产实践中，建造房屋、修路架桥以及修建渠道、大坝等活动都需要将生产意图和设计思想表达准确。对于简单的事物，用语言或文字就可以叙述清楚，但是对于较为复杂的事物，仅仅依靠语言和文字来描述，就不可能达到技术上的要求。因此，技术上需要一种特殊语言——图样。准确表达工程结构的形状、大小及其技术要求的图样称为工程图样。

动画

一、工程图样及其在工程建设中的应用

设计者将产品的形状、大小及各部分之间的相互关系和技术上的相关要求都精确地表达在图样上，施工者则根据图样施工。所以，图样不仅用来表达设计者的设计意图，也是指导实践、研究问题、交流经验的主要技术文件。

在现代工程中，图样已经成为人们表达设计意图、交流技术思想的工具，因此说图样是工程界的语言。它既是人类语言的补充，也是人类语言在工程设计、施工、交流上的具体体现。所以，工程图样是工业生产中一种重要的技术资料和交流工具，是工程界的共同语言。

二、本课程的学习内容

本课程是土木、水利类的一门必修专业基础课，它研究解决阅读、绘制工程图样的理论和方法。教学的目的就是教会学生掌握这种语言，即通过学习相关的标准、规定及图示理论和方法，掌握阅读和绘制工程图样的技能。它是一门既有系统的理论又有较强实践要求的专业基础课。

本课程主要包括以下几部分内容：

（1）制图基础部分。介绍制图的基础知识和基本规定，培养绘图的能力，并要求在绘图过程中严格遵守相关的标准、规定。

（2）专业识图部分。运用正投影原理，学习怎样阅读和绘制工程图样。

（3）计算机绘图部分。

三、本课程的特点及学习方法

本课程是一门有系统理论的学科，在学习过程中，结合专业知识，将空间几何元素、几何体与平面图形结合起来，也就是将空间想象与平面图形的投影分析紧密结合。能对解题方法、作图步骤和作图结果等有一个比较清晰的空间形象，且应学会运用综合分析、归纳等方法分析问题和解决问题。

本课程中制图的基本原理及相关标准是理论基础，比较抽象，系统性和理论性比较强。专业识图是投影理论的运用，实践性较强，反映建筑、道桥、水利方面的绘图

实践，又有其专业特点。因此，初学者在接触该课程时，往往会感到陌生、抽象，空间概念难以建立，所以要注意以下学习方法：

（1）本课程是一门实践性较强，比较抽象而且系统性较强的课程，所以必须切实加强实践性教学环节，认真完成一定数量的习题、作业。做作业或习题时，要做到画图与读图相结合，每一道题都根据自己的想象画出立体图。画图过程即是图解思考的过程。通过习题或作业，理解和应用投影法的基本理论、贯彻制图标准、熟悉基本的专业知识，训练计算机绘图的操作技能，以达到培养对三维形状和相关位置的空间逻辑思维和形象思维能力，培养绘图、读图的能力。

（2）学习制图基础，应先认真学习国家制图标准中的有关规定，熟记各种代号和图例的含义，并严格遵守国家制图标准中的有关规定，踏实地进行制图技能的操作训练，养成正确使用制图工具、准确绘图的习惯。

（3）在学习专业制图时，会遇到许多新的知识点，这是学习本课程的一道难关。应结合所学的一些初步的专业知识，运用制图基础阶段所学的制图标准的基本规定和当前所学的专业制图标准的有关规定，读懂教材和习题集上所列出的主要图样。在绘制专业图作业时，必须在读懂已有图样的基础上进行绘图，严格遵守制图标准的各项规定，从而达到培养阅读和绘制图样的初步能力的预期要求。

（4）在学习本课程时，要注意培养自学能力、分析问题和解决问题的能力，及时复习和进行阶段小结，学会通过自己阅读作业指示和查阅资料来解决习题和作业中的问题，以此作为今后查阅有关标准、规范、手册等资料来解决工程实际问题的练习。在学习过程中，要培养认真负责、一丝不苟的工作作风。

学习单元一　制图的基本知识

【学习目标与要求】

1. 掌握常用制图工具及其使用方法。
2. 了解国家标准及技术制图的有关规定及钉钉子精神。
3. 掌握简单的几何作图的原理，掌握平面图形的分析和尺寸注法。

工程图样是现代化工业生产中必不可少的技术资料，每个工程技术人员均应熟悉和掌握有关制图的基本知识和技能。

§1-1　基本制图标准

图样是工程技术的语言，为了便于生产和进行技术交流，使绘图和看图有一个共同准则，必须对图样的画法、尺寸注法及采用的符号等作统一的规定，这个统一规定就是制图标准。本节只介绍标准中的“制图一般规定”和“尺寸注法”的部分内容。

制图标准

一、图幅、图框标准

1. 图纸幅面

图幅是指图纸幅面的大小，即图纸面积，用图纸的短边×长边（$B\times L$）表示。为了便于图纸的保管和合理利用，制图标准对图纸的基本幅面规定了五种不同的尺寸，见表1-1。

表1-1　　**图幅及图框尺寸**　　单位：mm

幅面代号	A0	A1	A2	A3	A4
$B\times L$	841×1189	594×841	420×594	297×420	210×297
e	20		10		
c	10			5	
a	25				

注　a 表示图纸预留装订边的取值数值（单位：mm）。
c 表示图纸预留装订边的情况下其他三边的取值数值。
e 表示图纸不预留装订的四个边取值数值。

无论图纸是否装订，都应画出图框，其格式和具体尺寸还应符合图1-1所示规定。

2. 标题栏

标题栏的格式及项目一般由设计单位自定，在本课程作业中，采用图1-2所示的格式。

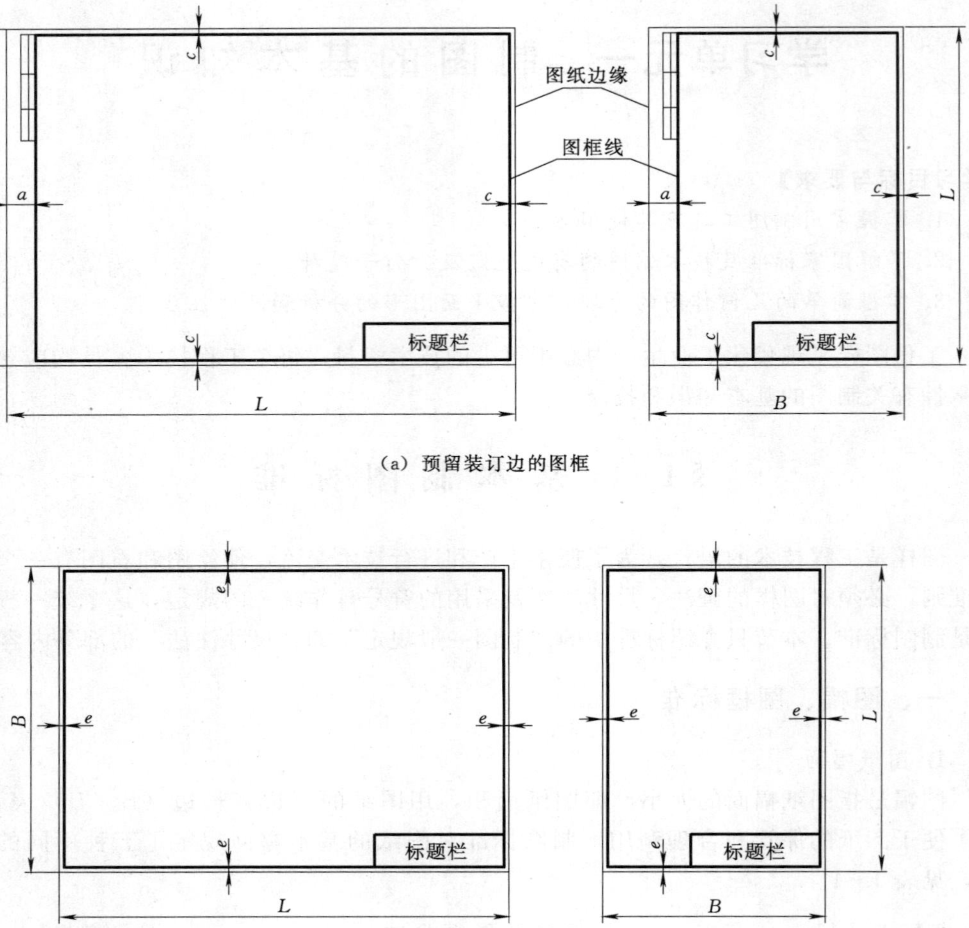

图 1-1　图框及标题栏

图框、标题栏的绘制

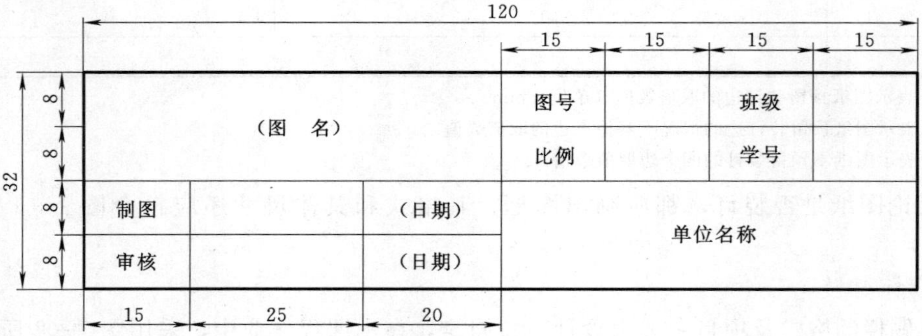

图 1-2　标题栏

3. 会签栏

会签栏应按图 1-3 所示的格式绘制，其尺寸应为 100mm×20mm，栏内应填写会签人员所代表的专业、姓名、日期（年、月、日）；一个会签栏不够时，可另加一个，两个会签栏应并列；不需会签的图纸可不设会签栏。

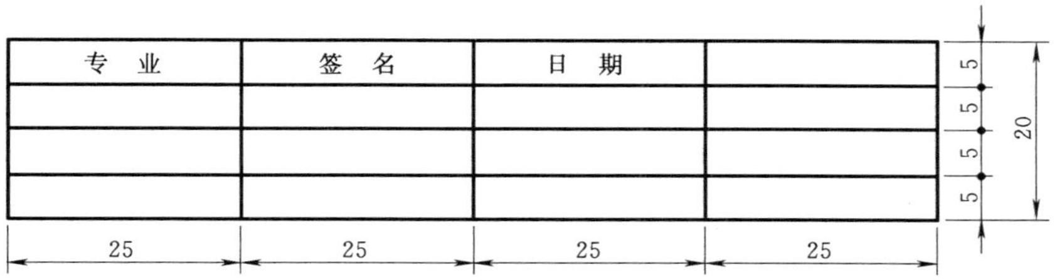

图 1-3 会签栏

二、图线

1. 图线线型和用途

为了使图样中所表达的内容主次分明，制图标准规定采用不同形式和不同粗细的线条分别表示不同意义和用途，绘图时必须遵照这些规定。常用的几种线型和用途见表 1-2，表中图线的宽度分为粗（b）、中（$0.5b$）、细（$0.25b \sim 0.3b$）。各种图线的应用如图 1-4 所示。

表 1-2 **图线线型和用途**

序号	图线名称	线型	线宽	一般用途
1	粗实线		b	（1）可见轮廓线。 （2）钢筋。 （3）结构分缝线。 （4）材料分界线
2	虚线		$b/2$	（1）不可见轮廓线。 （2）不可见结构分缝线
3	细实线		$b/3$	（1）尺寸线和尺寸界线。 （2）剖面线和示坡线。 （3）重合剖面的轮廓线。 （4）钢筋图的构建轮廓线。 （5）表格中的分隔线。 （6）曲面上的素线
4	点画线		$b/3$	（1）中心线。 （2）轴线。 （3）对称线
5	双点画线		$b/3$	（1）原轮廓线或假想投影轮廓线。 （2）运动构件在极限或中间位置的轮廓线
6	波浪线		$b/3$	（1）构件断裂处的边界线。 （2）局部剖视的边界线
7	折断线		$b/3$	（1）构件断裂处的边界线。 （2）中断线

注 粗实线应用于图框线时，其宽度为 $b \sim 1.3b$。

2. 图线的规定画法

（1）同一张图纸上，同类图线的宽度应一致，如图 1-4 所示。

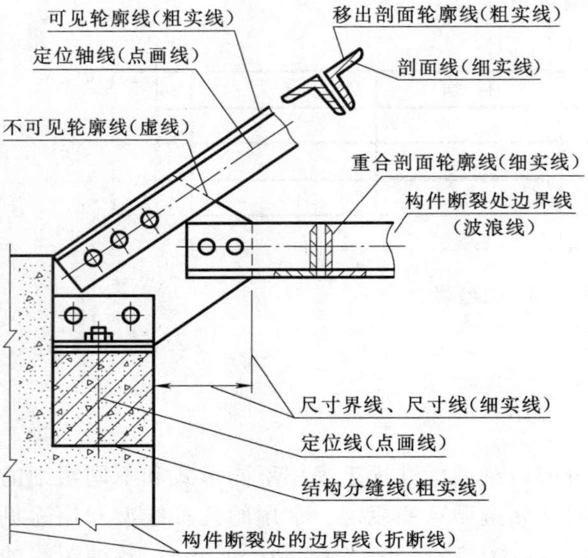

图 1-4　各种图线在工程图中的应用

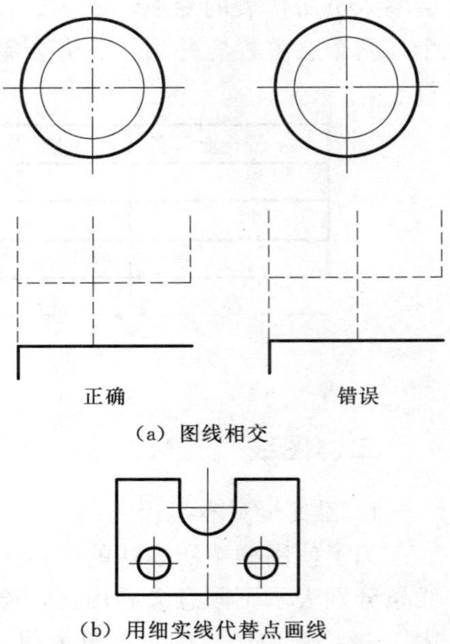

图 1-5　图线的画法

（2）虚线、点画线及双点画线的短画或长画的长度和间隔各自保持均匀相等。点画线及双点画线中的短画长度约 1mm，而不是点，如图 1-5（a）所示。

（3）各种图线均应在线段处相交，不应交于线段空隙或点画线的短线上，但虚线若为粗实线的延长线时，应在相接处留有空隙，如图 1-5（a）所示。

（4）用点画线表示圆的中心线时，圆心应是线段的交点，点画线两端应超出圆弧 3～5mm，当圆直径小于 10mm 时，可用细实线代替点画线，如图 1-5（b）所示。

A0 和 A1 图幅图纸的图框线线宽采用 1.4mm，标题栏的外框线线宽采用 0.7mm，标题栏的分格线和会签栏线线宽采用 0.2mm。

A2、A3 和 A4 图幅图纸的图框线线宽采用 1.0mm，标题栏的外框线线宽采用 0.6m，标题栏的分格线和会签栏线线宽采用 0.18～0.2mm。

三、字体

图上的汉字、数字、字母等均应书写端正、笔画清晰、排列整齐、间隔均匀，字体的高度（用 h 表示）代表字体的号数（简称字号），图样中的字号分别为 1.6mm、2.5mm、3.5mm、5mm、7mm、10mm、14mm、20mm，字体的高宽比为 $\sqrt{2}$。

图样上需要书写的有文字、数字或符号等，用来说明物体的大小及施工原技术要求等内容。如果书写潦草或模糊不清，不仅影响图样的清晰和美观，还会导致施工差错和麻烦，因此，国家标准对字体的规格和要求做了统一的规定。

1. 汉字

汉字应采用国家正式公布的简化字，字体采用长仿宋体，字高不应小于3.5mm。工程图中的汉字应采用简化字书写，必须符合国务院公布的《汉字简化方案》和有关规定，并写成长仿宋体。长仿宋体的字高与字宽的比例大约为1：0.7，其关系见表1-3。

表1-3　　长仿宋体字高与字宽关系　　单位：mm

字高	20	14	10	7	5	3.5
字宽	14	10	7	5	3.5	2.5

2. 数字和字母

数字和字母可写成斜体和正体。斜体字字头应向右倾斜，与水平基准线成75°。工程图样中常用斜体。

四、比例

比例是图形与实物相对应的线性尺寸之比。图上的比例只反映图形与实物大小的缩放关系，而图样上所注尺寸数字反映的永远是物体的实际大小，如图1-6所示。

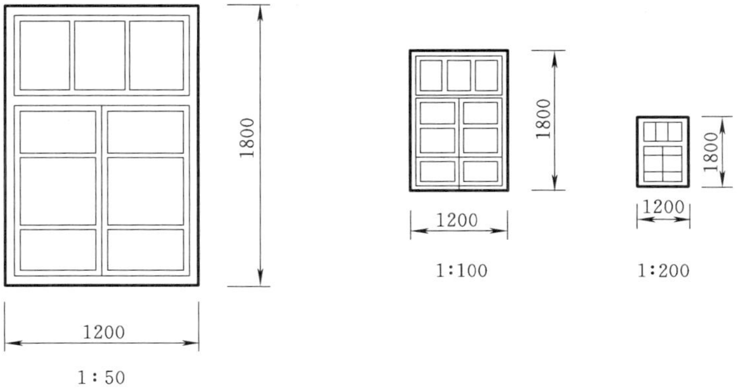

图1-6　不同比例画出的图形

比例的大小是指图形的绘制尺寸与实际尺寸比值的大小，如比例1：50就大于比例1：100。比例的符号为"："，比例应以阿拉伯数字表示，如1：1、1：2、1：100等。同一张图纸中若只有一个比例，则在标题栏中统一注明图形的比例大小。若在同一张图纸中有多个比例，则比例大小应该注明在图名的右侧，且字的基准线应取水平，比例的字高宜比图名的字高小一号或二号，如图1-7所示。

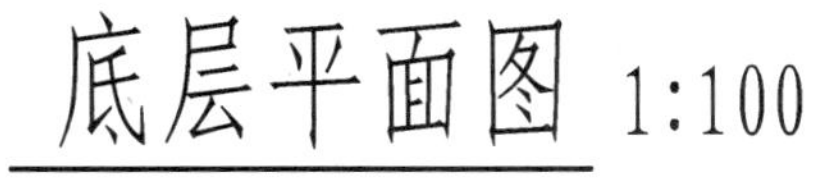

图1-7　比例的注写

绘图所用的比例应根据图样的用途与被绘对象的复杂程度从表1-4中选用。一般情况下，一个图样应选用一种比例。根据专业制图需要，同一图样可选用两种比例。

表 1-4　　绘图所用的比例

图　名	常用比例
总平面图	1∶500、1∶1000、1∶2000
平面图、立面图、剖视图	1∶50、1∶100、1∶200
详图	1∶1、1∶2、1∶5、1∶10、1∶20、1∶50

五、尺寸标注

尺寸标注

尺寸标注应严格遵守国家标准中有关尺寸注法的规定，以保证尺寸标注的正确、清晰。尺寸标注的基本要求是：构件的真实大小应以图样上所注尺寸数字为依据，与图形的大小及绘图的精确度无关。

图样中标注的尺寸单位，除标高、桩号及规划图（以千米为单位）、总布置图（以米为单位）外，其余尺寸以毫米为单位，图中不必说明。若采用其他尺寸单位时，则必须在图纸中加以说明。

1. 尺寸的组成

一个完整的尺寸一般应包括尺寸界线、尺寸线、尺寸起止符号和尺寸数字，如图 1-8 所示。

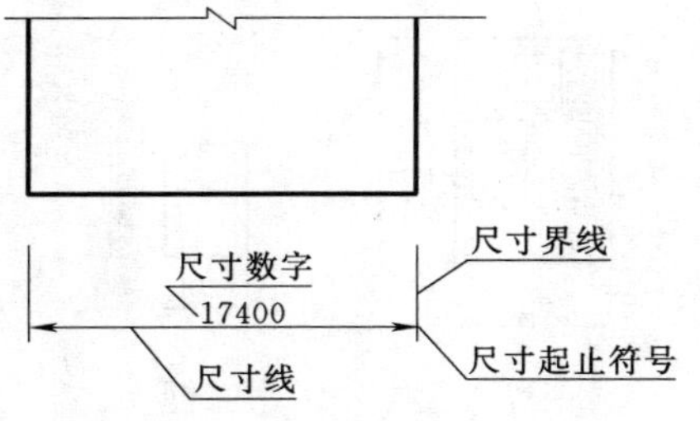

图 1-8　尺寸的组成

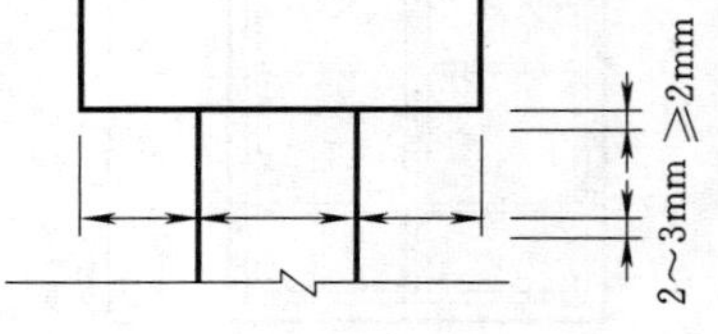

图 1-9　尺寸界线

2. 基本规定

（1）尺寸界线。应用细实线绘制，一般应与被注长度垂直，其一端应离开图样轮廓线不小于 2mm，另一端宜超出尺寸线 2～3mm。有时图样轮廓线也可用作尺寸界线，如图 1-9 所示。

（2）尺寸线。应用细实线绘制，并与被注长度平行。图样上的任何图线都不得用作尺寸线。

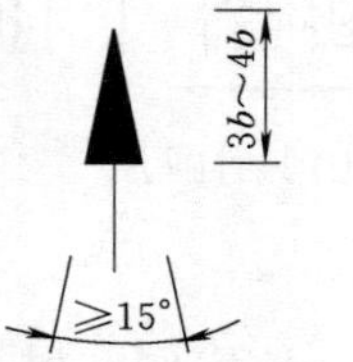

图 1-10　箭头尺寸起止符号

（3）尺寸起止符号。尺寸线与尺寸界线的相交点是尺寸的起止点，土木建筑工程图中一般用中粗斜短线绘制，其倾斜方向应与尺寸界线成顺时针 45°，长度宜为 2～3mm。半径、直径、角度与弧长的尺寸起止符号，宜用箭头表示，箭头画法如图 1-10 所示。

（4）尺寸数字。国标规定，图样上的尺寸一律用阿拉伯数字标注图样的实际尺寸，与绘图时采用的比例无关，应以尺寸数字为准，不得从图上直接量取。

图样上所标注的尺寸，除标高及总平面图以米为单位外，其他必须以毫米为单位，所以图样上的尺寸数字一律不写单位。

尺寸数字一般应依据其方向注写在靠近尺寸线的上方中部。水平方向的尺寸，尺寸数字要写在尺寸线的上面，字头向上；竖直方向的尺寸，尺寸数字要注写在尺寸线的左侧，字头向左；倾斜方向的数字，字头应保持向上，按图 1－11（a）的规定注写。若尺寸数字在 30°斜线区内，宜按图 1－11（b）的形式注写。

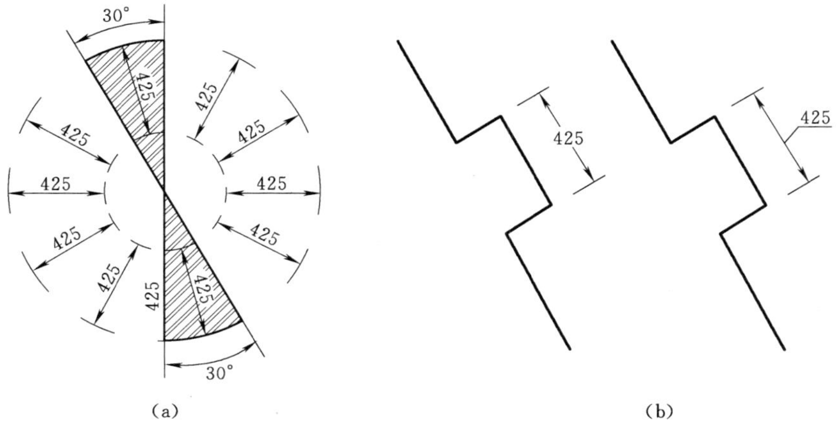

图 1－11　尺寸数字的注写方向

尺寸数字如没有足够的注写位置，最外边的尺寸数字可注写在尺寸界限的外侧，中间相邻的尺寸数字可错开注写，如图 1－12 所示。

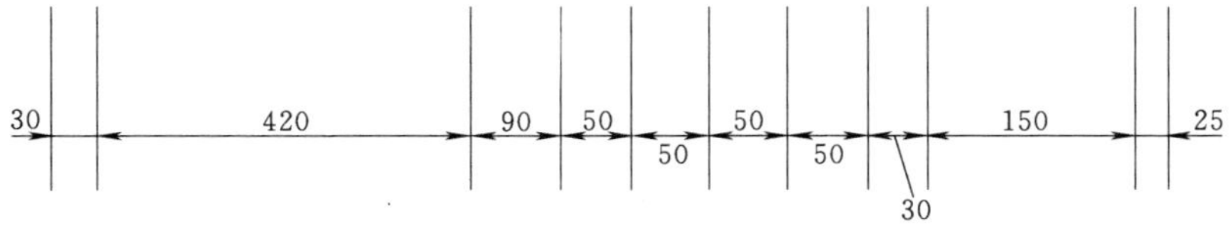

图 1－12　连续尺寸标注数字的注写位置

3. 尺寸的排列与布置

尺寸宜标注在图样轮廓以外，不宜与图线、文字及符号等相交。图线不得穿过尺寸数字，不可避免时，应将尺寸数字处的图线断开，如图 1－13 所示。

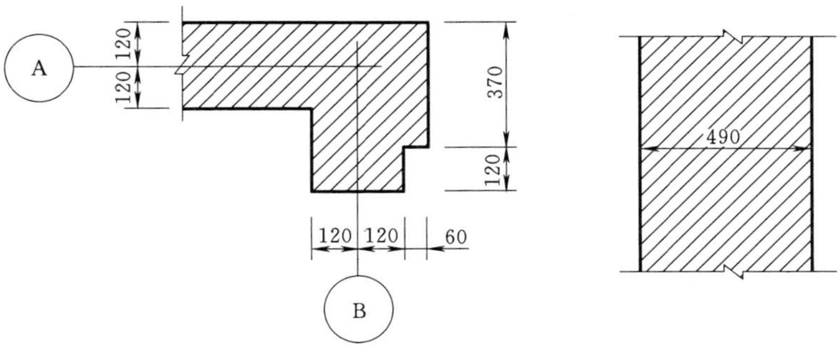

图 1－13　尺寸数字的注写

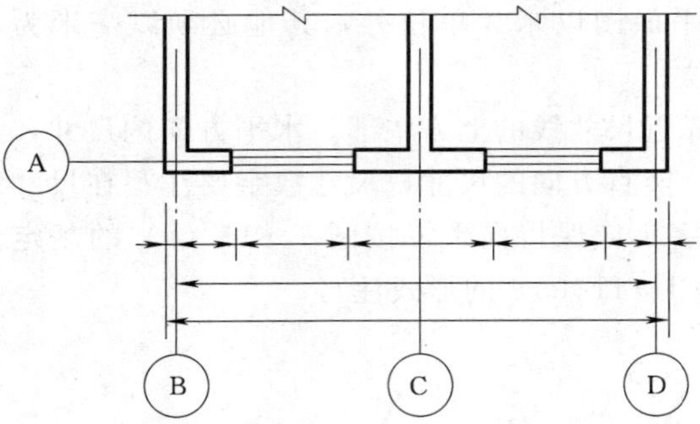

图 1-14　尺寸的排列

若干线相平行的尺寸线，应从被注写的图样轮廓线由近向远整齐排列，较小尺寸离轮廓线较近，较大尺寸离轮廓线较远，如图 1-14 所示。图样轮廓线以外的尺寸界线，距图样最外轮廓线以外的距离不宜小于10mm，平行排列的尺寸线的间距为7～10mm，并应保持一致。

4. 半径、直径、球的尺寸标注

(1) 半径的尺寸标注。半径的尺寸线一端从圆心开始，另一端画箭头指向圆弧。半径数字前应加注半径符号“R”或“r”，如图 1-15 (a) 所示。

圆弧的半径较小时，可按图 1-15 (b) 的形式标注；圆弧的半径较大时，可按图 1-15 (c) 的形式标注。

(2) 直径的尺寸标注。标注圆的直径尺寸时，直径数字前应加直径符号“ϕ”或 D、d。在圆内标注的尺寸线应通过圆心，两端画箭头指向圆弧，如图 1-16 (a) 所示。圆的直径尺寸较小时，可标注在圆外，如图 1-16 (b) 所示。

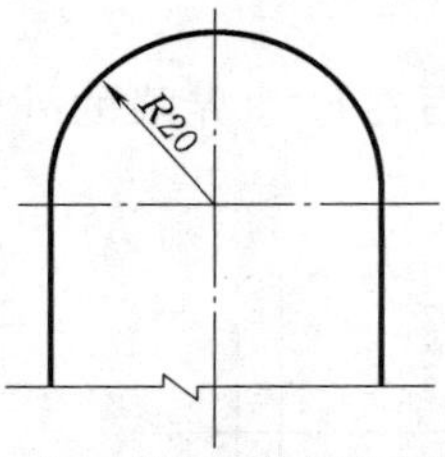

(a) 一般半径的标注方法

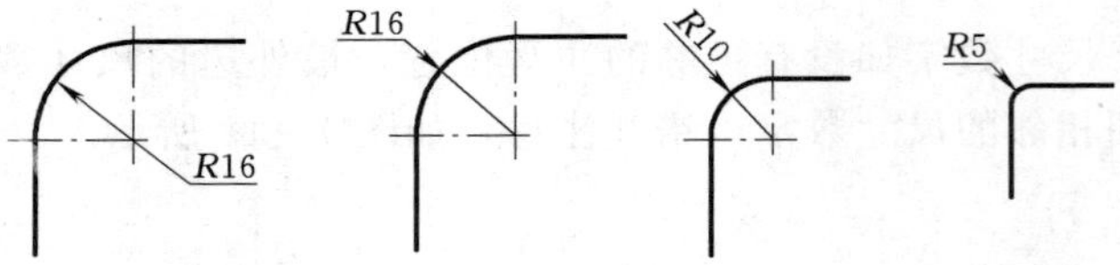

(b) 小圆弧半径的标注方法

(c) 大圆弧半径的标注方法

图 1-15　半径尺寸的标注

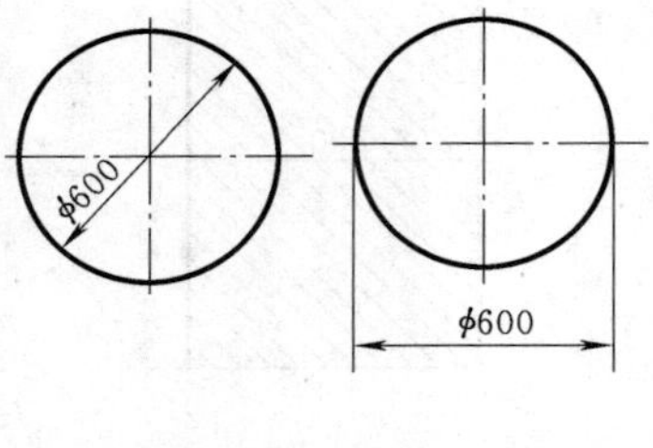

(a) 一般直径的标注方法

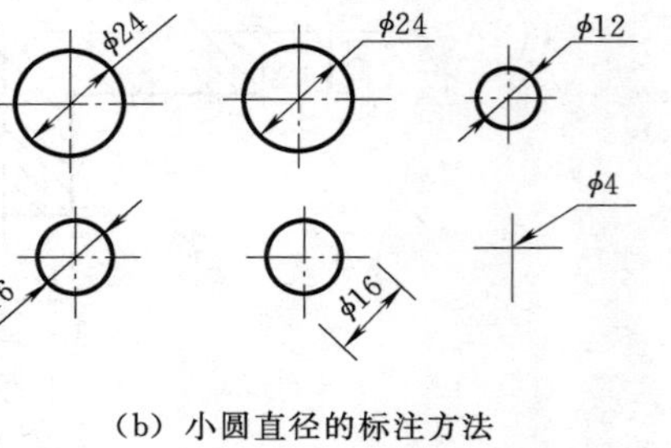

(b) 小圆直径的标注方法

图 1-16　直径尺寸的标注

（3）球的尺寸标注。标注球的半径或直径尺寸时，应在尺寸前加注符号“*SR*”“*sr*”或符号“*SD*”“*sd*”“*Sϕ*”。其注写方法与圆半径和圆直径的尺寸标注方法相同。

5. 角度、弧长、弦长的标注

（1）角度的标注。角度的尺寸线以圆弧表示，圆弧的圆心为该角的顶点，角的两条边为尺寸界线；角的起止符号用箭头表示，若画箭头的位置不够时，也可用圆点代替；角度数字应按水平方向注写，如图 1－17 所示。

（2）弧长和弦长的标注。弧长和弦长的尺寸界线应垂直于该圆弧的弦；标注圆弧的弧长时，尺寸线是该圆弧同心的圆弧线，起止符号用箭头表示，并在弧长数字的上方加注圆弧符号“⌒”，如图 1－18（a）所示；标注圆弧的弦长时，尺寸线是平行于该弦的直线，起止符号用中粗斜短线表示，如图 1－18（b）所示。

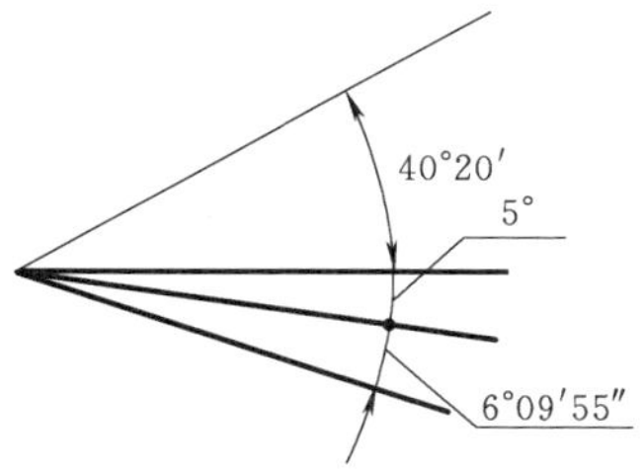

图 1－17　角度的标注

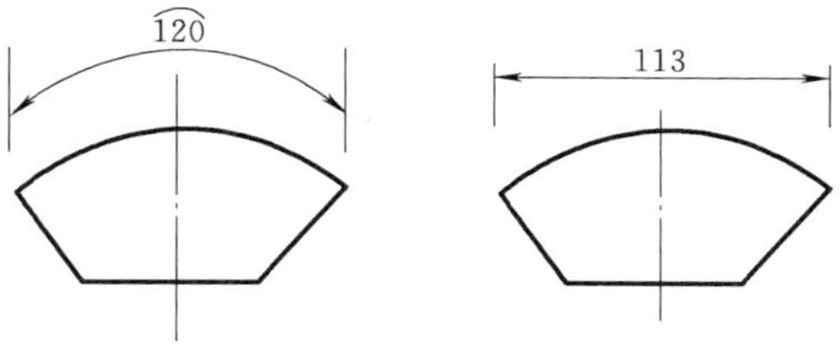

（a）弧长　（b）弦长

图 1－18　弧长和弦长的标注

6. 其他尺寸的标注

（1）薄板厚度和正方形尺寸的标注。在薄板板面标注板厚尺寸时，应在厚度数字前加厚度符号“*t*”，如图 1－19 所示。

标注正方形的尺寸时，除了可以用“边长×边长”的形式外，也可在边长数字前加注正方形符号“□”，如图 1－20 所示。

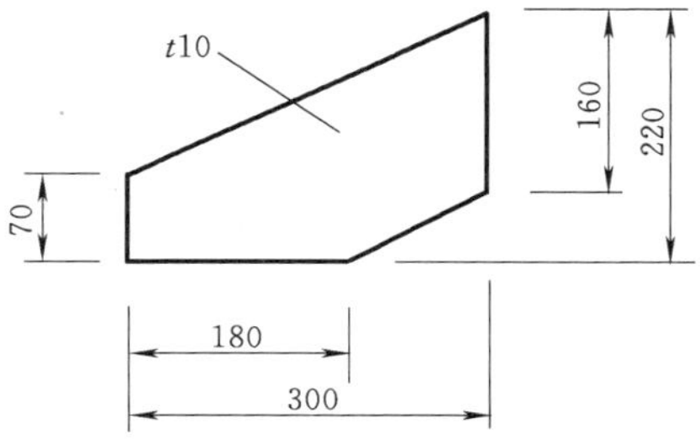

图 1－19　薄板厚度的标注

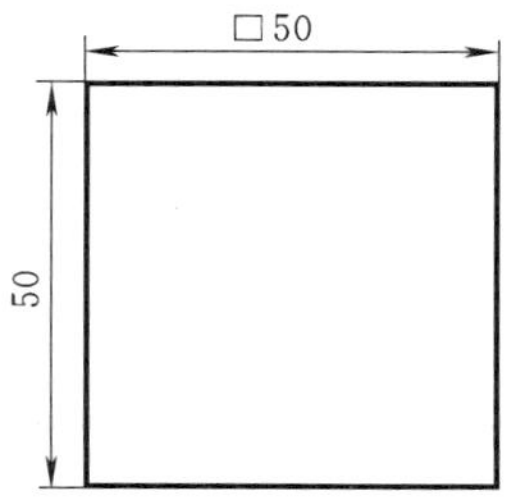

图 1－20　正方形尺寸的标注

（2）坡度的标注。坡度可用百分数、比值、直角三角形的形式标注。用百分数、比值标注坡度时，坡度数字下应加注一单面箭头作为坡度符号“↼”，箭头指向下坡方向，如图 1－21 所示。

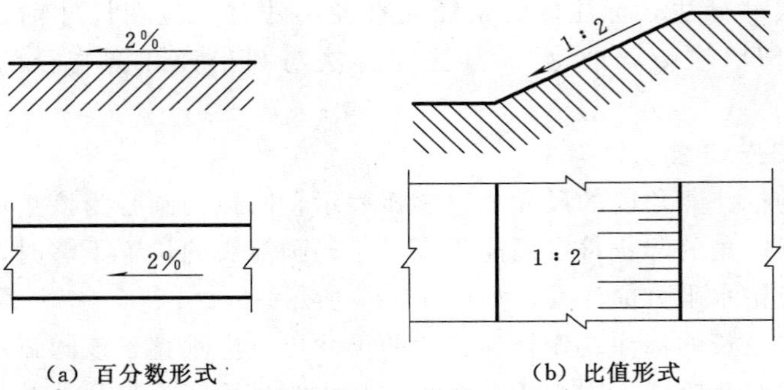

图 1－21　坡度的标注

§1－2　平面图形的画法

平面图形是由许多线段连接而成的。画图前，要对图形进行尺寸分析和线段分析，以便明确平面图形的画图步骤，正确快速地画出图形和标注尺寸。

一、平面图形的尺寸分析

平面图形中的尺寸，可按其作用分为以下两类。

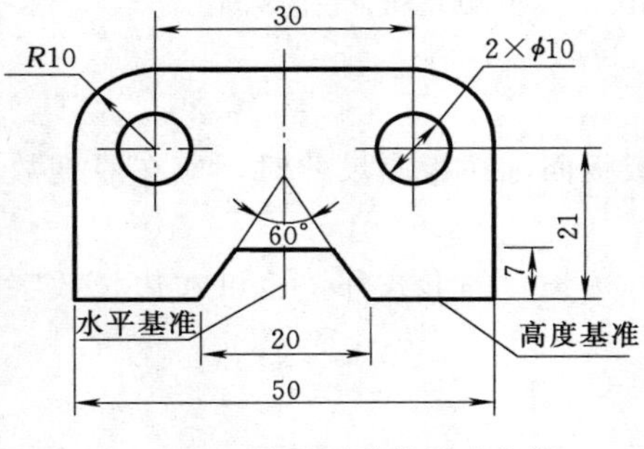

图 1－22　平面图形的尺寸分析

几何作图

1. 定形尺寸

用于表示线段的长度、圆弧的直径（或半径）和角度大小等的尺寸，称为定形尺寸，如图 1－22 中的 50、20、ϕ10、R10、60°等。

2. 定位尺寸

用于确定线段在平面图形中所处位置的尺寸，称为定位尺寸，如图 1－22 中的 30、21 等。

定位尺寸通常以图形的对称线、中心线或某一轮廓线作为标注尺寸的起点，这些点被称为尺寸基准。如图 1－22 中两圆的水平方向定位尺寸 30 是以对称线为基准的，高度方向的定位尺寸 21 则以底边作为基准。

二、平面图形的线段分析

平面图形中的线段（直线或圆弧），根据其定位尺寸完整与否，可分为以下三类（因为直线连接的作图比较简单，所以这里只讲圆弧连接的作图问题）。

1. 已知线段

确定了线段的定形尺寸，又确定了线段的定位尺寸的线段称为已知线段。如图 1－23（a）中的 R8 圆弧，其圆心位置和半径已经确定，为已知线段，如图 1－23

(b) 所示。

2. 中间线段

定位尺寸不齐全，其中一个定位尺寸是由连接条件来确定的线段，称为中间线段，如图 1-23 (a) 中的 $R50$ 圆弧，它只有一个方向的定位尺寸，如图 1-23 (c) 所示，另一定位尺寸要借助于 $R8$ 圆弧来确定，为中间线段。

3. 连接线段

缺少定位尺寸，需要有两个连接的条件确定的线段，称为连接线段。如图 1-23 (a) 中的 $R30$ 圆弧，是由过渡线段（长 8）的右端点和与 $R50$ 圆弧相连接的两个条件来确定它的圆心位置的，如图 1-23 (d) 所示。

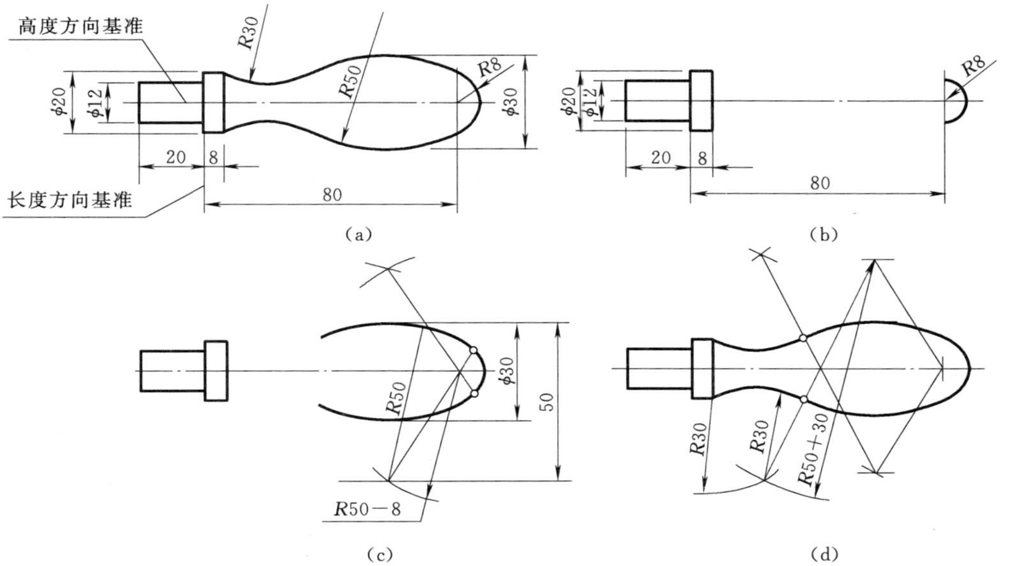

图 1-23 平面图形的线段分析

由此可以确定作图步骤：先画已知线段，再画中间线段，最后画连接线段。

三、绘图方法与步骤

1. 准备工作

(1) 分析图形的尺寸及其线段。

(2) 确定比例，选用图幅。

(3) 画图框及标题栏。

(4) 对平面图形进行分析，拟定具体的作图顺序。

2. 绘制图形

(1) 布置图面，一般用图形的轴线、中心线或主要轮廓线来定位。

(2) 根据图形的特点，逐步画出图形各部分的轮廓。一般顺序是先画已知线段，再画中间线段，最后画连接线段，由整体到局部地画出所有线段。

技能训练项目一

技能训练目标： 熟悉制图标准，掌握平面图形的绘制和尺寸标注方法。

技能训练内容： 绘制简单的平面图形。

技能训练要求： 用 A4 图纸抄绘图 1-24 所示图形，比例自选。

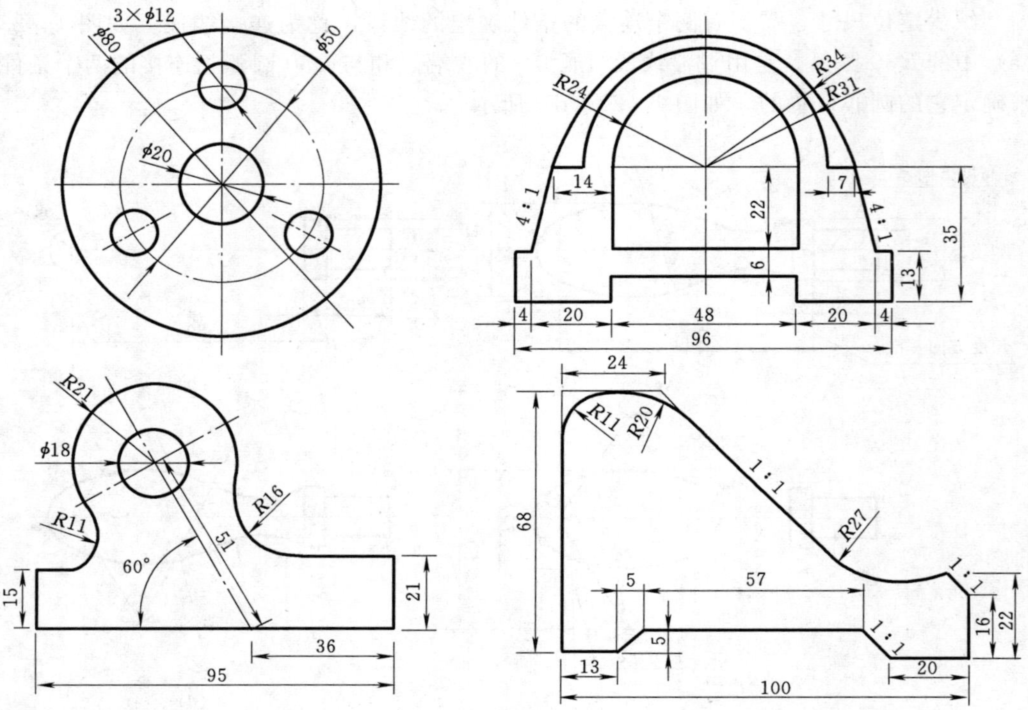

图 1-24　平面图形

技能训练步骤：

1. 准备绘图工具，按要求所绘图形选择合适的比例。
2. 绘制图框及标题栏，确定绘图位置。
3. 用细实线画底稿。
4. 标注尺寸并加深图形。

复习思考题

1. 常用绘图工具怎样使用？
2. 图幅有几种幅面尺寸？
3. 各种图线相交时应注意哪些问题？
4. 平面图形的分析包括哪些内容？
5. 图样上标注的尺寸与画图比例有无关系？
6. 简述制图步骤。

学习单元二　投影的基本知识

【学习目标与要求】

1. 具有描述投影的形成基本原理及分类的能力。

2. 具有描述正投影的基本原理及特性的能力。

3. 具有描述物体三视图的形成及投影特征，能根据物体的模型或立体图画三视图的能力。

4. 具有多角度观察事物能力、守正创新能力。

§2-1　投影的概念及分类

投影方法

一、投影的概念

物体在阳光或灯光的照射下，在地面或墙面上产生影子，这就是投影现象。在长期的生产实践中，人们将物体与影子之间的关系经过科学的抽象、总结，从而形成了投影法。工程界广泛采用投影的方法来表达物体，以实现三维物体与二维图形间的相互转换。

如图2-1（a）所示，影子只反映物体的外形轮廓；而投影则需按投影法原理，把物体的所有内外表面轮廓全部显示出来，如图2-1（b）所示。

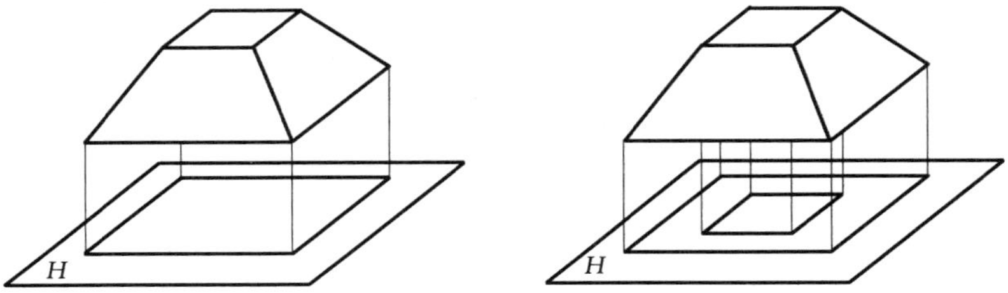

（a）影子　　（b）投影

图2-1　投影和影子的区别

投影法，就是投影线通过物体向选定的投影面投射，并在该面上得到图形的方法。

投影（投影图），就是根据投影法，通过物体的一组投射线向投影面投射，在投影面上得到的图形。

投影面，就是在投影法中得到投影的面。

产生投影时必须具备的三个基本条件是投射线、被投影的物体和投影面。

注意： 工程制图中的投影与物体的影子是有区别的，投影必须按投影法原理，把物体的所有内外表面轮廓全部在投影面上表示出来，而影子则只能反映物体的外形轮廓。

二、投影法的分类

根据投射线的类型（平行或交汇），投影面与投射线的相对位置（垂直或倾斜）的不同，投影法分为以下两类。

1. 中心投影法

投射线汇交于一点的投影法为中心投影法。汇交点用 S 表示，称为**投射中心**。采用中心投影法绘制的图形一般不反映物体的真实大小，但立体感好，多用于绘制建筑物的透视图。如图 2-2 所示。

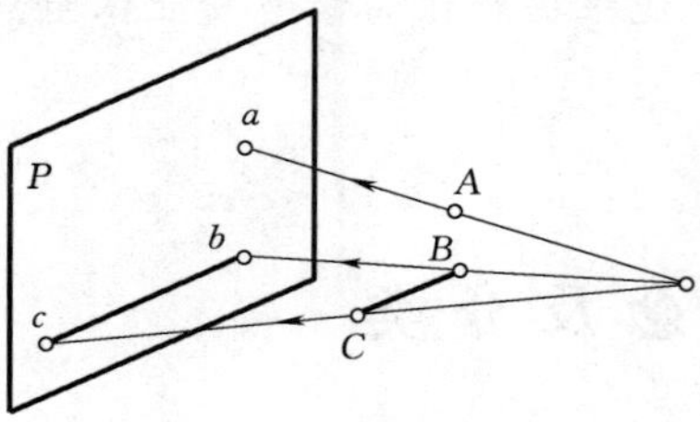

(a) 点、线的中心投影

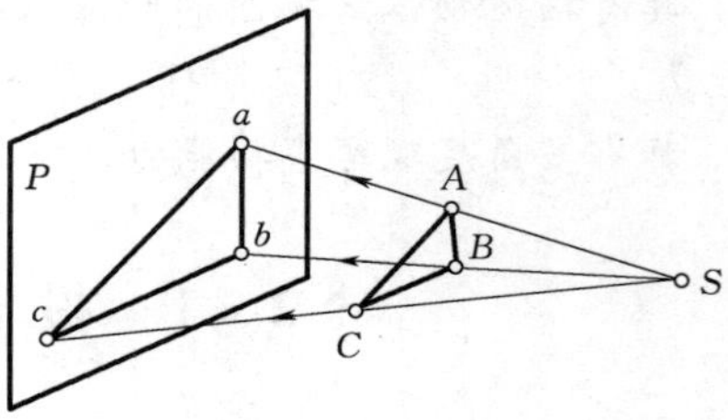

(b) 面的中心投影

图 2-2 中心投影法

2. 平行投影法

投射线相互平行的投影法为平行投影法。用平行投影法投影所得到的图形称为平行投影。

在平行投影法中，根据投射线与投影面的倾角不同，又可分为两种：

(1) 投射线倾斜于投影面的平行投影法称为**斜投影法**，由斜投影法得到的投影为**斜投影**。如图 2-3 (a) 所示。

(2) 投射线垂直于投影面的平行投影法称为**正投影法**，由正投影法得到的投影为**正投影**。如图 2-3 (b) 所示。

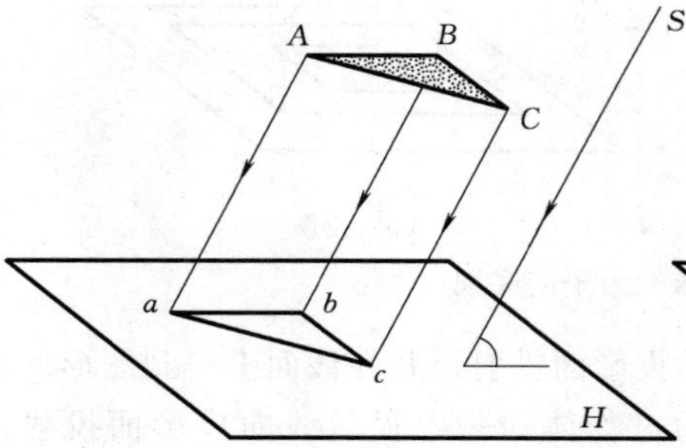

(a) 斜投影

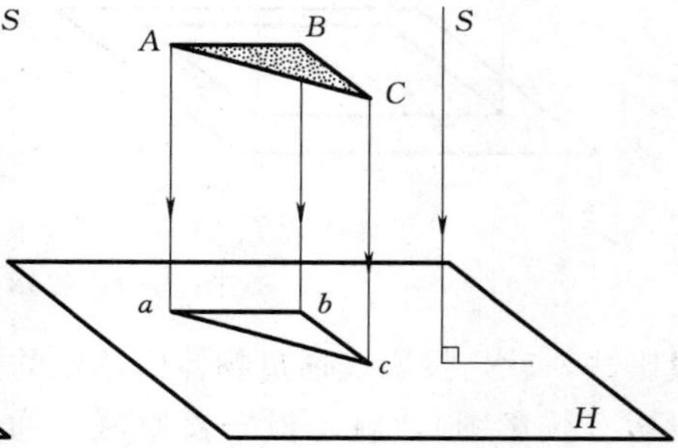

(b) 正投影

图 2-3 平行投影法

采用正投影法绘制图样时，若将几何元素平行于投影面，其投影可以反映它的真实形状和大小，度量性好，作图方便，故工程图样广泛采用正投影法绘制。本课程中所称“投影”，若无特殊说明，均指“正投影”。

三、常见的图样

工程上常见的投影见表 2-1。

表 2-1 **工程上常见的几种投影**

类型		图例		
中心投影法	透视图	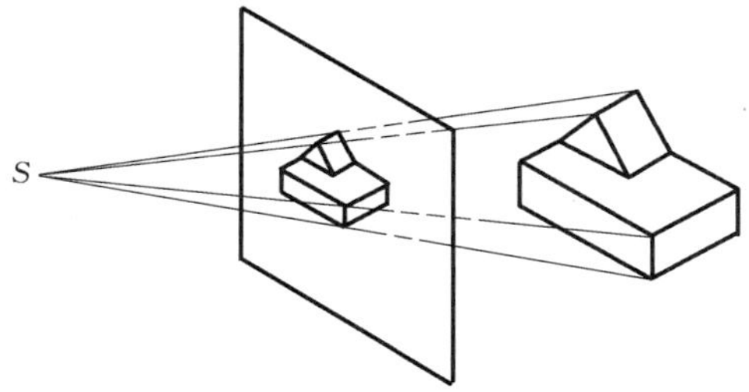		
平行投影法	标高图	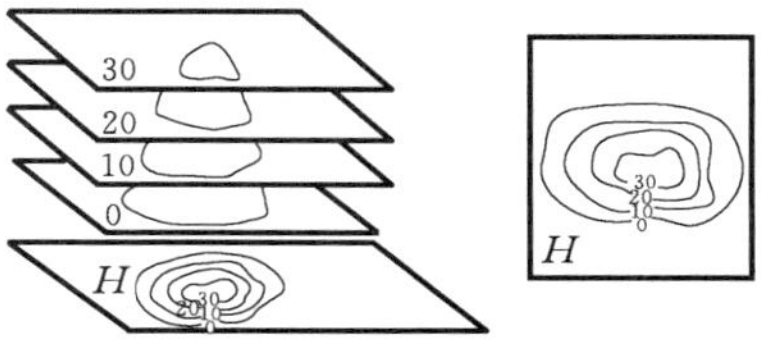	轴测图	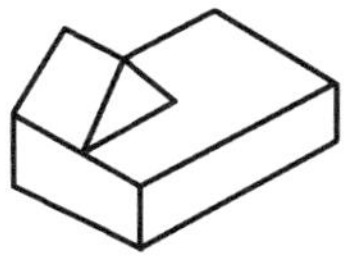
	三视图	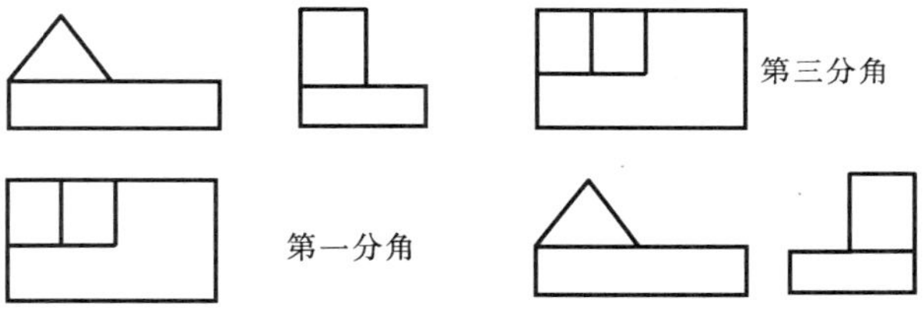		

§2-2 投影的基本特征

一、真实性

平行于投影面的直线段或平面图形，在该投影面上的投影反映线段的实长或平面图形的实形，这种投影特征称为真实性，如图 2-4 所示。

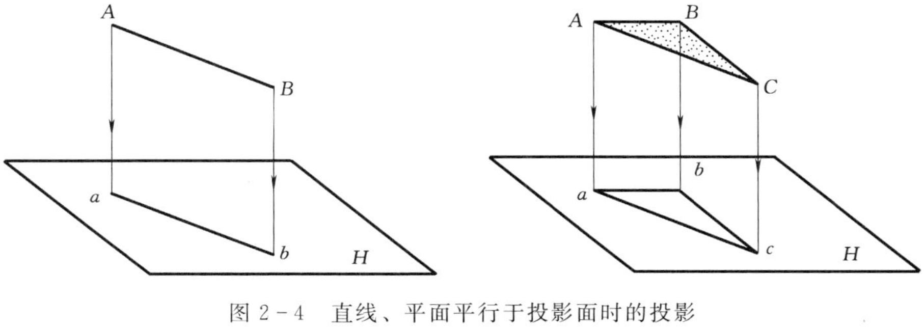

图 2-4　直线、平面平行于投影面时的投影

二、积聚性

垂直于投影面的直线段或平面，在该投影面上的投影积聚成一点或一条直线，这种投影特征称为积聚性，如图 2－5 所示。

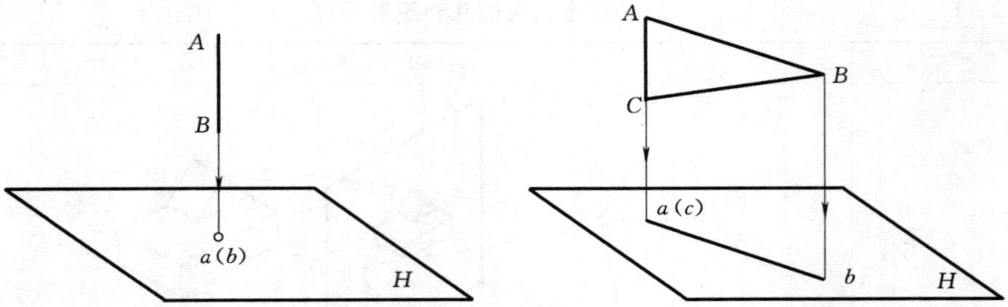

图 2－5　直线、平面垂直于投影面时的投影

三、类似性

倾斜于投影面的直线段或平面，在该投影面上的投影长度变短或是一个比实形小，但形状相似、边数相等的图形，这种投影特征称为类似性，如图 2－6 所示。

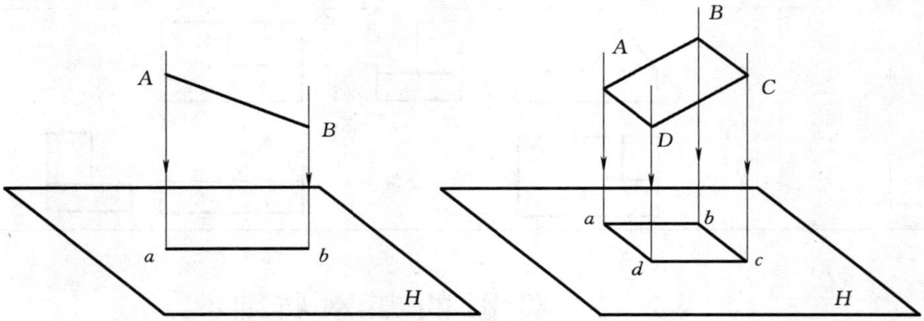

图 2－6　直线、平面倾斜于投影面时的投影

§2－3　物体的三视图

物体的三视图

一、三视图的形成

1. 投影面设立

如图 2－7、图 2－8 所示，虽然物体形状不同，但它们在同一投影面上的投影却是相同的。这就说明在一般情况下，只凭物体的一个或两个投影不能完全确定物体的形状。

要反映物体的完整形状，通常需用三个投影，制图中称为三视图。为此，设置三个互相垂直的平面作为投影面，形成如图 2－9 所示的三面投影体系。其中：

正立投影面，简称正立面，用字母“V”标记；

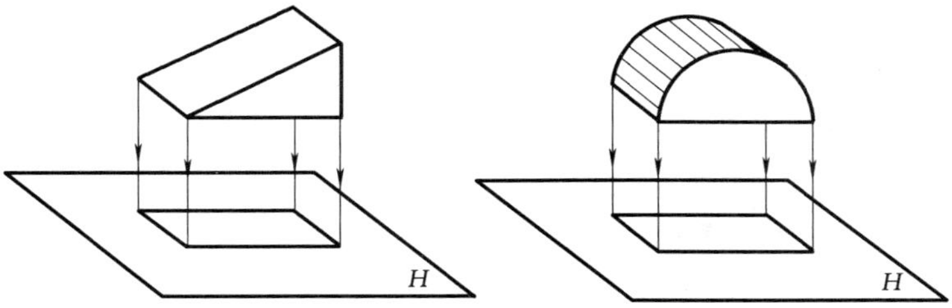

图 2-7 三棱柱及半圆柱的单面投影

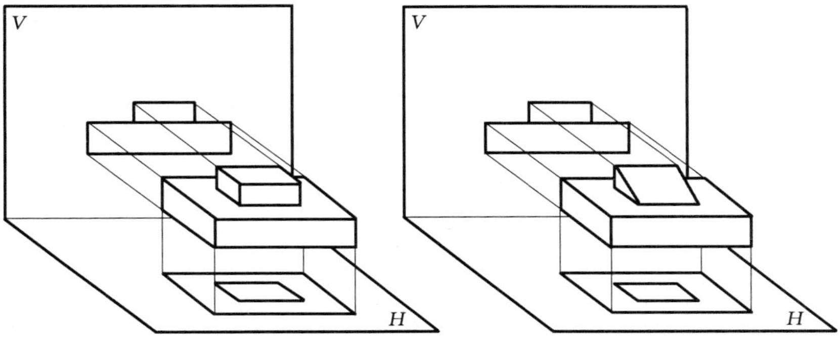

图 2-8 不同形体的两面投影

水平投影面，简称水平面，用字母“*H*”标记；

侧立投影面，简称侧立面，用字母“*W*”标记。

投影面两两相交得到三根互相垂直的投影轴 *OX*、*OY* 和 *OZ*。三根轴的交点 *O* 称为原点。

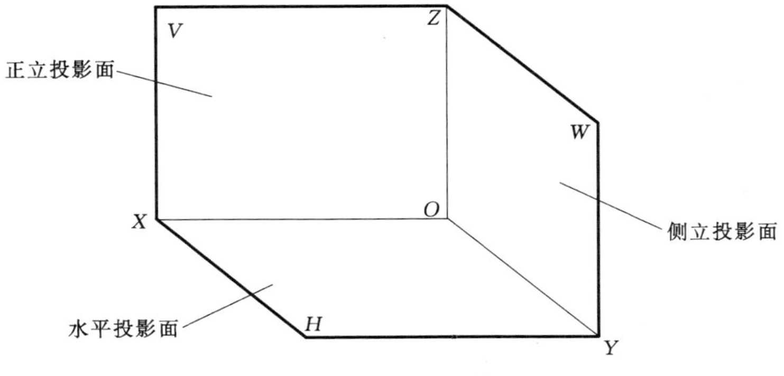

图 2-9 三面投影体系

2. 分面投影

如图 2-10 (a) 所示，现将被投影的物体置于三投影面体系中，并尽可能使物体的主要表面平行或垂直于其中的一个或几个投影面（使物体的底面平行于 *H* 面，物体的前、后端面平行于 *V* 面，物体的左、右端面平行于 *W* 面），以利视图能反映物体的真实形状。保持物体位置不变，将物体分别向三个投影面作投影，就得到出物体的三视图。其中：

主视图：物体在正立面上的投影，即从前向后看物体所画的视图。
俯视图：物体在水平面上的投影，即从上向下看物体所画的视图。
侧视图：物体在侧立面上的投影，即从左向右看物体所画的视图。

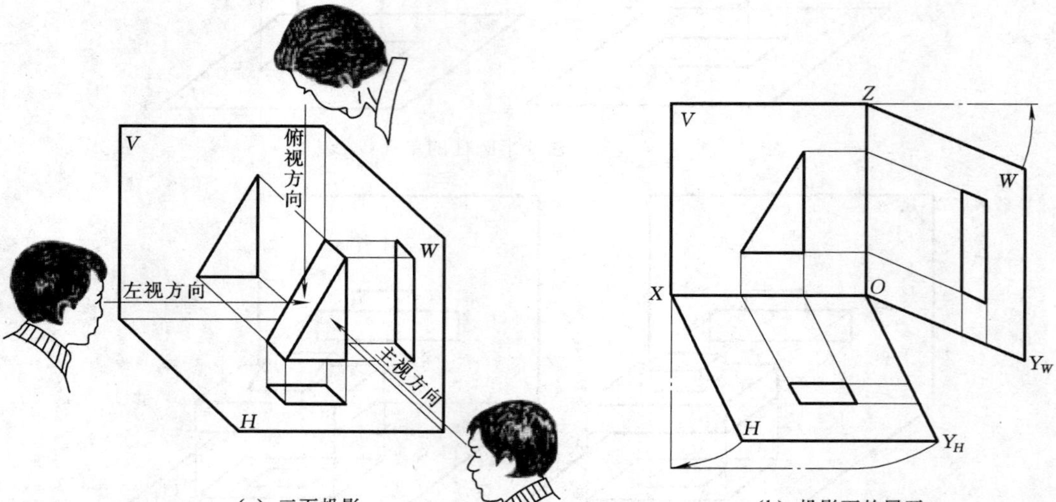

(a) 三面投影　　(b) 投影面的展开

图 2-10　物体三视图的形成

3. 投影面展开

为使三个视图位于同一平面上，需将互相垂直的三个投影面展开成一个平面，如图 2-10（b）所示。方法是：V 面不动，H 面绕 OX 轴向下旋转 90°，W 面绕 OZ 轴向右旋转 90°，使它们与 V 面在同一个平面内，这时 Y 轴被一分为二，随 H 面转至下方的标以 Y_H，随 W 面转至右方的标以 Y_W，展开后的三视图如图 2-11 所示。因为平面是无限大的，原用以表示三个投影面范围的边框已无意义，可以不画，三条轴线亦可省略，所画三视图如图 2-12 所示。

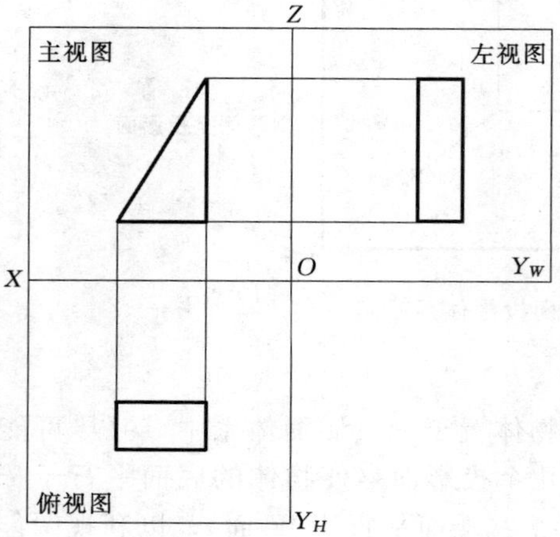

图 2-11　展开后的三视图

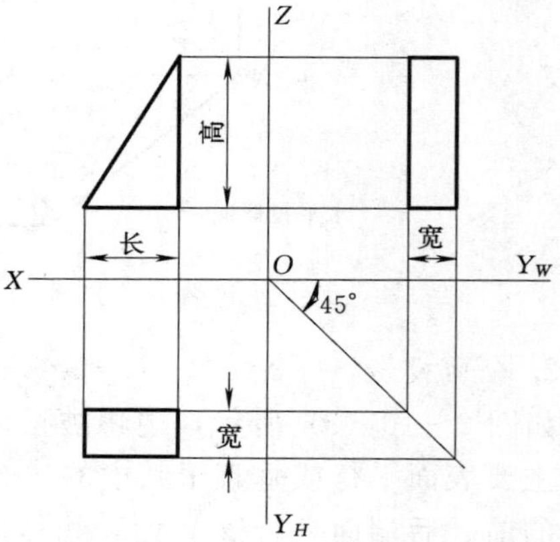

图 2-12　三视图

二、三视图的分析

1. 视图与物体的对应关系

物体有前、后、上、下、左、右六个方位，在三视图中，每个视图反映四个方位，如图 2-13 所示。

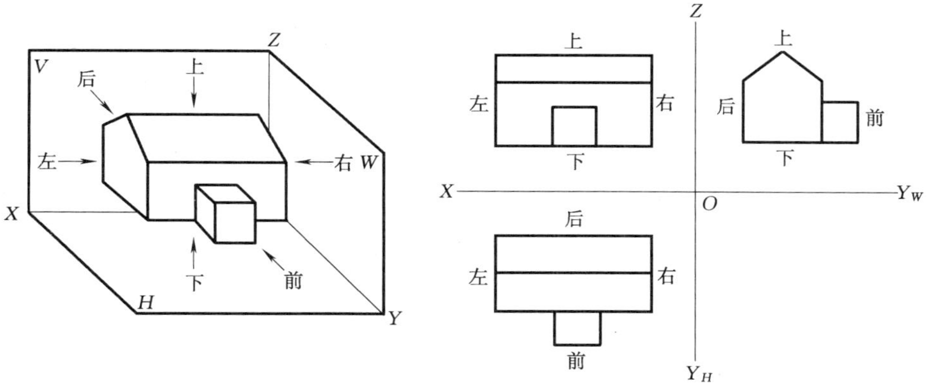

图 2-13 三视图与物体位置的对应关系

主视图反映物体的上、下与左、右位置；俯视图反映物体的前、后与左、右位置；侧视图反映物体的上、下与前、后位置。

注意： 判断物体的前、后位置是个难点，应对照立体图加以理解，并可用“里后外前”这四个字帮助记忆。即在俯视图和左视图中，靠近主视图的一侧是物体的后面，远离主视图的一侧是物体的前面。

熟练掌握在三视图中识别形体的方向，有助于在画图与识图过程中分析形体各部分之间的位置关系。

由于立体的投影图与投影轴的距离，不影响立体本身的形状、大小，所以在实际工程图样中，投影轴可以省略不画。

2. 三视图的投影规律

三视图的投影规律，是指三个视图之间的关系。从三视图的形成过程中可以看出：

主视图反映物体的长度（X 方向）和高度（Z 方向）。

俯视图反映物体的长度（X 方向）和宽度（Y 方向）。

侧视图反映物体的高度（Z 方向）和宽度（Y 方向）。

因为三视图是在物体安放位置不变的情况下，从三个不同的方向投影所得，它们共同表达一个物体，并且每两个视图中就有一个共同尺寸，所以三视图之间存在如下度量关系：

主视图和俯视图“长对正”，即长度相等，并且左右对正。

主视图和侧视图“高平齐”，即高度相等，并且上下平齐。

俯视图和侧视图“宽相等”，其中“宽相等”指在作图中俯视图的竖直方向与侧视图的水平方向相对应。

“长对正、高平齐、宽相等”是三视图之间的投影规律，是画图和读图的重要依据。不论是物体的总体轮廓还是局部结构，都必须遵循这一投影规律。

三、三视图的绘制

画物体的三视图时，必须利用正投影法原理、几何要素的投影特征以及三视图之间的投影关系、投影规律进行绘制。为了获得主视图，观察者设想自己置身于物体的正前方观察物体，视线垂直于正立投影面；为了获得俯视图，物体保持不动，观察者设想自上而下地俯视物体，视线垂直于水平投影面；为了获得侧视图，观察者设想从左向右观察物体，视线垂直于侧立投影面。

初学者最好根据教学模型练习画三视图，并注意以下几点：

(1) 应把模型位置摆平放正，同时选定主视图方向。

(2) 开始作图前，应先确定出视图的位置，画出作图基准线，如中心线或某些边界位置。

(3) 分析模型上各部分形体的几何形状和位置关系，并根据其投影特征（真实性、积聚性、类似性），画出形体各面的投影。

(4) 要注意作图顺序，应先画出具有真实性或积聚性的那些表面。对于具有积聚性的面，宜先画出其积聚成一线的投影，这样就便于画出其在另外两个视图中的类似性投影。

(5) 作图所需尺寸可在模型上量取，每个尺寸只可量取一次。相邻视图之间相应投影的尺寸关系应保持“长对正、高平齐、宽相等”。而保持宽相等有三种方法，如图 2-14 所示。用斜角线法时，先要定出 p 点，再过 p 点用三角板引出 45°斜线即可。

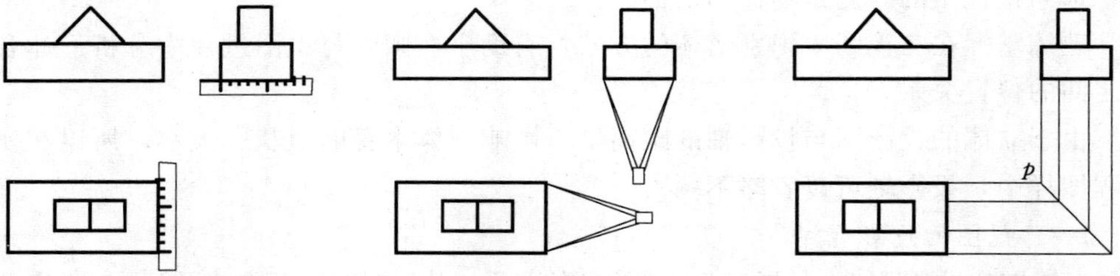

(a) 用直尺　　(b) 用分规　　(c) 用斜角线（45°）

图 2-14　三视图“宽相等”的三种绘制方法

【例 2-1】 根据图 2-15 (a) 所示的立体图完成其三视图。

分析： 该立体可分为左、右两部分，左边部分和右边部分均为长方体，两部分之间底面平齐，顶面平齐，且前后对称。

作图：

(1) 作左边部分长方体的三视图，如图 2-15 (b) 所示，主视图、俯视图和侧视图均为矩形，反映正面、顶面、侧面的实形。

(2) 在此基础上，作右边部分长方体的三视图，如图 2-15 (c) 所示，三个投影均为矩形。

(3) 检查并加深图形，如图 2-15 (d) 所示。

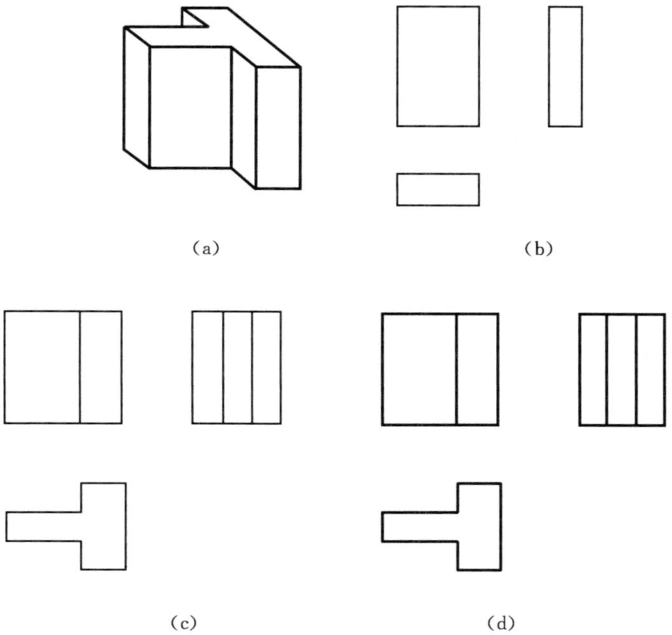

图 2-15 棱柱体三视图的画法

【例 2-2】 如图 2-16 (a) 所示立体，作出其三视图。

分析： 该立体为半圆头柱体叠放在长方体上，且前后、左右平齐，中间挖掉一个与其外形相似的半圆头柱体和长方体。

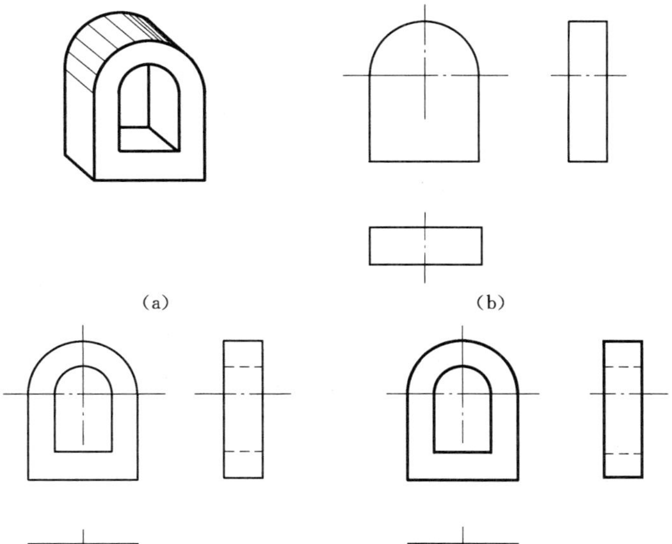

图 2-16 复合体三视图的画法

作图：

（1）作长方体、半圆头柱体的三视图，主视图反映实形，如图 2－16（b）所示。

（2）作开挖半圆孔和长方体的三视图，主视图反映实形，另外两面视图为虚线，为看不见的轮廓线，如图 2－16（c）所示。

（3）完成三视图，检查并描粗加深，如图 2－16（d）所示。

技能训练项目二

技能训练目标： 理解正投影的基本原理，掌握三视图的形成及其投影规律。

技能训练内容： 根据立体图绘制三视图，如图 2－17 所示。

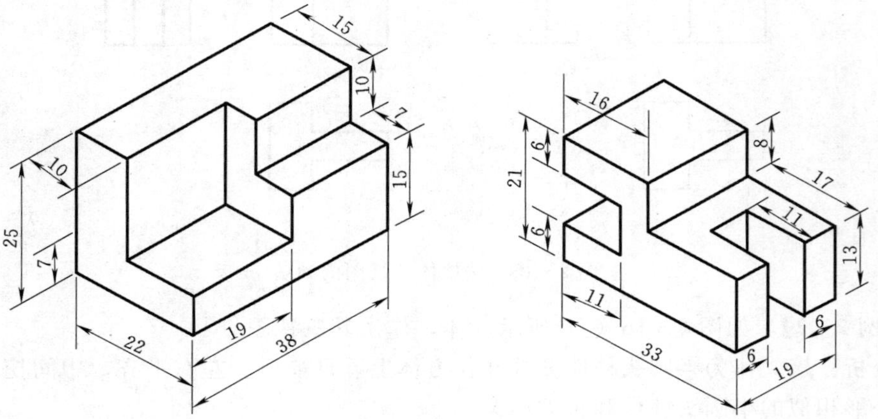

图 2－17　简单体的轴测图

技能训练要求： 用 A4 图纸按 1∶1 绘制三视图并标注尺寸，图形要符合投影规律。

技能训练步骤：

1. 准备绘图工具，根据立体图想象三视图及各视图之间与立体图的对应关系。
2. 绘制图框及标题栏，确定绘图位置。
3. 用细实线画底稿。
4. 标注尺寸并加深图形。

复习思考题

1. 什么是投影？投影分为哪几类？
2. 形成投影的三个必要条件是什么？
3. 正投影有哪些特性？
4. 三视图是怎样形成的？
5. 什么是三视图“三等关系”？

学习单元三　点、直线、平面的投影

【学习目标与要求】

1. 具有描述点的投影规律及两点相对位置关系的能力。
2. 具有描述线的投影规律及点与线、线与线相对位置关系的能力。
3. 具有描述面的投影规律及点、线、面相对位置关系的能力。
4. 踔厉奋发，勇毅前行。

点、直线、平面是构成物体表面最基本的要素，研究它们的投影，目的在于提高物体视图的分析和表达能力。

§3-1　点　的　投　影

点的投影

一、点的三面投影

如图3-1（a）所示，A 置于三面投影体系中，由 A 点分别作三个投影面的垂线，相应垂足 a'、a、a''分别为 A 点的正面（V 面）投影、水平面（H 面）投影和侧面（W 面）投影。规定点在空间的位置标注为大写的字母，如 A、B、C 等，点的正面投影规定用小写字母加一撇来表示，如 a'、b'、c'等，点的水平投影用小写字母来表示，如 a、b、c 等，点的侧面投影用小写字母加两撇来表示，如 a''、b''、c''等。

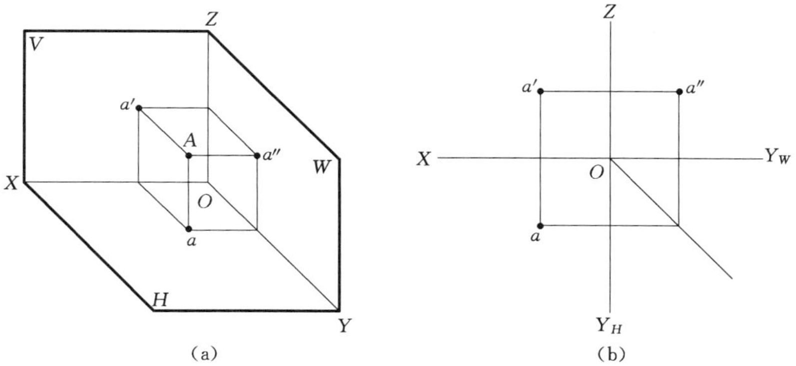

图3-1　点的投影

二、点的坐标

若将三面投影体系看成空间直角坐标系，即投影面为坐标面，投影轴为坐标轴，O 为坐标原点，则点的空间位置可用一组直角坐标值表示，如 $A(x, y, z)$，其三个直角坐标值分别表示了空间点到三个投影面的距离。从图3-1（a）可以看出，点的直角坐标值与点的投影及点 A 到投影面的距离关系为：

点 A 的 x 坐标值等于点到 W 面的距离。

点 A 的 y 坐标值等于点到 V 面的距离。

点 A 的 z 坐标值等于点到 H 面的距离。

由此可知，点的 H 面投影由点的 x、y 两坐标值决定；点的 V 面投影由点的 x、z 两坐标值决定；点的 W 面投影由点的 z、y 两坐标值决定。

三、点的三面投影规律

从图 3－1 可知，点 A 的 V 面投影和 H 面投影共同反映点 A 的 x 坐标；点 A 的 V 面投影和 W 面投影共同反映点 A 的 z 坐标；点 A 的 W 面投影和 H 面投影共同反映点 A 的 y 坐标。由此可得知投影规律：

（1）$a'a$ 的连线$\perp OX$ 轴（长对正）。

（2）$a'a''$的连线$\perp OZ$ 轴（高平齐）。

（3）水平投影 a 到 X 轴的距离等于侧面投影 a''到 Z 轴的距离（宽相等）。

由以上可知，点的一面投影反映点到两个投影面的距离，即点的两个坐标值，点的任意两面投影就可以反映点到三个投影面的距离，即点的三个坐标值。也就是说，点的两面投影即可确定点在空间的位置。

【例 3－1】 如图 3－2（a）所示，已知 B 点的两面投影 b'、b，求 b''。

分析： 根据点的三面投影规律，b''点必位于过 b'而垂直于 OZ 轴的直线上，而且 b 点到 OX 轴的距离应等于 b''到 OZ 轴的距离。

作图：

（1）过 b'作 OZ 轴的垂线并延长。

（2）过 b 作 OY_H 轴的垂线并延长，与 45°辅助线相交，过交点作 OY_W 轴的垂线并延长，与过 b'作 OZ 轴的垂线的延长线相交，交点即为 b''点。如图 3－2（b）所示。

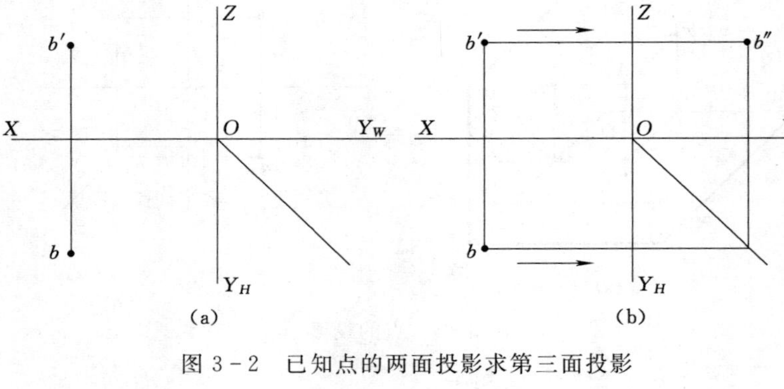

图 3－2　已知点的两面投影求第三面投影

【例 3－2】 已知空间点 K(30，10，20)，试作 K 点的三面投影。

分析： 根据点的投影与坐标的关系，可以由点的已知坐标定出各面投影的位置。水平面投影可由 $X=30$，$Y=10$ 确定；正面投影可由 $X=30$，$Z=20$ 确定；侧面投影可由 $Y=10$，$Z=20$ 确定。

作图：

（1）作相互垂直的投影轴，分别在各轴上截取 $X=30$，$Y=10$，$Z=20$，如图 3-3（a）所示。

（2）由各坐标点分别作所在投影轴的垂线，分别交于 k、k'和k''三点，即得 K 点的三面投影，如图 3-3（b）所示。

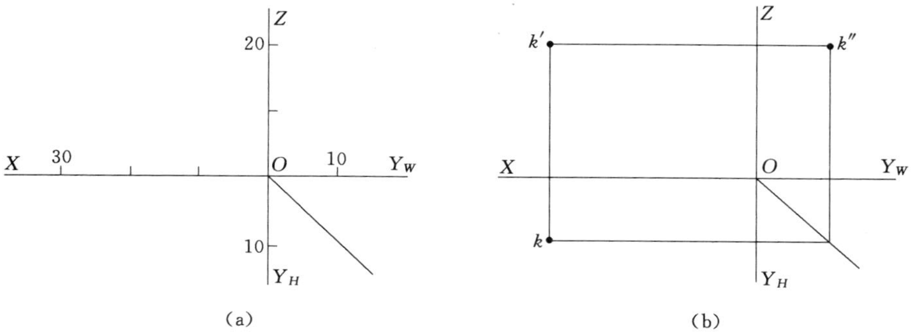

图 3-3 根据点的坐标作点的三面投影

四、两点的相对位置关系

两点的相对位置关系指的是两点的左右、前后和上下关系。由于点的 x、y、z 坐标分别反映了空间点相对于 W、V、H 三投影面的距离，因此只要比较两点的对应坐标值的大小，就能确定两点的相对位置。X 值大者在左，Y 值大者在前，Z 值大者在上，如图 3-4 所示。A 点在 B 点的右方、后方和上方。

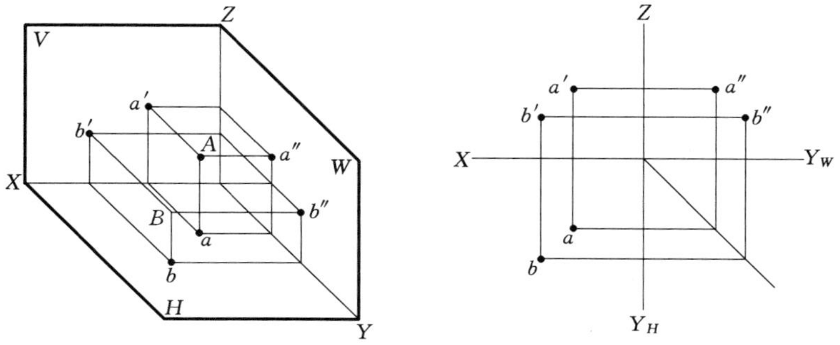

图 3-4 两点的相对位置

五、重影点的绘制

当空间两点处于某一投影面的同一投影线上时，它们在该投影线垂直的投影面上的投影重合为一点，则称这两点是该投影面的重影点。重影点的空间条件是空间两点处在某一投影面的同一条投影线上，其坐标条件是有两个坐标值相同。规定不可见的投影要加圆括号，如图 3-5 所示。

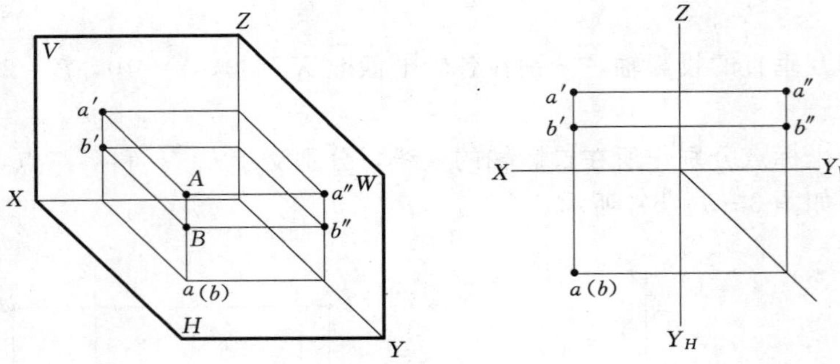

图 3-5　重影点的投影

§3-2　直线的投影

一、直线的三面投影

直线的投影仍为直线。画直线的投影，可先作出直线两端点的投影，然后用粗实线将其同面投影连接即可，如图 3-6（b）所示。

作直线的直观图，可先作出直线上两点的直观图，然后用粗实线连接空间两点及其两点的同面投影即可，如图 3-6（a）所示。

线的投影（上）

线的投影（下）

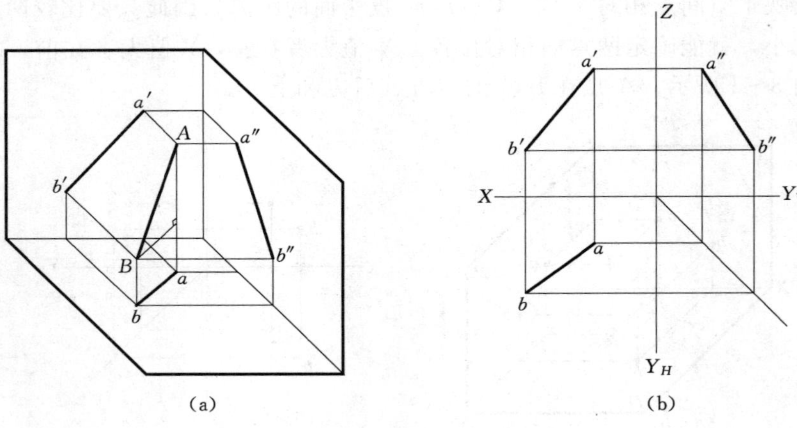

图 3-6　一般位置线的投影特征

根据直线与投影面的相对位置关系，可分为一般位置线、投影面的平行线和投影面的垂直线。制图标准规定：直线或平面与水平面的夹角用“α”表示，与正面的夹角用“β”表示，与侧面的夹角用“γ”表示。

1. 一般位置线

一般位置线的投影和三个投影面都既不平行，也不垂直，如图 3-6 所示。

2. 投影面的平行线

投影面的平行线是和一个投影面平行，和其他两个投影面倾斜直线。

各种投影面的平行线的直观图、三面投影图及投影特征见表3-1。

表3-1　　各种投影面的平行线的直观图、三面投影图及投影特征

名称	轴测图	投影图	投影特征
正平线	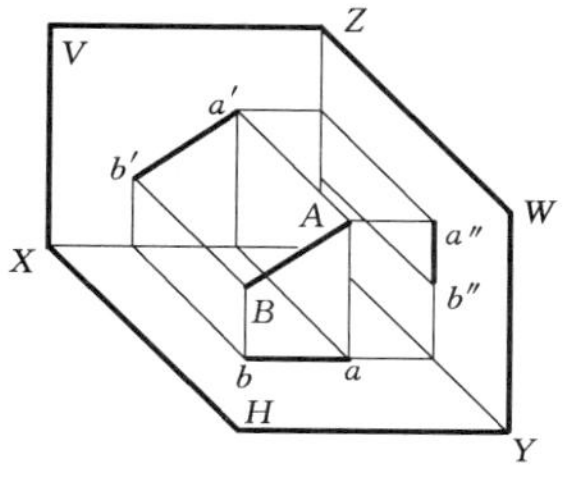	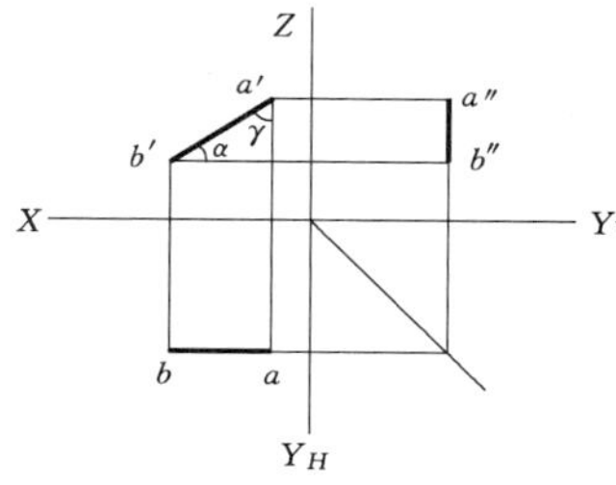	（1）正面投影反映实长，即 $a'b'=AB$。 （2）水平投影和侧面投影均平行于相应的坐标轴，即 $ab//OX$，$a''b''//OZ$。 （3）$\beta=0°$，α、γ 可度量
水平线	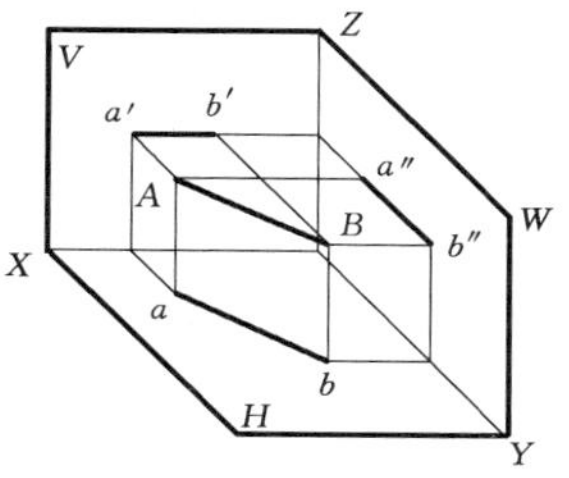	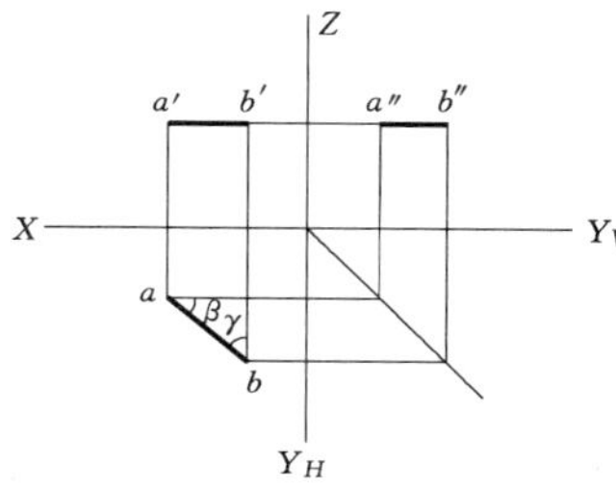	（1）水平投影反映实长，即 $ab=AB$。 （2）正面投影和侧面投影平行于相应的坐标轴，即 $a'b'//OX$，$a''b''//OY$。 （3）$\alpha=0°$，β、γ 可度量
侧平线	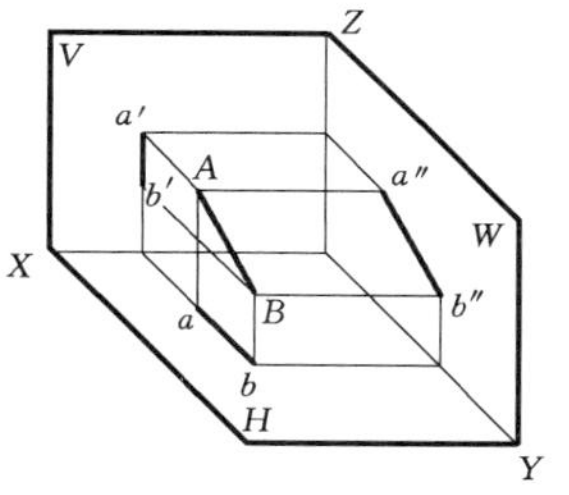	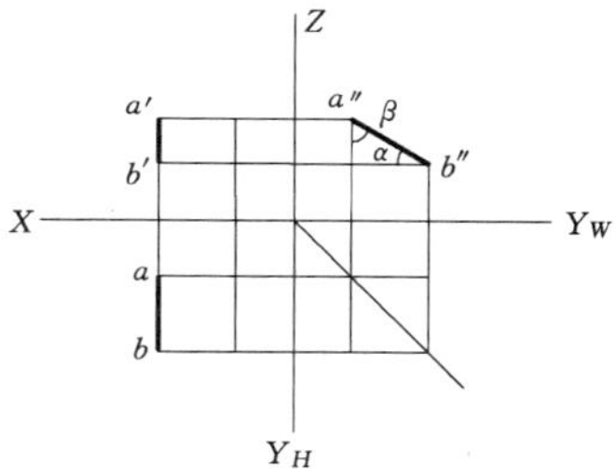	（1）侧面投影反映实长，即 $a''b''=AB$。 （2）正面投影和水平投影平行于相应的坐标轴，即 $a'b'//OZ$，$ab//OY$。 （3）$\gamma=0°$，α、β 可度量

（1）正平线：平行于 V 面，倾斜于 H、W 面。

（2）水平线：平行于 H 面，倾斜于 V、W 面。

（3）侧平线：平行于 W 面，倾斜于 H、V 面。

投影面的平行线的投影特征可归纳为：在与直线平行的投影面上的投影为一斜线，反映实长，并反映与其他两投影面的夹角。其余两投影小于实长，且平行相应投影轴。

3. 投影面的垂直线

投影面的垂直线是和一个投影面垂直，和其他两个投影面平行。

（1）正垂线：垂直于 V 面，平行于 H、W 面。

（2）铅垂线：垂直于 H 面，平行于 V、W 面。

（3）侧垂线：垂直于 W 面，平行于 H、V 面。

各种投影面的垂直线的直观图、三面投影图及投影特征见表3－2。

表3－2　　各种投影面的垂直线的直观图、三面投影图及投影特征

名称	轴测图	投影图	投影特征
铅垂线	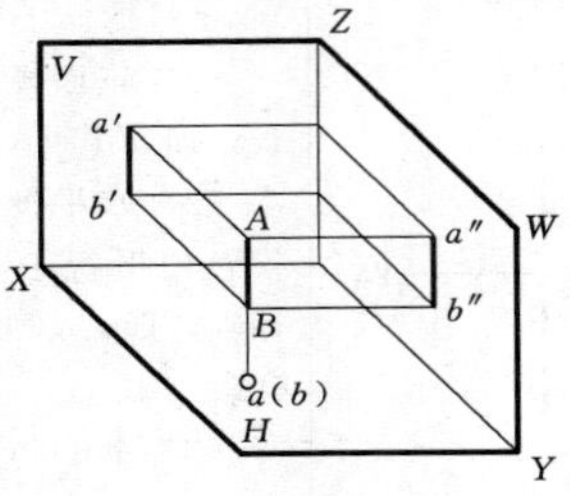	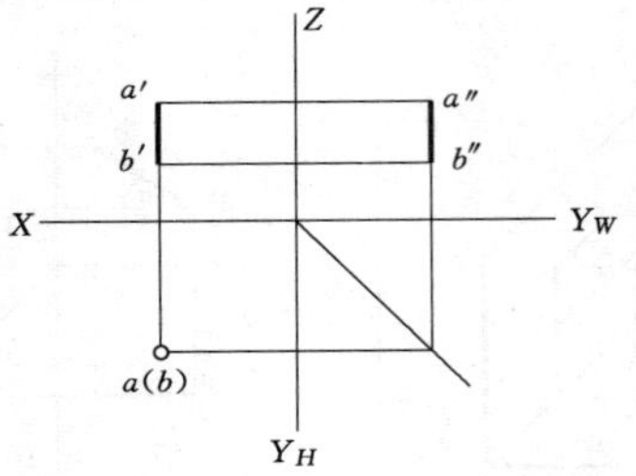	(1) 正面投影和侧面投影反映实长，即 $a'b'=a''b''=AB$；且平行于相应的坐标轴，即 $a'b'//OZ//a''b''$。 (2) 水平投影积聚为一点。 (3) $\alpha=90°$，$\beta=\gamma=0°$
正垂线	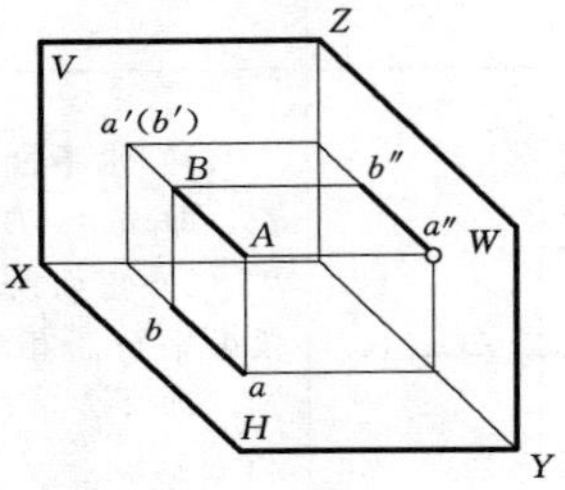	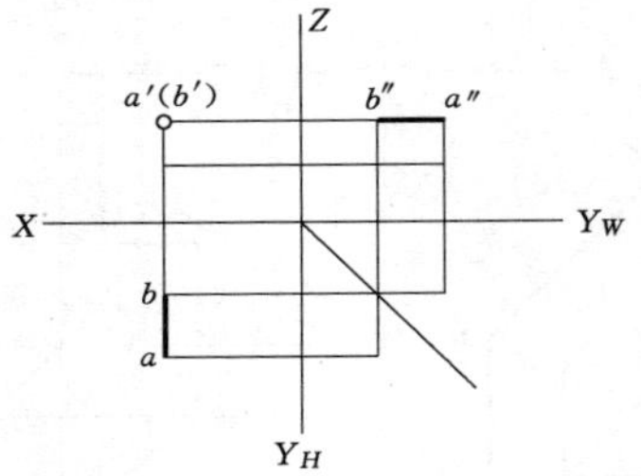	(1) 水平投影和侧面投影反映实长，即 $ab=a''b''=AB$；且平行于相应的坐标轴，即 $ab//OY//a''b''$。 (2) 正面投影积聚为一点。 (3) $\beta=90°$，$\alpha=\gamma=0°$
侧垂线	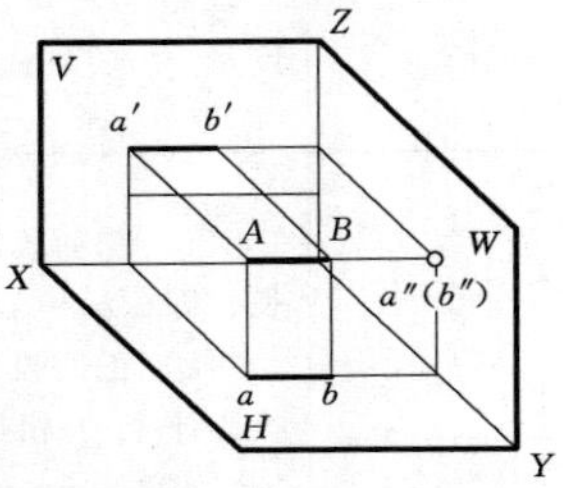	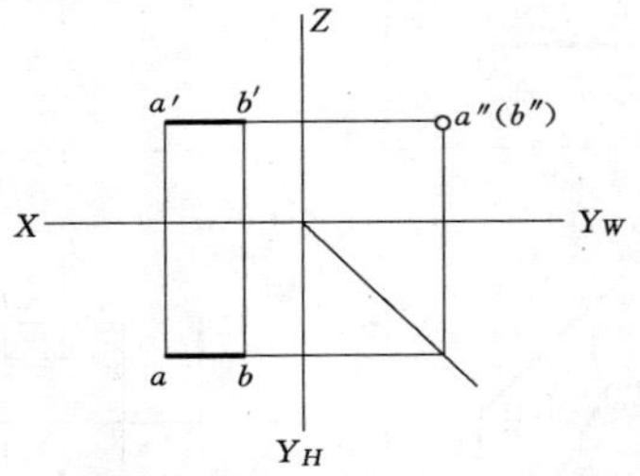	(1) 水平投影和正面投影反映实长，即 $ab=a'b'=AB$；且平行于相应的坐标轴，即 $ab//OX//a'b'$。 (2) 侧面投影积聚为一点。 (3) $\gamma=90°$，$\alpha=\beta=0°$

投影面的垂直线：在一个投影面上积聚为一个点，在其他两个投影面上投影都反映实长，且投影与相应的轴垂直。

比较三类直线的投影特征可以看出：**如果直线的两个投影都倾斜于投影轴则一定为一般位置线；如果直线的两个投影有一个投影为斜线而且直线的其他两个投影分别平行于第三投影面的两投影轴，则一定为投影面的平行线；如果直线的一个投影积聚为一点而且其他两个投影分别垂直于第三投影面的两投影轴，则肯定为投影面的垂直线。**

二、直线上点的投影的绘制

直线上的点具有以下特性：

（1）从属性。即点在直线上，则点的投影必然在直线的投影上，如图3－7所示。

（2）定比性。即点在直线上，则点必然把直线及直线的各个投影都定比分割。

【例3－3】 如图3－8所示，已知直线 AB 的两面投影及线上一点 K 的水平投影，求其正面投影 k'。

分析： 由直线上点的从属性可知，k' 必定落在 $a'b'$ 上，又由直线上点的定比性可

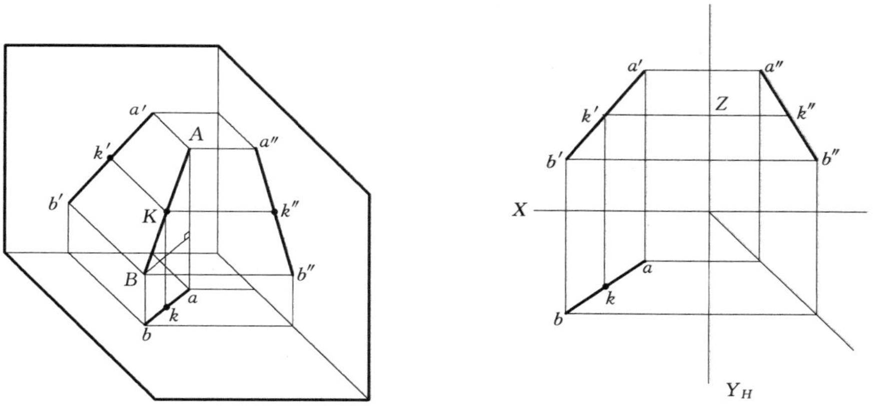

图 3-7 直线上点的从属性和定比性

直线上点的投影

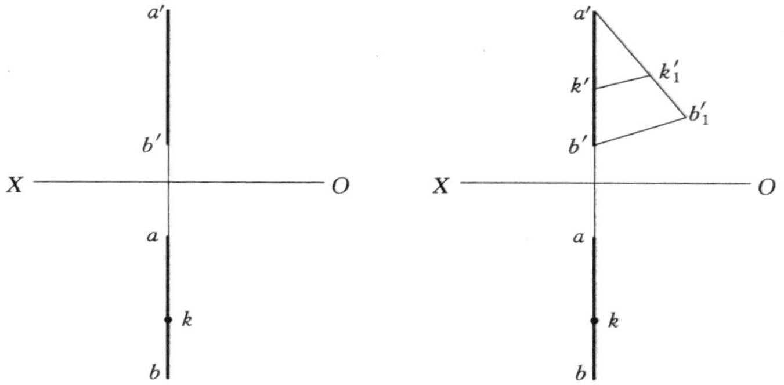

图 3-8 直线上点的从属性和定比性的应用

两直线的位置关系

知，$a'k':k'b'=ak:kb=a''k'':k''b''$。

作图：

（1）过 a' 任作一直线，使 $a'b_1'=ab$、$a'k_1'=ak$。

（2）连接 $b'b_1'$，过 k_1' 作 $b'b_1'$ 的平行线交 $a'b'$ 于 k' 即为所求。

三、两直线的相对位置

空间两直线的相对位置有平行、相交、交叉三种情况，前两种情况统称为同面直线，后一种称为异面直线。

1. 两直线相互平行

两直线相互平行的投影特征是：两直线平行，它们的同面投影也必然相互平行；反之，如果各组同面投影都相互平行，则两直线在空间必定平行。

当两直线是一般位置时，只要有两对同面投影相互平行就可判定两直线平行；但若两直线同时平行某投影面，则一般还要看它们在该投影面上的投影是否平行才能判定，如图 3-9 所示。

2. 两直线相交

两直线相交的投影特征是：两直线相交，则它们的各个投影也必然相交，且各投

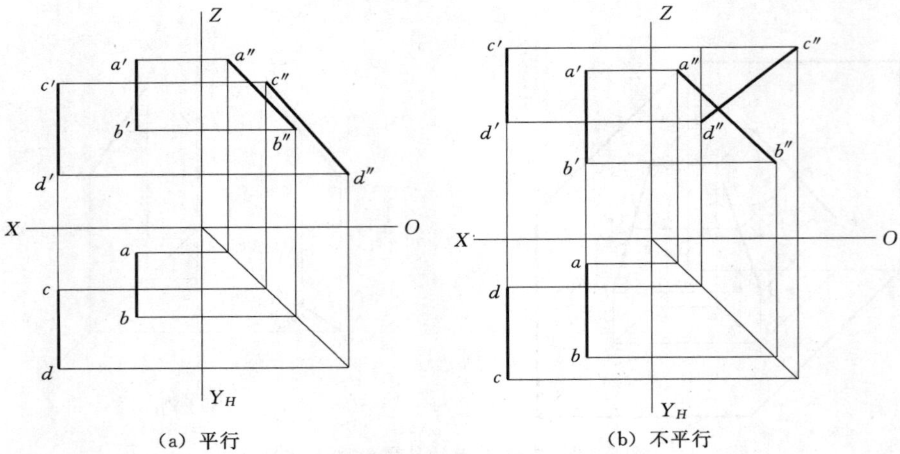

(a) 平行　　　　(b) 不平行

图 3-9　两直线平行的判定

影的交点符合点的投影规律；反之，如果两直线各组同面投影都相交，且交点符合点的投影规律，则两直线在空间一定相交，如图 3-10 所示。

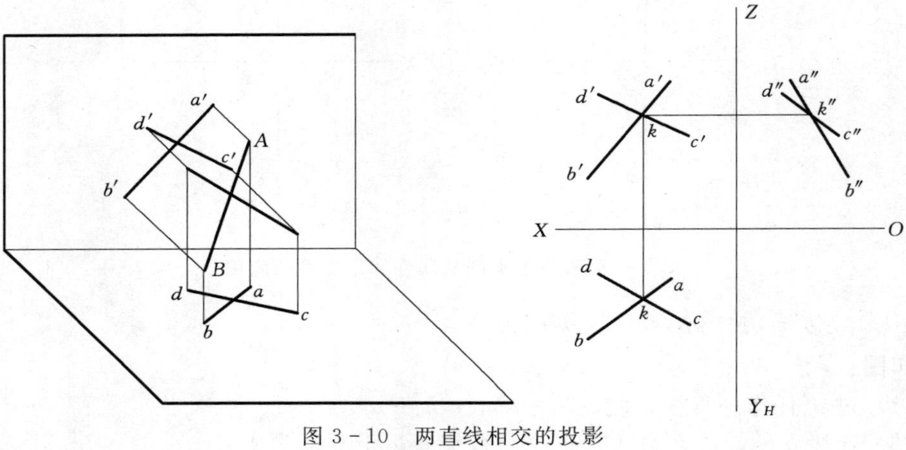

图 3-10　两直线相交的投影

直角投影定理：如果两直线垂直相交，只要其中一条直线为投影面平行线，则在所平行的投影面上两直线的投影垂直相交；反之，若两直线的某投影互相垂直，且两直线之一平行于某投影面时，则两直线在空间必相互垂直，如图 3-11 所示。

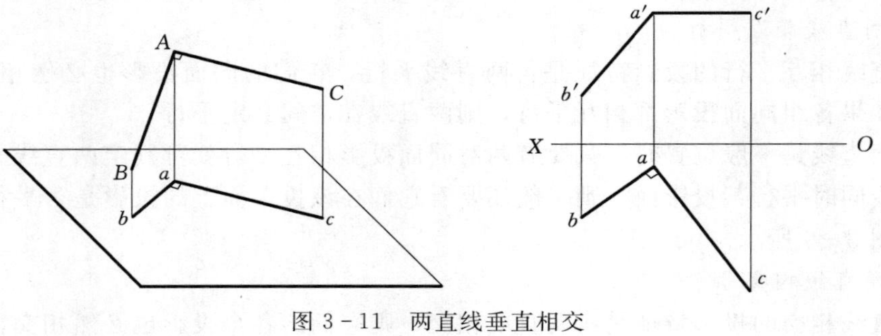

图 3-11　两直线垂直相交

3. 两直线交叉

两直线既不平行也不相交的称为交叉。

两直线交叉的投影特征是：各面投影的交点既不符合两直线平行的投影特征，也不符合两直线相交的投影特征。

两直线交叉的投影可能有一组、两组甚至三组是相交的，但它们的交点不符合点的投影规律，是重影点的投影，如图 3-12 所示。

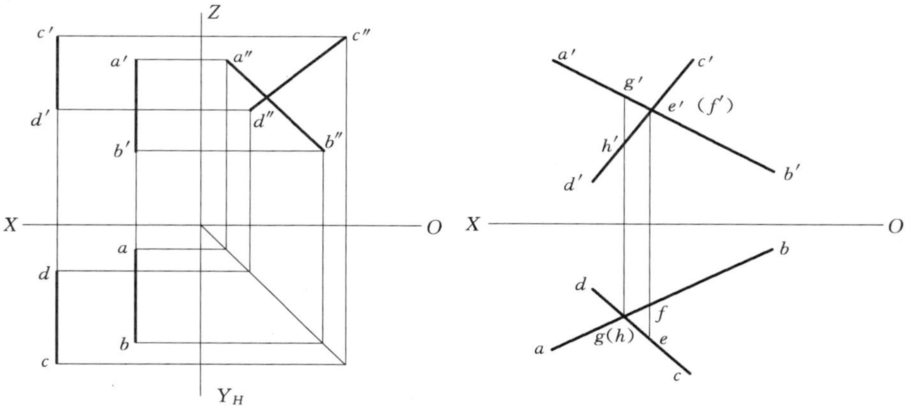

(a) 两直线交叉　　(b) 交叉两直线重影点的特征

图 3-12　两直线交叉的投影

四、直线的实长及其与投影面的倾角

一般位置线的三面投影图既不反映实长，也不反映倾角，要想求得一般位置线的实长和倾角，可以采用直角三角形法。

如图 3-13 所示，在 $BEeb$ 所构成的投影面内，延长 BE 和 be 交于点 M，则 $\angle BMb$ 就是 BE 直线对 H 面的倾角 α。过 E 点作 $EB_1 /\!/ eb$。所以，只要在投影图上作出直角三角形 BEB_1 实形，即可求出 BE 直线的实长和倾角 α。

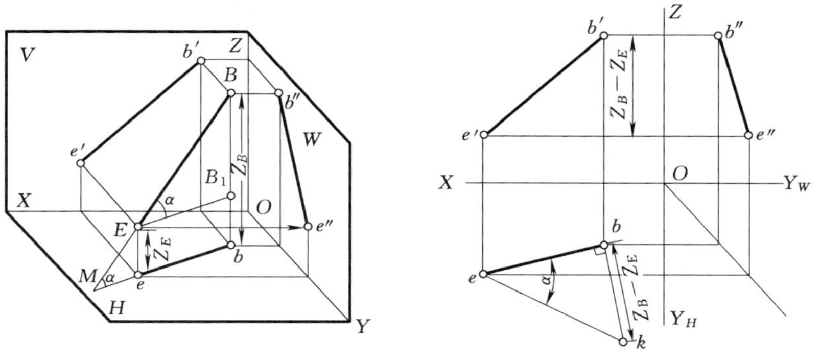

图 3-13　直线的实长及其与投影面的倾角

其中直角边 $EB_1 = eb$，即 EB_1 为已知 H 面投影；另一直角边 BB_1 是直线两端

点 B、E 的坐标差，即 $BB_1=Z_B-Z_E$，可从 V 面投影中量得，也是已知的，其斜边 BE 即为实长。

作图步骤如下：

（1）过 H 面投影 eb 的一端点 b 作直线垂直于 eb。

（2）在所作垂直线上截取 $bk=Z_B-Z_E$，得 k 点。

（3）连直角三角形的斜边 ek，即为所求的实长，$\angle bek$ 即为倾角 α。

这种利用直角三角形求一般位置线的实长及倾角的方法称为直角三角形法，其要点是以线段的一个投影为直角边，以线段两端点相对于该投影面的坐标差为另一直角边，所构成的直角三角形的斜边即为线段的实长。斜边与线段投影之间的夹角即为直线对该投影面的倾角。

§3－3　平面的投影

一、平面的表示方法

如图 3－14 所示，平面表示方法如下：

（1）不在同一直线上的三点可以表示一个平面。

（2）直线和直线外一点可以表示一个平面。

（3）两相交直线可以表示一个平面。

（4）两平行直线可以表示一个平面。

（5）任一几何图形可以表示一个平面。

面的投影

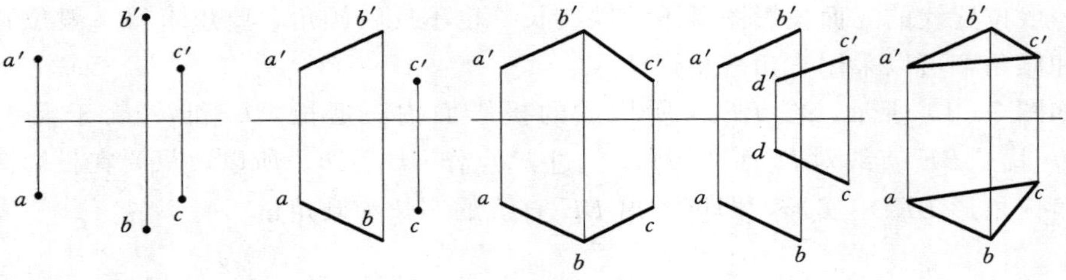

图 3－14　平面的表示方法

二、各种位置平面的投影

在三面投影体系中，根据平面相对于投影面的位置可分为三类：投影面的平行面、投影面的垂直面、一般位置的平面。

1. 投影面的平行面

投影面的平行面是平行于一个投影面，而与另外两个投影面垂直的平面。投影面的平行面划分如下：

（1）正平面：平行于 V 面，垂直于 H、W 面。

（2）水平面：平行于 H 面，垂直于 V、W 面。

(3) 侧平面：平行于 W 面，垂直于 H、V 面。

各种投影面的平行面的直观图、三面投影图及投影特征见表 3-3。

表 3-3　各种投影面的平行面的直观图、三面投影图及投影特征

名称	水平面	正平面	侧平面
立体图	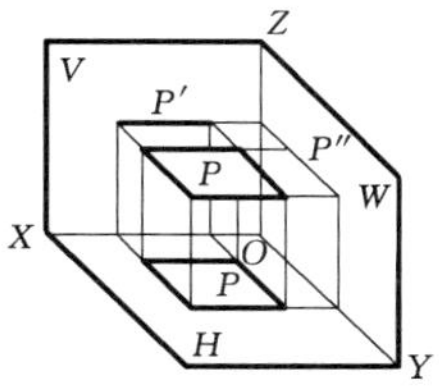	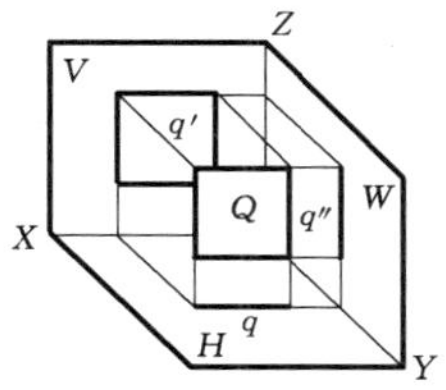	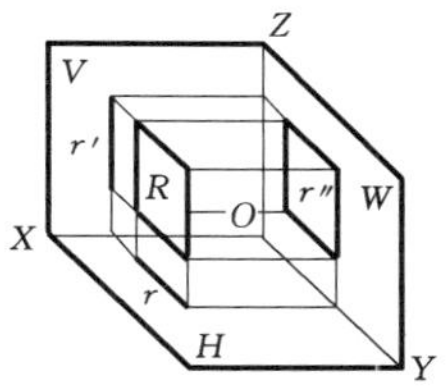
投影图	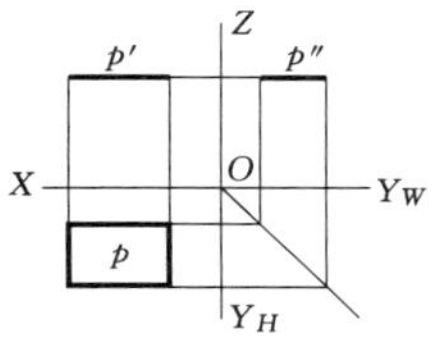	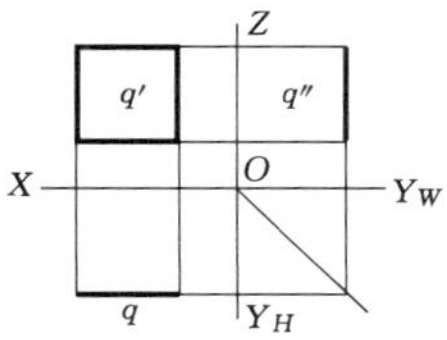	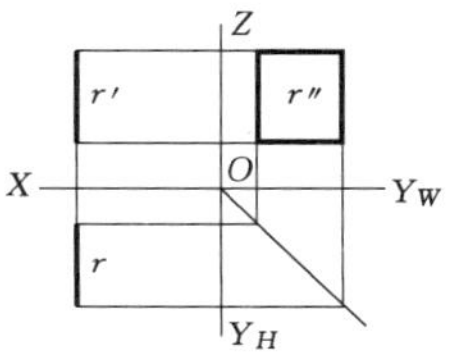
投影特征	(1) 水平投影反映实形。 (2) 正面投影积聚成平行于 OX 轴的直线。 (3) 侧面投影积聚成平行于 OY 轴的直线。 (4) $\alpha=0°$，$\beta=\gamma=90°$	(1) 正面投影反映实形。 (2) 水平投影积聚成平行于 OX 轴的直线。 (3) 侧面投影积聚成平行于 OZ 轴的直线。 (4) $\beta=0°$，$\alpha=\gamma=90°$	(1) 侧面投影反映实形。 (2) 正面投影积聚成平行于 OZ 轴的直线。 (3) 水平投影积聚成平行于 OY 轴的直线。 (4) $\gamma=0°$，$\alpha=\beta=90°$

投影面的平行面的投影特征可归纳为：在与平面所平行的投影面上的投影反映实形，其余两面均积聚为一直线，且平行于相应两投影轴。

2. 投影面的垂直面

投影面的垂直面是垂直于一个投影面，而与另外两个投影面倾斜的平面。投影面的垂直面分为：

(1) 正垂面：垂直于 V 面，倾斜于 H、W 面。

(2) 铅垂面：垂直于 H 面，倾斜于 V、W 面。

(3) 侧垂面：垂直于 W 面，倾斜于 H、V 面。

投影面的垂直面的投影特征可归纳为：在与平面所垂直的投影面上的投影积聚为一斜线，该斜线与相应投影轴的夹角反映平面对其他两投影面的夹角，其余两面投影均为类似形。

各种投影面的垂直面的直观图、三面投影图及投影特征见表 3-4。

3. 一般位置的平面

一般位置的平面在三个投影面上的投影均为类似形，且不反映该平面与投影面的倾角，如图 3-15 所示。

表 3-4　　各种投影面的垂直面的直观图、三面投影图及投影特征

名称	铅　垂　面	正　垂　面	侧　垂　面
立体图	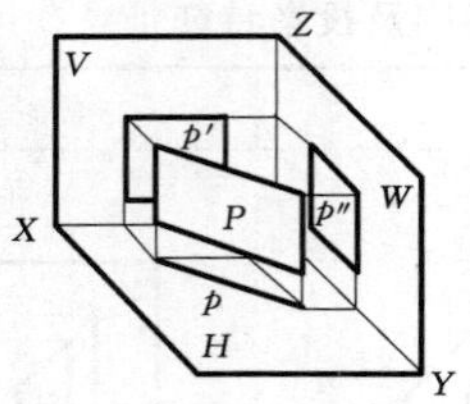	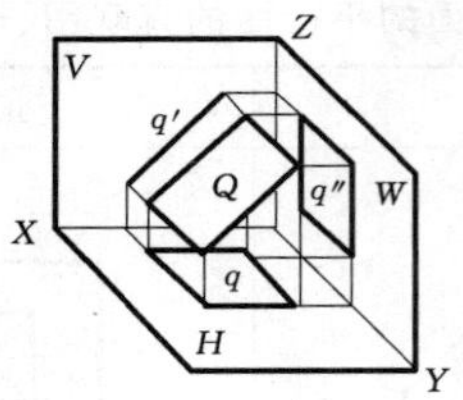	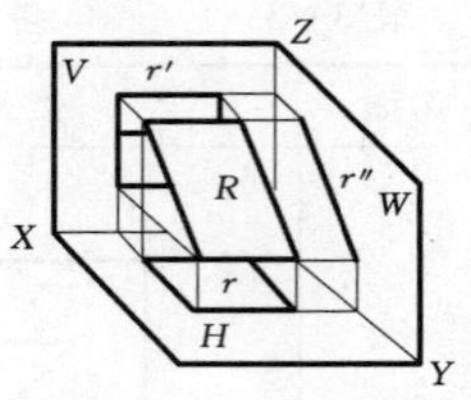
投影图	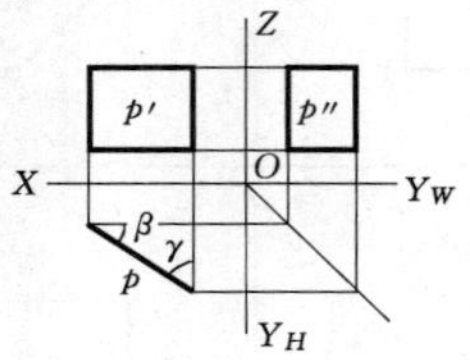	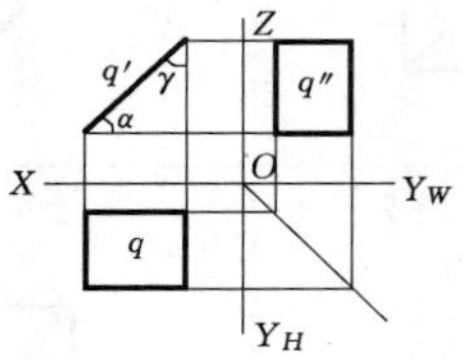	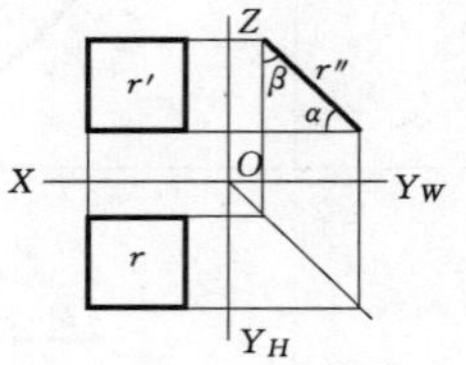
投影特征	（1）水平投影积聚成直线，与 OX 轴夹角为 β，与 OY 轴夹角为 γ。 （2）正面投影和侧面投影具有类似性	（1）正面投影积聚成直线，与 OX 轴夹角为 α，与 OZ 轴夹角为 γ。 （2）水平投影和侧面投影具有类似性	（1）侧面投影积聚成直线，与 OY 轴夹角为 α，与 OZ 轴夹角为 β。 （2）正面投影和水平投影具有类似性

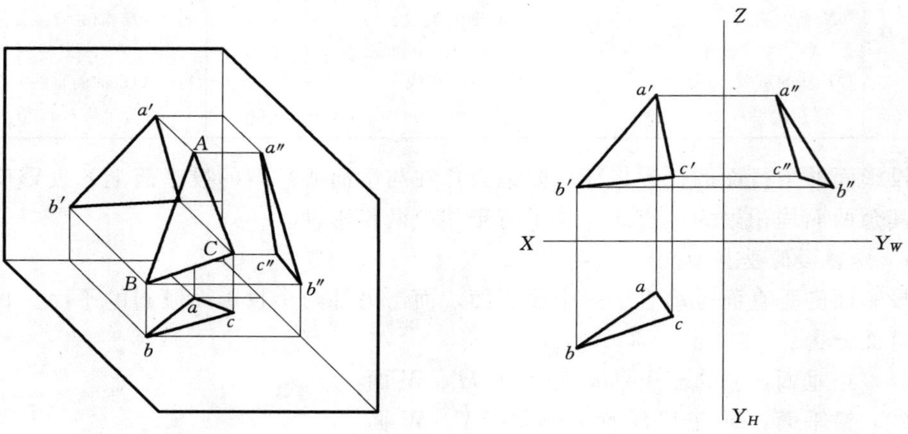

图 3-15　一般位置平面的投影

三、平面上的点和直线

平面上点存在的几何条件：如果点在平面上，则点必定位于平面内的一条直线上。

平面上直线存在的条件：

（1）过平面上两点的直线一定在该平面上。

（2）过平面上一个已知点，作平面上一条已知直线的平行线，则该直线必在该平面上。

【例 3-4】 如图 3-16 所示，已知 k 点的水平投影和 l 点的两面投影，且 k 点属于△abc 平面，试求点 k 的正面投影，并判断点 l 是否属于△abc 所确定的平面。

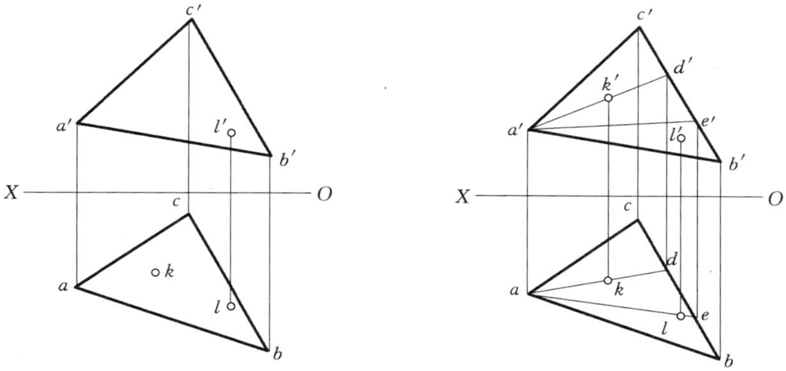

（a）　　（b）

图 3-16　平面上点的投影求作方法

平面上点、线的绘制

分析： 依据点和直线属于平面的几何条件，先作辅助线，再判定。

作图： 如图 3-16（b）所示。

（1）分别连接 a 和 k、a 和 l，并延长，分别与 bc 相交于 d、e。

（2）利用"长对正"求出正面投影 d'、e'，连接 $a'd'$、$a'e'$，在 $a'd'$ 上求出 k' 点。

（3）由于 l' 不在 $a'e'$ 上，判定 L 不属于△abc 所确定的平面。

【例 3-5】 如图 3-17 所示，已知△abc 平面，试在平面上过 a 点作正平线，过 c 点作水平线。

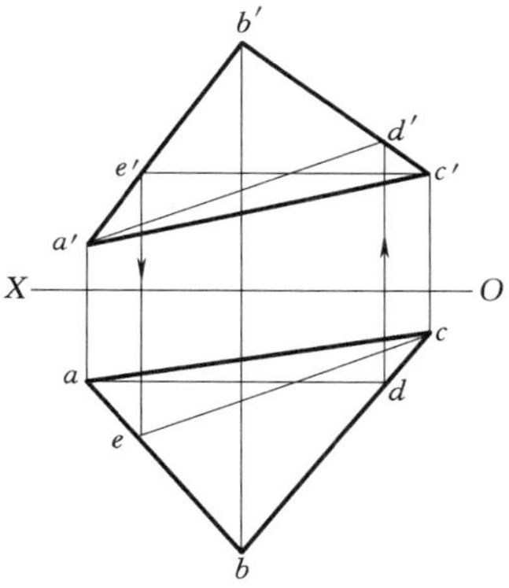

图 3-17　在平面上作水平线和正平线

分析： 根据水平线和正平线的投影特征，水平线的正面投影平行于 X 轴，正平线的水平投影平行于 X 轴。

作图：

（1）分别过 a 和 c' 作 OX 轴的平行线 ad 和 $c'e'$。

（2）根据投影关系分别求出 $a'd'$ 和 ce，$a'd'$ 即为平面上正平线 ad 的正面投影，ce 即为平面上水平线 ce 的水平投影。

四、直线、平面相对位置的分析、判定

在工程制图中规定平面为无限大，所以直线与平面、平面与平面的相对位置不是平行就是相交。

1. 直线与平面平行

由几何定理可知：若一直线与平面上任一直线平行，则此直线与该平面平行；反之，若一直线与某平面平行，则在此平面上必能作出与该直线平行的直线。

【例 3-6】 如图 3-18 所示，已知平面 ABC 和点 M 的两面投影，求作一条过已知点 m 并平行于△abc 平面的正平线。

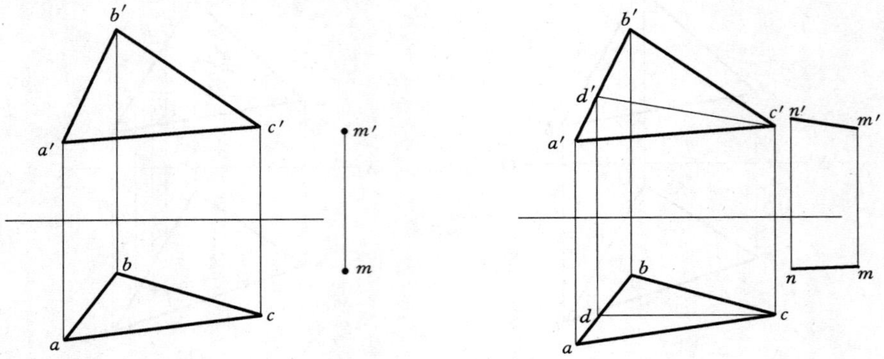

图 3-18　直线与平面平行

作图：

(1) 作平面内的正平线。过 c 点作平行 OX 轴的直线与 ab 交于 d 点，由 d 求出 d'，连接 $c'd'$。

(2) 过点作平行于平面的直线。即作 $m'n' /\!/ c'd'$、$mn /\!/ cd$，则 MN 即为所求。

2. 两平面平行

由几何定理可知：一平面上两相交直线对应地平行于另一平面上两相交直线，则这两个平面互相平行。

【例 3-7】 已知平面四边形 $ABCD$ 和三角形 EFG 的两面投影，如图 3-19 所示，试判断两平面是否平行。

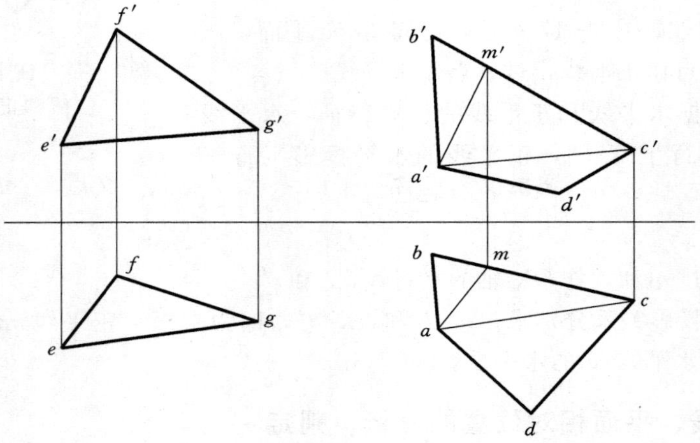

图 3-19　判断两平面平行

分析： 判断两平面是否平行，可以采用判断两平面内两相交直线是否平行。

作图：

(1) 在平面四边形 $ABCD$ 的水平投影 $a'b'c'd'$ 上作直线 ac 和 am 使它和三角形 EFG 的水平投影 efg 上的 ef、ag 平行。

(2) 在平面四边形 $ABCD$ 的正面投影 $a'b'c'd'$ 上作直线 $a'c'$ 和 $a'm'$。并判断其是否和三角形 EFG 的正面投影 $e'f'g'$ 上的 $e'f'$、$e'g'$ 是否平行。

(3) 从图 3-19 上看，它们是互相平行的，所以可以判定平面四边形 $abcd$ 和三角形 abc 是两平行平面。

3. 直线与平面相交

(1) 特殊位置线和一般位置面相交。直线与平面相交只有一个交点，这个交点称为贯穿点，它是直线与平面的共有点。作图时，应首先求出交点的投影，然后判定重影部分直线的可见性，交点是可见与不可见的分界点。

如图 3-20 所示，铅垂线 EF 与一般位置面 $ABCD$ 相交，由于铅垂线 EF 具有积聚性，交点 K 是 EF 上一点，所以点 K 的水平投影 K 与 $e(f)$ 重影，可直接求出。又因交点 K 在平面 $ABCD$ 内，则可利用平面取点作辅助线的方法，求出交点 K 的正面投影 k'。

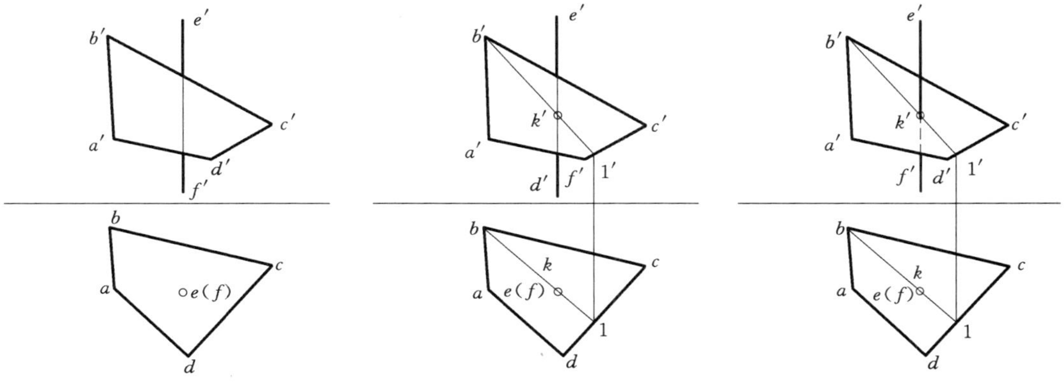

图 3-20 投影面垂直线与一般位置面相交

(2) 一般位置线和特殊位置面相交。如图 3-21 所示，平面 P 为铅垂面，它的水平投影积聚为一直线，其积聚投影包含了平面 P 上所有点，交点 K 位于平面内，它的水平投影也必在 P 平面的积聚投影上，交点 K 又是直线 AB 上的点，所以两者的水平投影的交点就是 K 的水平投影 k，根据投影规律可求出 k'。其正面投影需判断直线的可见性。由水平投影可直接看出，以交点 k 为界，直线 AB 上的 KB 段在平面 P 之后，AK 段在平面 P 之前，因此，在正投影上 KB 段被平面 P 挡住的部分应画成虚线。

4. 两平面相交

如图 3-22 所示，平面 P 为铅垂面与一般位置面△ABC 相交，两平面相交的交线为直线，只要求出直线两个共有点便可得出交线。由于平面 P 的水平投影具有积聚性，在水平投影上可先求出直线与平面△ABC 的交点Ⅰ和Ⅱ的水平投影 1、2，再

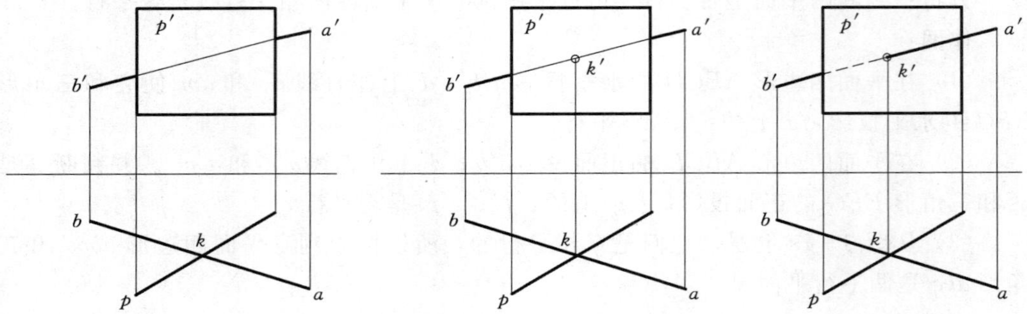

图 3-21　一般位置线与特殊位置面相交

求出正面投影 1′、2′，连接Ⅰ和Ⅱ两点的正面投影，即为所求交线的投影。其水平投影的可见性不需判断，正面投影的可见性判断仍可用重影点的方法，也可通过观察来判别。

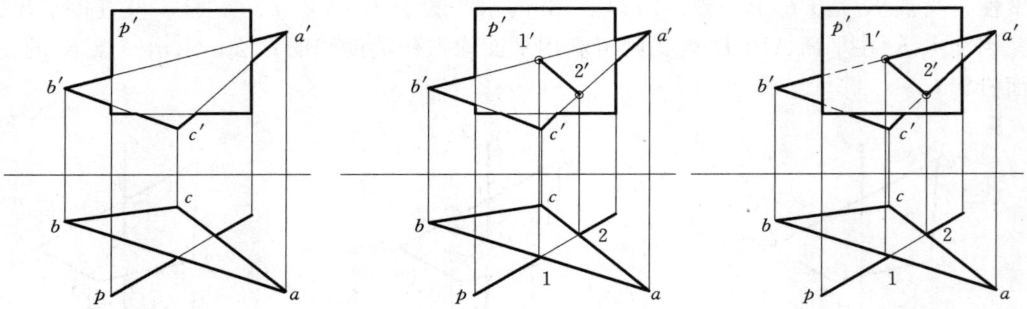

图 3-22　特殊位置面与一般位置面相交

注意：一般位置线与一般位置面相交：由于一般位置线与一般位置面的投影都没有积聚性，因此交点不能直接求出，需要用辅助平面法。

技能训练项目三

技能训练目标：理解点、线、面投影的基本原理，掌握点、线、面三视图的形成及其投影规律，特别是特殊位置线、面的投影规律。

技能训练内容：根据所给视图，完成第三面投影，如图 3-23 所示。

技能训练要求：用 A4 图纸按 1∶1 抄绘并补画第三面投影，图形要符合投影规律。

技能训练步骤：

1. 准备绘图工具，熟悉各个图形的要求。
2. 绘制图框及标题栏，确定绘图位置。
3. 用细实线画底稿并完成第三面投影。
4. 加深图形。

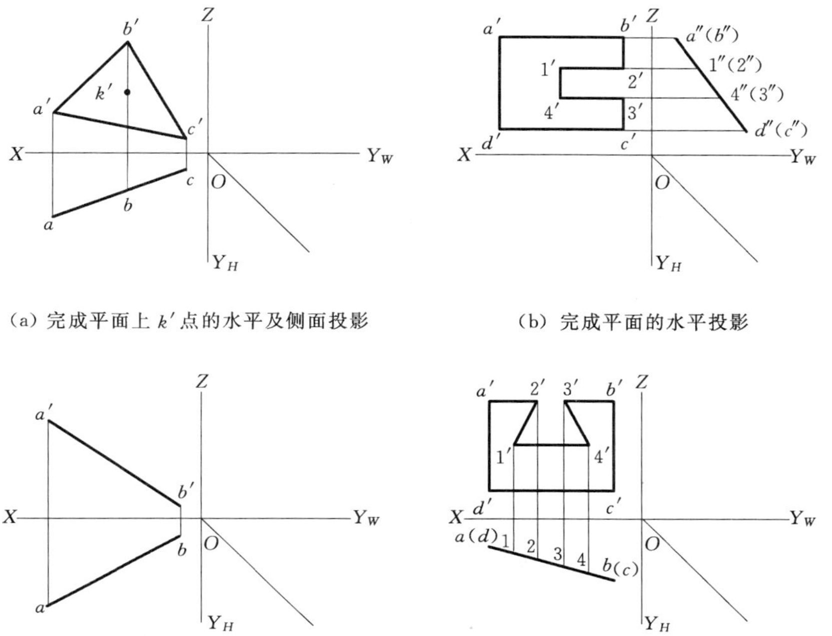

(a) 完成平面上 k' 点的水平及侧面投影　　(b) 完成平面的水平投影

(c) 完成直线的侧面投影　　(d) 完成平面的侧面投影

图 3-23　点、直线、平面投影

复 习 思 考 题

1. 点的投影和坐标有怎样的关系？
2. 重影点是怎样形成的？如何判别其可见性？
3. 各种位置线的投影特征是什么？
4. 两直线的相对位置关系有几种？如何判定？
5. 各种位置平面的投影特征是什么？
6. 平面上取点、线的几何条件是什么？
7. 一般位置线怎样求实长？

学习单元四　基　本　体

【学习目标与要求】

1. 具有阐述基本体分类的能力。
2. 具有阐述基本体投影特征的能力。
3. 具有阐述基本体视图画法的能力。
4. 具有精益求精的精神。

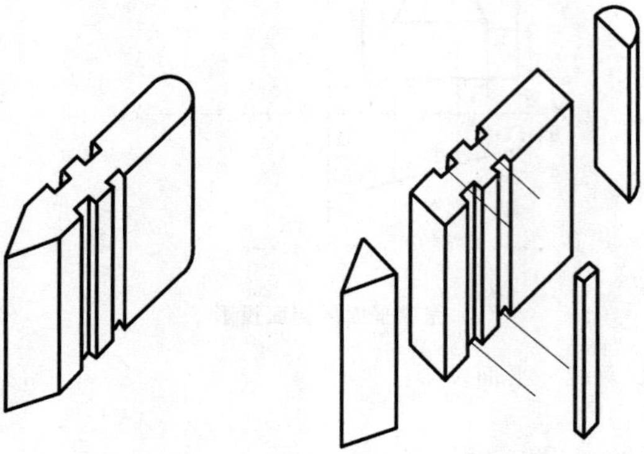

图 4-1　闸墩

基本体是构成工程形体的基本单元。如图 4-1 所示的闸墩，可视为由若干基本体经叠加或切割而形成。掌握基本体视图的画法和识读方法，可为研究工程形体的视图打下基础。

基本体根据其表面的几何性质可分为平面体和曲面体两大类：平面体是由若干平面围成的几何体，如棱柱体、棱锥体、棱台体等；曲面体是由若干曲面或曲面与平面围成的几何体，如圆柱体、圆锥体、圆台体等。

§4-1　平　面　体

平面体的三视图

平面体的表面都由平面围成，作平面体的投影，就是作出各平面的投影，因此，首先分析组成立体表面的各平面的相对位置及对投影面的相对位置；其次须总结其投影特征，为以后更深一层的学习打好基础。常见的平面体有棱柱体、棱锥体、棱台体等，如图 4-2 所示。

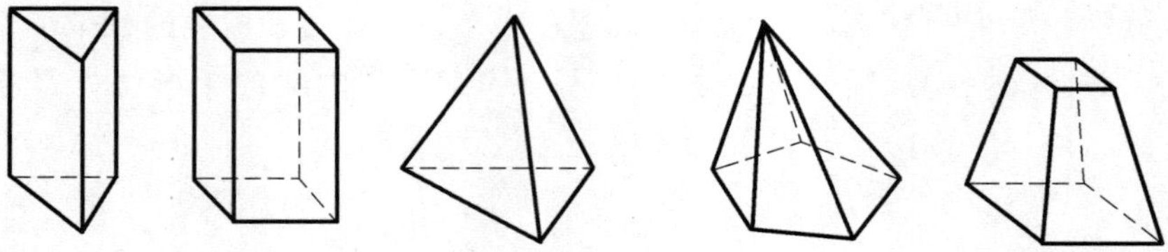

图 4-2　平面体的形体特征

一、棱柱体的三视图

根据底面与棱是否垂直分为直棱柱和斜棱柱。

1. 分析形体

图 4-3 所示基本几何体为四棱柱，它的上下底面为全等且互相平行的四边形，四个侧棱面全为矩形且与底面垂直，四条棱线等长，是四棱柱的高。

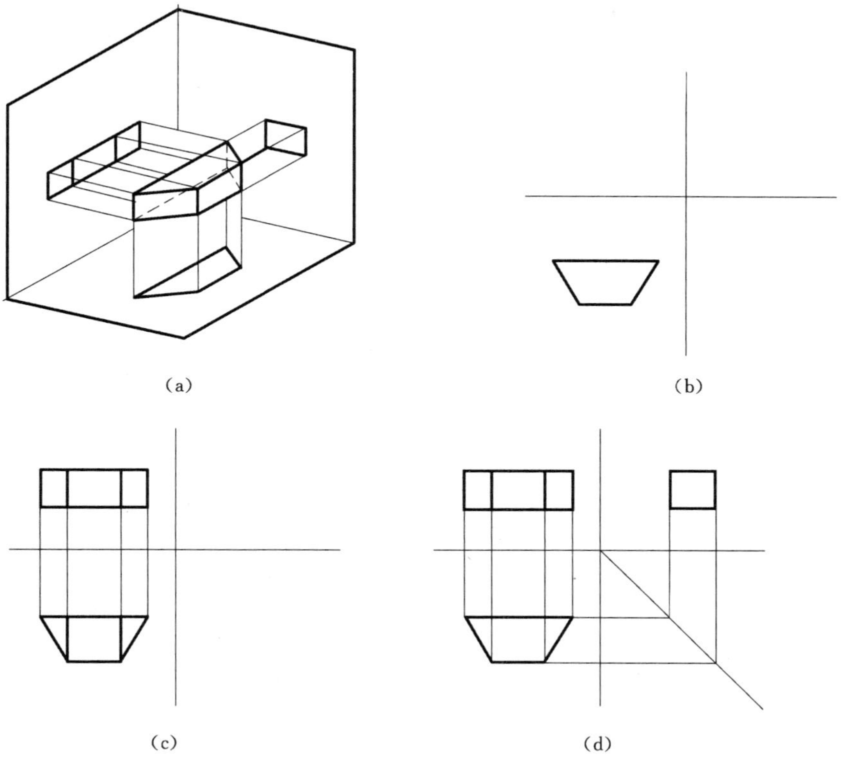

图 4-3 四棱柱三视图的画法

2. 分析视图

图 4-3 中四棱柱的上下底面平行于 H 面，且前后两个棱面平行于 V 面，则有如下性质：

（1）俯视图为四边形，是上下底面投影的重合，反映实形，四边形的四个侧面在水平面上分别积聚为一直线，与四边形重合。四个顶点是四条棱线的积聚性投影。

（2）主视图为三个并排的矩形线框，最大的矩形和中间的矩形线框是平行于 V 面的前后棱面的投影，反映其实形；左右两个矩形线框为其余倾斜于 V 面的两个棱面的投影；上下两条水平位置线是上下底面的积聚性投影。

（3）侧视图为一个矩形线框，是四棱柱左右两个棱面投影的重合；前后两条线是前后两个正平面的积聚性投影；上下两条线是上底面和下底面的积聚性投影。

3. 作图

（1）画中心线、对称线或基准线。

（2）画反映上下底面实形的俯视图。

(3) 根据“长对正”和四棱柱的高画主视图。

(4) 根据“高平齐，宽相等”画侧视图。

(5) 检查并加深全图。

同理分析，可画出图 4-4 所示各棱柱体的特征三视图。

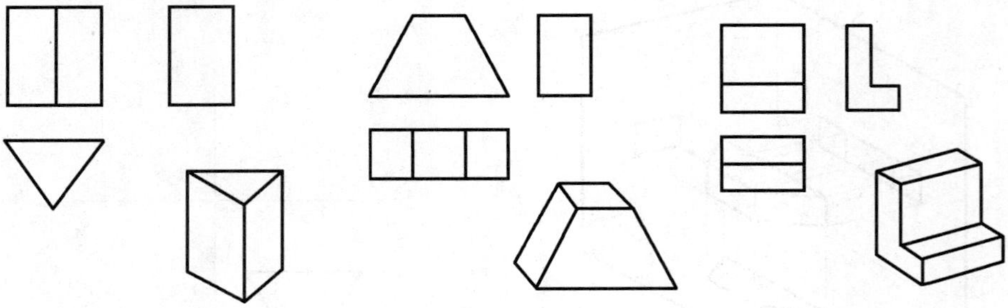

(a) 三棱柱　　(b) 梯形柱体　　(c) L形柱体

图 4-4　棱柱体的视图特征

从这些图例中可以看出，棱柱体三视图有一个共同的特征：一个视图为多边形，反映棱柱体的形状特征；另外两个视图都是矩形线框或几个并列的矩形线框。因此，可将棱柱体的视图特征归纳为“两个矩形线框对应一个多边形”。

二、棱锥体的三视图

1. 分析形体

如图 4-5 所示，三棱锥的底面为三角形，三个棱面为三角形。

2. 分析视图

图 4-5 中三棱锥底面为水平面，*SAC* 面为侧垂面，后底边线 *AC* 为侧垂线，则有如下性质：

(1) 俯视图：外边的三角形 *abc* 为三棱锥底面的投影，反映实形；顶点 *S* 的投影和三个角点的连线即三条棱线的投影。

(2) 主视图：外形为等腰三角形。其中，底边 $a'b'c'$ 为三棱锥底面的积聚投影；$s'a'$、$s'b'$、$s'c'$ 是三条侧棱的投影。且左右两个棱面的投影可见，*SAC* 棱面投影不可见。

(3) 侧视图：外形为一斜三角形。其中，底边为正三棱锥底面的积聚投影；斜边 $s''a''$ (c'') 为三棱锥后侧棱面的积聚投影；$s''b''$ 为前面棱线 *SB* 的投影，且反映实长（侧平线）；三角形 $s''a''b''$、$s''b''c''$ 为左右两个棱面投影的重合，不反映实形。

3. 作图

(1) 画反映底面实形的俯视图，如图 4-5 (b) 所示。

(2) 根据点的投影规律及三棱锥的高度画主视图，如图 4-5 (c) 所示。

(3) 根据点的投影规律由主视图、俯视图完成左视图并加深全图，如图 4-5 (d) 所示。

同理分析，可画出图 4-6 所示各棱锥体的三视图。

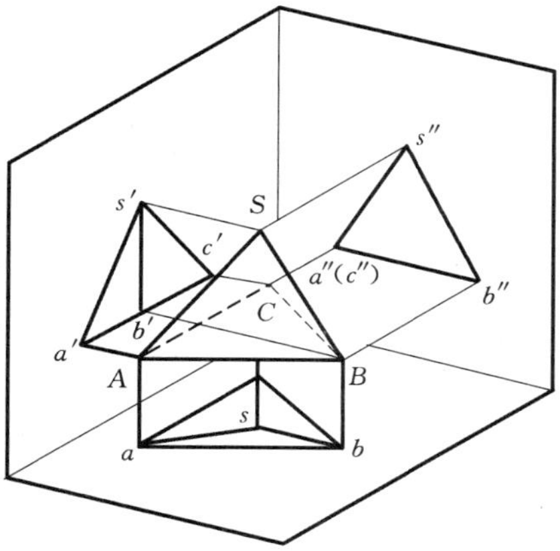

(a)

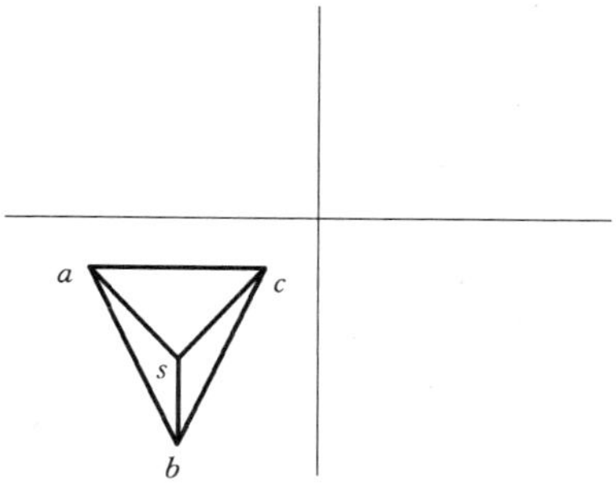

(b)

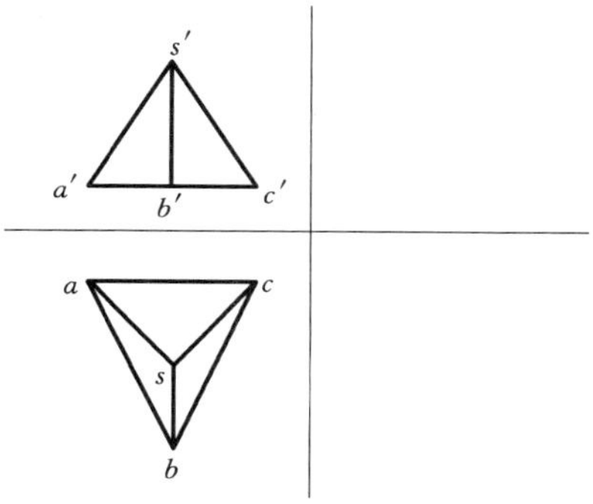

(c)

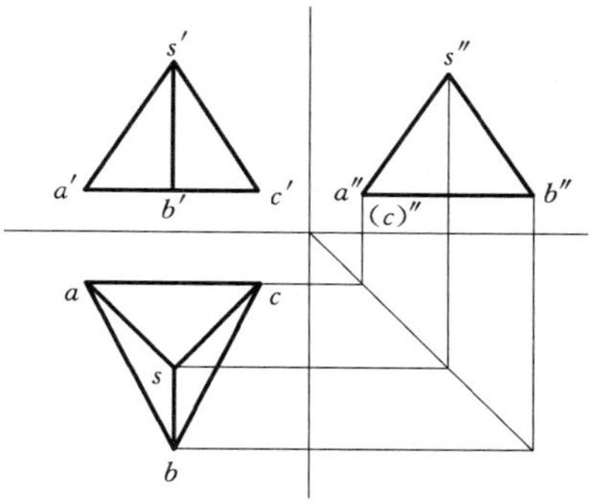

(d)

图 4-5　三棱锥三视图的画法

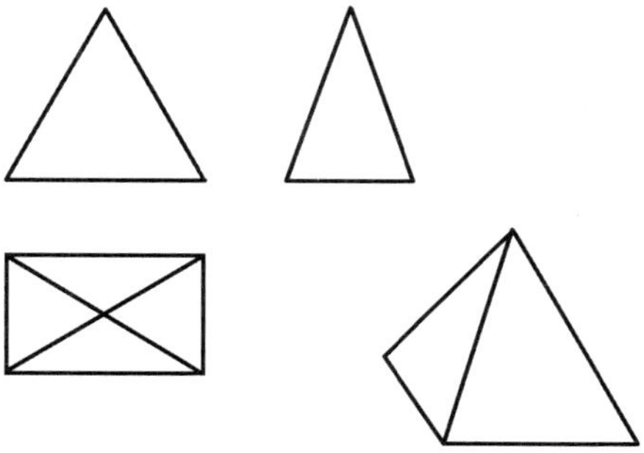

(a)四棱锥

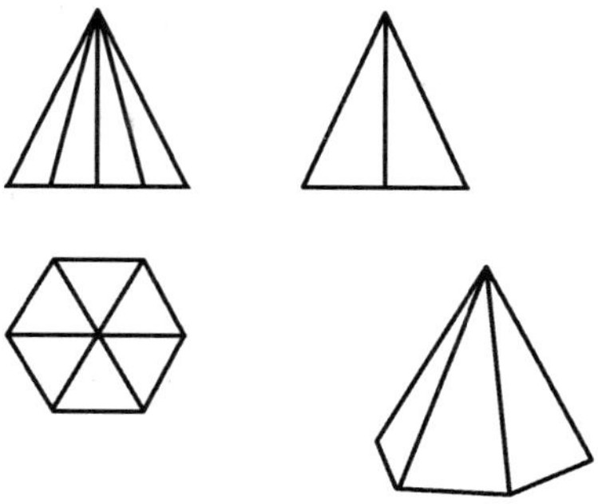

(b)六棱锥

图 4-6　棱锥体的视图特征

从以上可以看出，棱锥体三视图也有一个共同的特征：一个视图外框为多边形（底面实形），反映形状特征；另两个视图都是三角形线框或几个共顶点的三角形线框。为此，可将棱锥体的视图特征归纳为“两个三角形线框对应一多边形”。

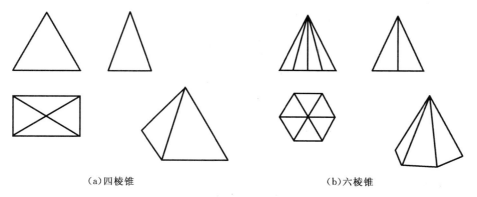

三、棱台体的三视图

棱台可以看作由棱锥被平行于底面的平面截断而形成，其画法思路同棱锥体。同时需指出，画棱台的各视图时，均应先画出两个底面，然后再连接各侧棱，如图 4－7 所示。

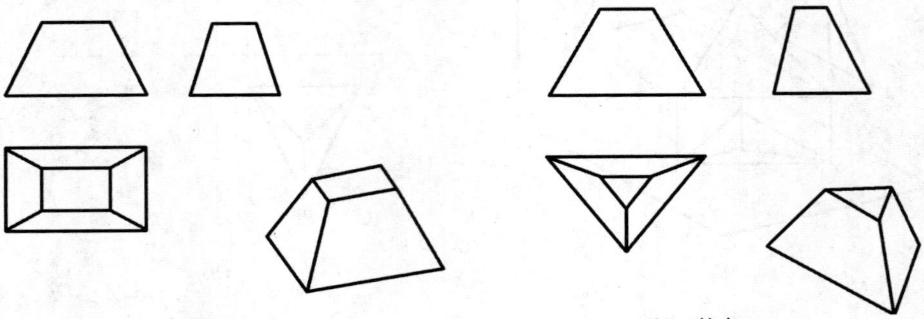

(a)四棱台　　(b)三棱台

图 4－7　棱台体的视图特征

同理，可将棱台体的视图特征归纳为“两个梯形线框对应一‘大围小’的多边形线框”。

注意： 作平面立体的三视图时，要注意分析组成立体表面各个面、各条棱线的投影，不但可以利用直线、平面的投影特征检验作图是否正确，还可以提高对视图的分析能力。

§4－2　曲　面　体

曲面体

曲面体的表面是由曲面或曲面和平面组成的，常见的曲面体有圆柱体、圆锥体、圆台体、圆球体。它们的曲表面可以看作由一条动线绕固定轴旋转而成，这种形体又称回转体。动线称为母线，母线在旋转过程中的每一个具体位置称为曲面的素线。

当母线为直线，围绕与它平行的轴线旋转而形成的曲面是圆柱面，如图 4－8（a）所示。

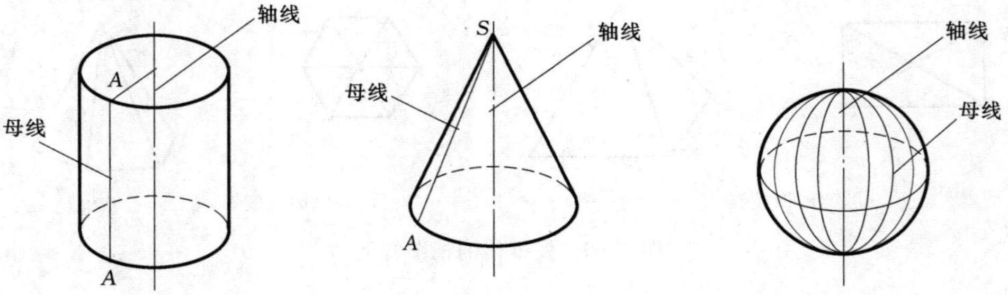

(a) 圆柱体的形成　　(b) 圆锥体的形成　　(c) 球体的形成

图 4－8　曲面体的形成

当母线为直线，围绕与它相交的轴线旋转而形成的曲面是圆锥面，如图4-8（b）所示。

当母线为圆，围绕其直径旋转而形成的曲面是球面，如图4-8（c）所示。

了解曲面的形成过程，对曲面体的投影分析及作图都很有帮助。

一、圆柱体的三视图

1. 分析形体

圆柱体由圆柱面和两个平面所围成。如图4-8（a）所示，圆柱面可看作一直线*AA*（母线）绕着与它平行的直线（轴线）旋转一周所形成的曲面，母线在旋转时的任一位置，称为圆柱面的素线，由母线旋转所形成的面（曲面），称为圆柱面，上下的两个圆形平面称为圆柱体的上、下底面。

2. 分析视图

当圆柱体轴线垂直于水平面时，如图4-9（a）所示，则有如下性质：

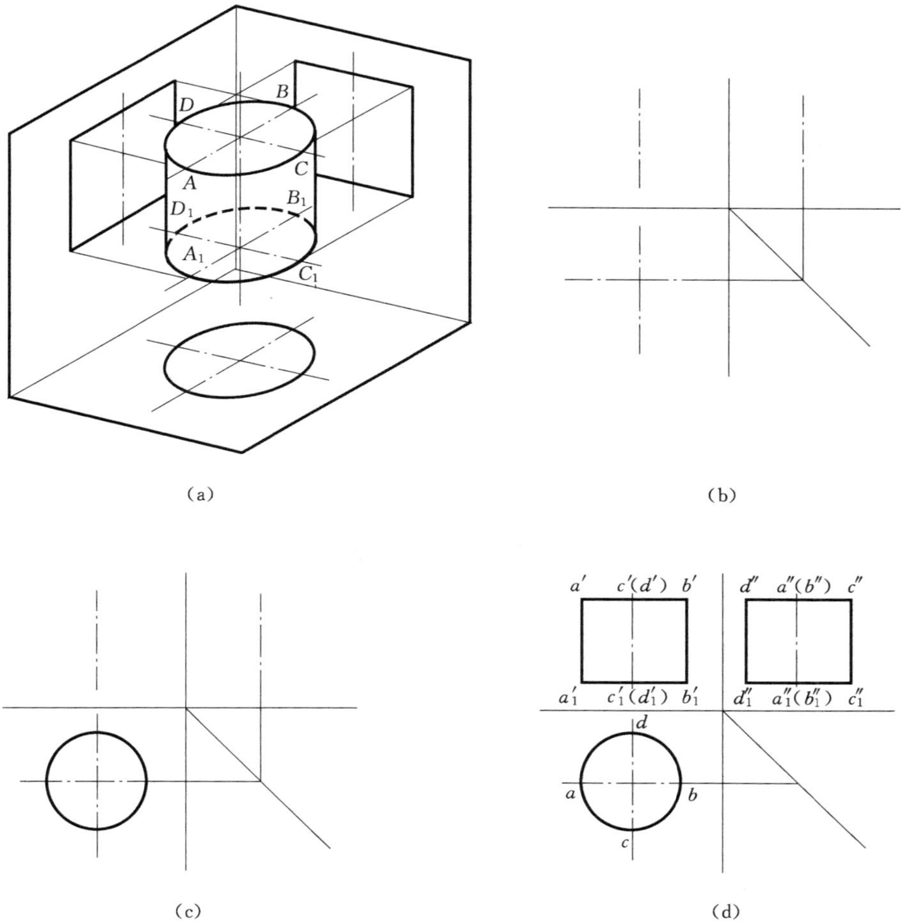

图4-9 圆柱体三视图的画法

(1) 俯视图为一圆。反映上下底面的实形(圆形)并且重影;圆柱面的投影积聚在该圆周上。

(2) 主视图为一矩形。上下边线为圆柱底面的积聚投影;左右两条边线是左右两条轮廓素线的投影(由于圆柱面是光滑表面,所以主视方向只画出最左、最右两条素线的投影)。

(3) 侧视图为一矩形。上下边线为圆柱底面的积聚投影;前面两条边线是前后两条轮廓素线的投影(左视方向只画出最前、最后两条素线的投影)。

3. 作图

(1) 画投影轴,定中心线、轴线位置,如图 4-9 (b) 所示。

(2) 画俯视图,作圆(反映底面实形),如图 4-9 (c) 所示。

(3) 画主视图和左视图。根据"长对正"和圆柱的高度,画出主视图;根据"高平齐、宽相等"画出左视图并加深全图,如图 4-9 (d) 所示。

同理,可分析画出图 4-10 所示不同位置的圆柱体、半圆柱体的三视图,并可将圆柱体的视图特征归纳为"两矩形线框对应一圆弧形线框"。

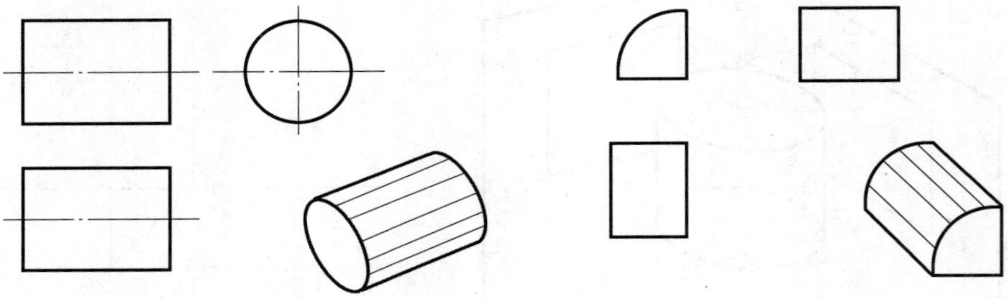

图 4-10 圆柱体的视图特征

二、圆锥体的三视图

1. 分析形体

圆锥表面由圆锥面和底面(圆形)所形成。如图 4-8 (b) 所示,圆锥面可看作一直线 SA (母线)绕着与它相交的直线(轴线)旋转一周而形成的曲面,母线在旋转时的任一位置称为圆锥的素线,由母线所形成的面(曲面)称为圆锥面,下面的圆形平面称为圆锥体的底面。

2. 分析视图

当圆锥体垂直于 H 面时,如图 4-11 (a) 所示,则有如下性质:

(1) 俯视图为一个圆,这个圆反映圆锥体底面的实形(不可见),又是圆锥体的水平投影(可见);圆锥体顶点的水平投影位于该圆的圆心。

(2) 主视图和侧视图是两个全等的等腰三角形。三角形的底边是圆锥体底面的积聚性投影,其两腰为不同位置的轮廓素线的投影。主视图中的两腰是圆锥面上的最左和最右两条轮廓素线的投影;侧视图中的两腰是圆锥面上最前、最后两条轮廓素线的投影。

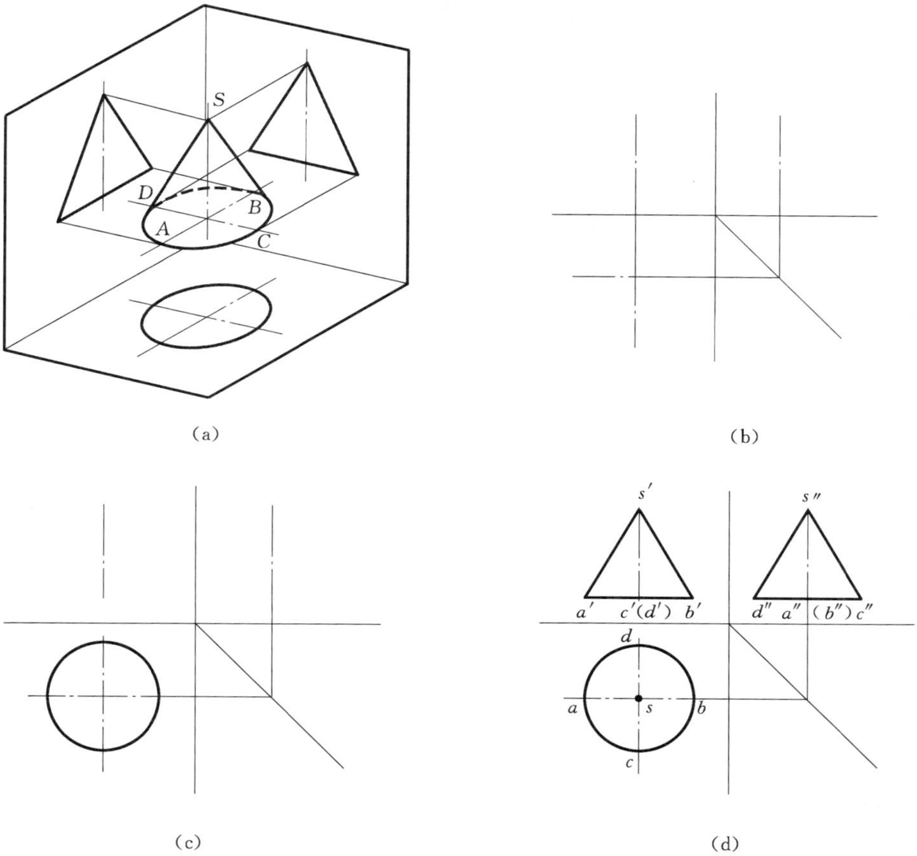

图 4－11　圆锥体三视图的画法

3. 作图

步骤同圆柱体，如图 4－11 (b)、(c)、(d) 所示。

图 4－12 所示为不同摆放位置、不同部位圆锥体的三视图，从而归纳出圆锥体的视图特征为“两三角形线框对应于一圆形线框”。

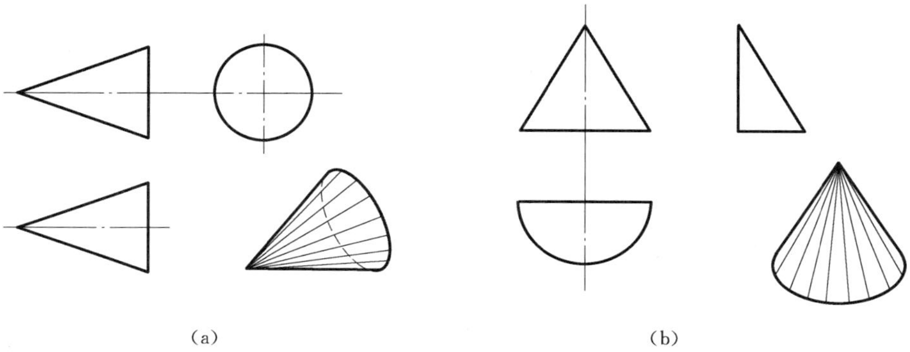

图 4－12　圆锥体的视图特征

三、圆台体的三视图

圆台体可以看作圆锥体被平面削去尖端部分，其视图如图 4－13 所示。

同理，可总结出圆台体的视图特征为“两个梯形线框对应于两圆形线框（同心圆）”。

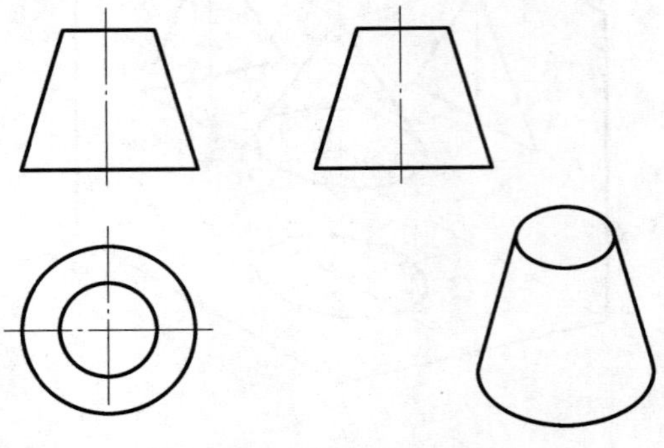

图 4－13　圆台体的三视图

四、圆球体的三视图

1. 分析形体

如图 4－14 所示，球面可看作一个圆围绕通过圆心的固定轴回转而形成，此圆称为母线圆，母线圆的任一位置即为球表面的素线。

2. 分析视图

圆球体的三个视图是三个直径相等的圆，分别是球面上不同方向轮廓圆的投影。如图 4－14 所示，俯视图的圆 a 是球面上平行于 H 面的最大圆的投影，即上半球面（水平投影可见）与下半球面（水平投影不可见）的分界线；主视图上的圆 b' 是球面上平行于 V 面的最大圆的投影，即前半球面（正面投影可见）与后半球面（正面投影不可见）的分界线；侧视图的圆 c'' 是平行于 W 面的最大圆的投影，即左半球面（侧面投影可见）与右半球面（侧面投影不可见）的分界线。

3. 作图

先画球的中心线，确定球心的三面投影（中心线的交点），再画三个与圆球直径相等的外轮廓圆，如图 4－14（b）所示。

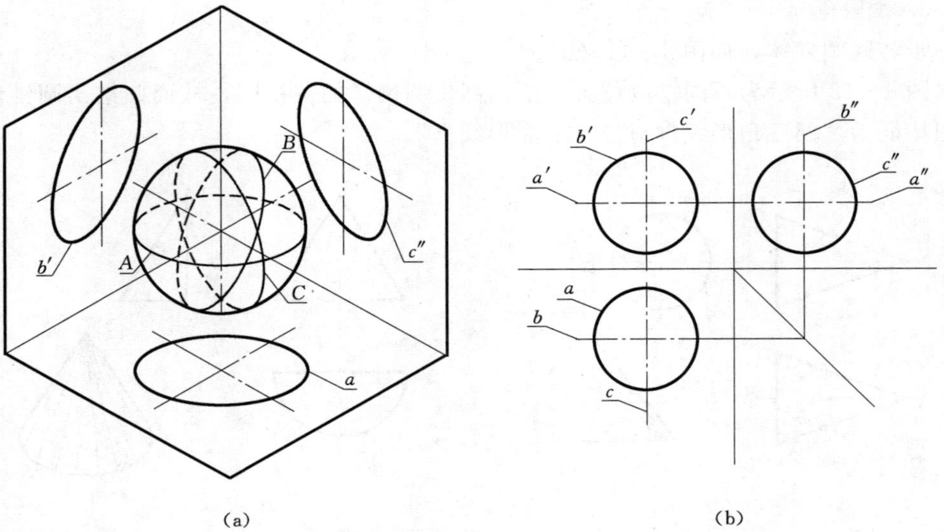

图 4－14　圆球体的三视图及其视图特征

同理可分析得出，球及部分球体的三个视图都有圆弧的特征，即“三圆为球”。

§4-3 简　　单　　体

简单体可看作由基本体组合而形成的立体。因此，只有通过基本几何体的视图识读、分析、归纳，对其所表达的对象作出迅速而准确的判断，才能为识读简单体视图打好基础。简单体根据其组合形式可分为叠加型和切割型两种情况。

一、叠加型

作叠加型简单体时，应着重分析以下几个方面：

（1）各组成部分的形状。如图 4-15 所示，该柱体由两个四棱柱组成。

（2）各部分之间的相对位置。如图 4-15 所示，底下的四棱柱较大，上面的较小。

（3）叠加型简单体的作图方法：先基准后形体，先主后次，先大后小，先可见后不可见。

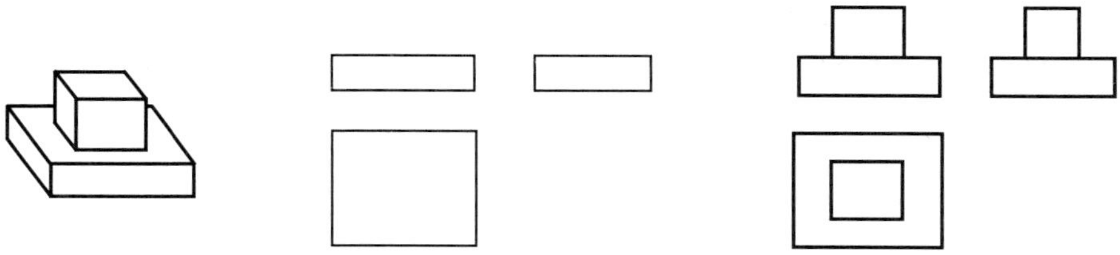

图 4-15　叠加型简单体的画图步骤

二、切割型

切割型简单体由基本体直接通过切割而形成，现以图 4-16 所示简单体为例，说明该类简单体的画图步骤。

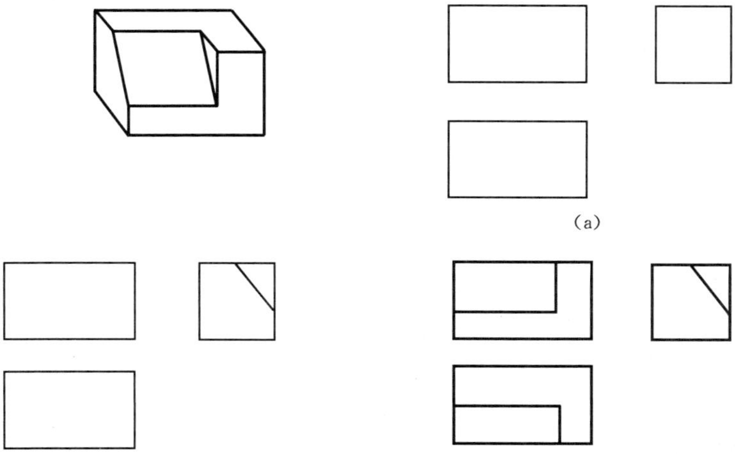

(a)　(b)　(c)

图 4-16　切割型简单体的画图步骤

（1）画外形。首先画未切长方体的三视图，如图 4－16（a）所示。

（2）切去三棱柱。画图应从反映其形状特征的侧视图开始，如图 4－16（b）所示。

（3）检查、描深。如图 4－16（c）所示。

注意： 画切割型简单体，如果有投影面的垂直面，应从具有积聚性的投影开始作图，以防止作图误差使面的积聚性投影不成一条直线。

技能训练项目四

技能训练目标： 掌握基本体的投影和简单体视图的画法。

技能训练内容： 根据图 4－17 所给视图，完成要求投影。

技能训练要求： 用 A4 图纸抄绘并补画第三面投影，图形要符合投影规律，比例自定。

技能训练步骤：

1. 准备绘图工具，熟悉各个图形的要求。
2. 绘制图框及标题栏，确定绘图位置。

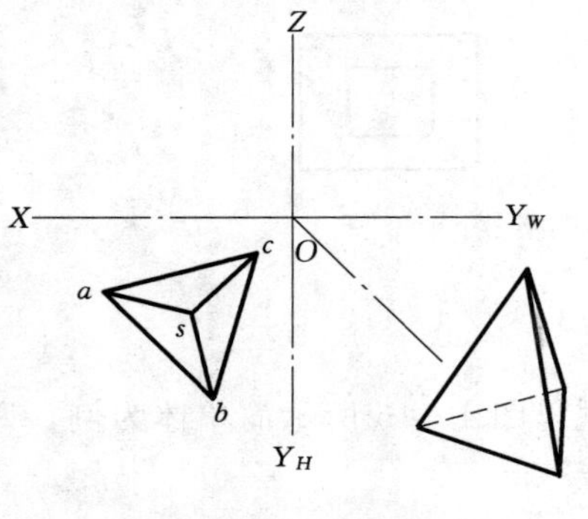

（a）完成高为 20 的三棱锥的投影

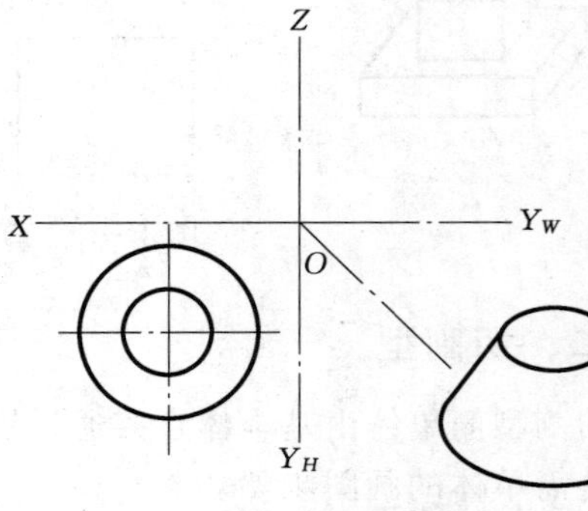

（b）完成高为 15 的圆台的投影

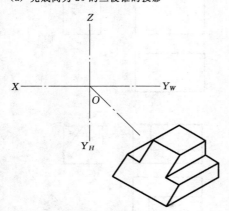

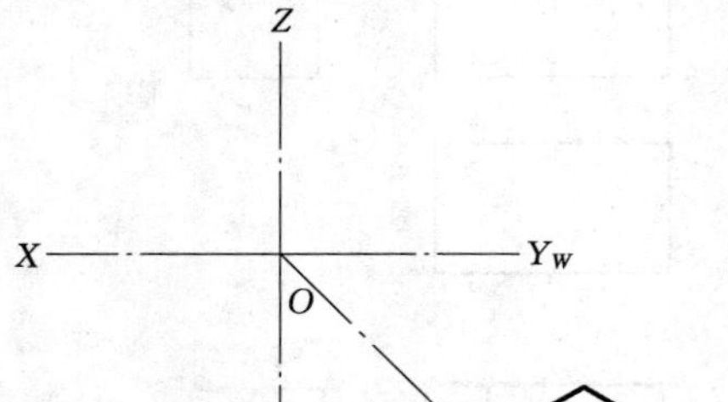

（c）完成平面体的投影（尺寸从图中量取）

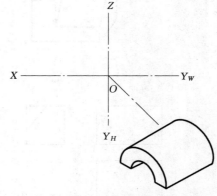

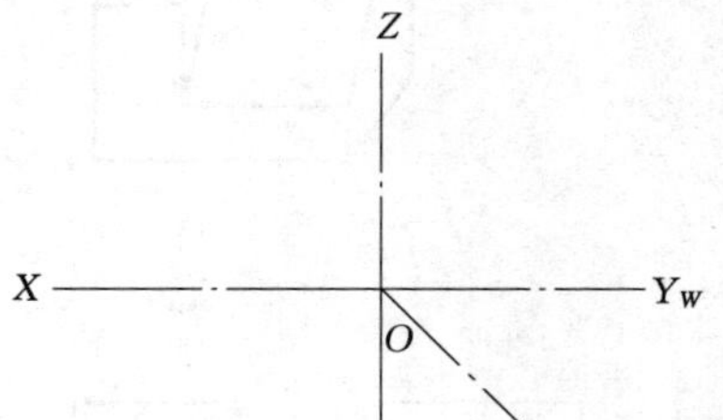

（d）完成曲面体的投影（半径分别为 12、6）

图 4－17　简单体的三视图

3. 用细实线画底稿并完成第三面投影。
4. 加深图形。

复 习 思 考 题

1. 常见的基本体有哪些?
2. 棱柱体、棱锥体、棱台体的投影各有什么特性?
3. 圆柱体、圆锥体、圆台体、圆球体的投影各有什么特性?
4. 怎样画简单体的投影图?

学习单元五　轴　测　图

【学习目标与要求】

1. 具有阐述轴测图的基本概念、分类和轴测图的基本性质的能力。
2. 具有绘制正等轴测图的能力。
3. 具有绘制斜二轴测图的能力。
4. 具有奋斗精神。

§5－1　轴测投影的基本知识

轴测图的基本知识

前面学习了用正投影的方法来表达物体的形状，通过绘制多面正投影就能够准确、完整地表达出物体的形状和大小，而且作图简便。但是多面正投影中每个方向的视图只能表达物体长、宽、高三个方向中其中两个方向的尺度，缺乏立体感，不容易读懂。工程上常用轴测图来帮助理解形体。轴测图能同时反映物体长、宽、高三个方向尺度具有立体感，正好弥补了正投影图的不足，可以有效地辅助读图。

一、轴测投影的形成

如图 5－1 所示，根据平行投影原理，将空间物体连同其所在的直角坐标系沿不平行于任一坐标面的方向，投射到一个单面投影面上，所得到的具有立体感的图形就是轴测图。

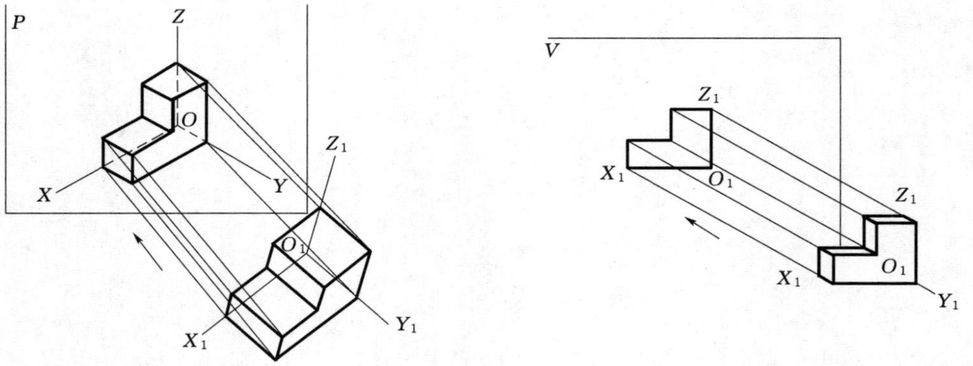

(a) 轴测图　　(b) 主视图

图 5－1　轴测投影的形成

二、轴测图的要素

（1）轴测投影面：将用于投影轴测图的投影面 P 称为轴测投影面。

（2）轴测轴：空间中的三条投影轴 O_1X_1、O_1Y_1、O_1Z_1 投影到轴测投影面上后所得到的投影称为轴测轴，分别用 OX、OY、OZ 来表示。

（3）轴间角：相邻的两条轴测轴之间的夹角被称为轴间角 $\angle XOY$、$\angle XOZ$、$\angle YOZ$。

（4）轴向变形系数：轴测投影中 OX、OY、OZ 三条轴测轴上的单位长度与空间物体相应坐标轴上的单位长度的比值称为轴向变形系数。OX、OY、OZ 三轴的轴向伸缩系数分别用字母 p、q、r 表示：

$$p=\frac{OX}{O_1X_1}；\ q=\frac{OY}{O_1Y_1}；\ r=\frac{OZ}{O_1Z_1}$$

三、轴测图的分类

轴测图按照投射方向是否垂直于轴测投影面可以分为两类：用正投影法所得到的轴测图称为正轴测图；用斜投影法所得到的轴测图称为斜轴测图。

另外，正轴测图和斜轴测图按三个轴向伸缩系数之间的关系又可以分为三类：

（1）$p=q=r$，称为正等轴测图或斜等轴测图。

（2）$p=q\neq r$ 或 $p\neq q=r$ 或 $p=r\neq q$，称为正二轴测图或斜二轴测图。

（3）$p\neq q\neq r$，称为正三轴测图或斜三轴测图。

斜轴测图中由于轴测投影面一般都平行于某个投影面，所以在命名时会加上这个投影面的名称，如：正面斜二测、水平斜二测等，工程中常见轴测图的相关参数见表5－1。本章主要介绍在土建工程中常用的正等轴测图和斜二轴测图的画法。

表5－1　　轴测图的相关参数

种类	轴间角	轴向变形系数或简化系数	示例	种类	轴间角	轴向变形系数或简化系数	示例
正等测	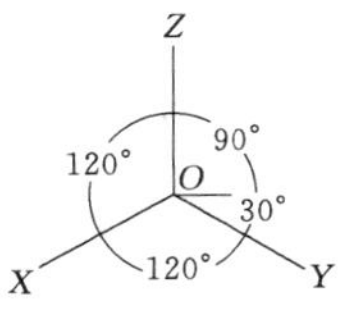	轴向变形系数 $p=q_1=r_1=0.82$ 简化系数 $p=q=r=1$		正面斜等测 正面斜二测	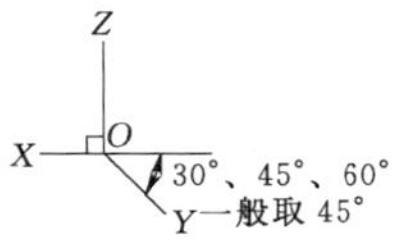	轴向变形系数 正面斜等测 $p=q=r=1$ 正面斜二测 $p=r=1$ $q=0.5$	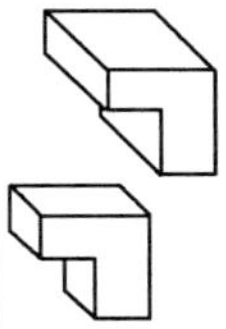
正二测	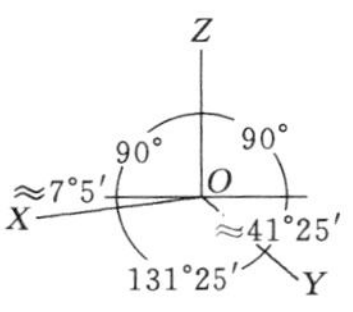	轴向变形系数 $p_1=r_1=0.94$ $q_1=0.47$ 简化系数 $p=r=1$ $q=0.5$	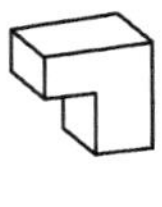	水平斜等测 水平斜二测	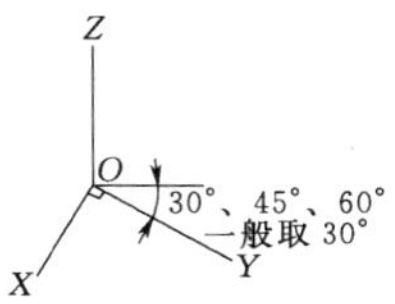	轴向变形系数 水平斜等测 $p=q=r=1$ 水平斜二测 $p=r=1$ $q=0.5$	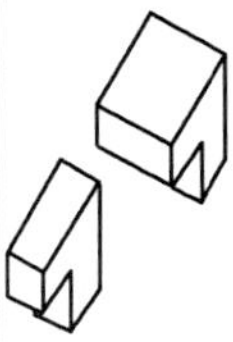

四、轴测图的基本性质

由于轴测图是用平行投影法得到的，所以具有平行投影的性质。

（1）平行性：物体上互相平行的线段，在轴测图上也互相平行；物体上平行于投影轴的线段，在轴测图中平行相应的轴测轴。

（2）等比性：物体上互相平行的线段，在轴测图中具有相同的轴向变形系数；物体上平行于投影轴的线段，在轴测图中与相应的轴测轴有相同的轴向变形系数。

§5－2　正等轴测图的画法

正等轴测图的画法（上）

正等轴测图的画法（下）

一、平面体正等轴测图的形成

1. 正等轴测图的轴间角和轴向变形系数

在正轴测投影中，当我们把物体连同空间直角坐标系一起倾斜，到某一个角度时，使得三个坐标轴上的单位长度投影到轴测投影面上的长度相同，但图形尺寸缩小至原图的 0.82 倍，为了作图方便，画图时将其放大 1.22 倍，这样轴测图与原图尺寸可保持一致。轴向变形系数取 $p=q=r=1$。轴间角 $\angle XOZ=\angle ZOY=\angle YOX=120°$。$Z$ 轴垂直画出，X 轴和 Y 轴均与水平线成 30°角，见表 5－1。

2. 平面体正等轴测图的画法

画轴测图常用的方法有：坐标法、特征面法、叠加法和切割法等。其中坐标法是最基本的画法，而其他方法都是根据物体的形体特点对坐标法的灵活运用。

二、平面体正等轴测图的画法

1. 坐标法

先建立坐标系，将平面立体的各顶点按坐标画出其在轴测投影图上的位置，然后将相关的点连线即可，这种得到物体轴测图的方法称为坐标法。

【例 5－1】 如图 5－2（a）所示，已知四棱台的两面投影，用坐标法作这个正四棱台的平面体正等轴测图。

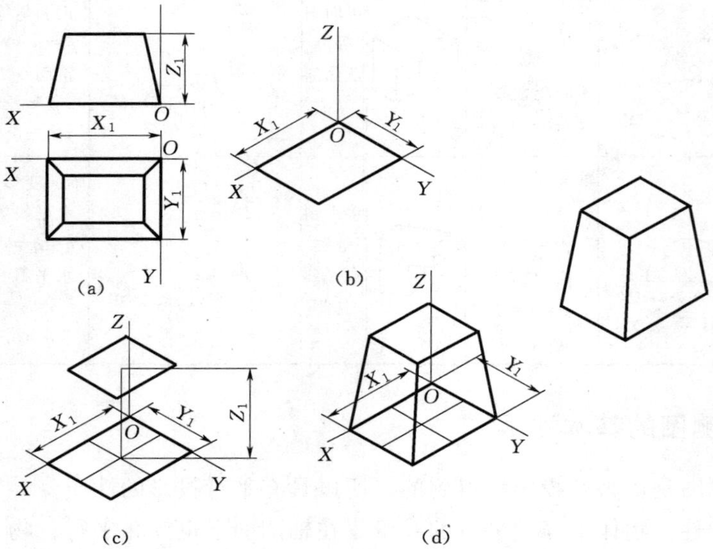

图 5－2　作正四棱台的平面体正等轴测图

分析： 正半四棱台可以看成是由上底4个点和下底4个点连接而成。先分别绘制这8个点在轴测图中的位置，然后将可见的轮廓连接起来就可以了。

作图：

(1) 绘制轴测轴，然后从O点开始根据X_1和Y_1的值沿着X轴的方向和Y方向分别量长度，得到2个点，过这两个点分别作X轴和Y轴的平行线，可得到另外1个点，加上坐标原点，即可得到底面4个点，如图5-2 (b) 所示。

(2) 找到底面四边形的中心沿着Z轴的方向量取Z_1，得到上底面的中心，再分别沿X方向和Y方向找到上底的4个顶点，如图5-2 (c) 所示。

(3) 将四棱台上可见的棱线连接起来，擦掉作图辅助线，加粗图线，作图完毕，如图5-2 (d) 所示。

2. 特征面法

特征面法适用于绘制柱类形体的轴测图。可以先画出能够反映出物体形状特征的一个可见的底面，接着画可见的棱线，然后画出另一底面上可见的轮廓，这种绘制物体轴测图的方法就称为特征面法。

【例5-2】 如图5-3 (a) 所示正直六棱柱的正等测图。

分析： 正直六棱柱前后、左右、上下对称，为作图方便，坐标原点建在正六棱柱顶面中心，这样绘制顶面时，6条边中只有平行于OX轴的2条边可以直接量取，其余4条边不与坐标轴平行，必须先确定每条边的端点才能画出。绘制下底面时，利用棱高及正六棱柱下底面与上底面的对应边互相平行关系来画。

作图：

(1) 绘制正等测图的轴测轴，画出顶面各角点的轴测投影如图5-3 (b) 所示。

(2) 连接顶面各顶点的轴测投影，自正六边形各顶点向下作O_1Z_1轴的平行线，并截取长度为六棱柱的高度，不可见棱线一般不画，如图5-3 (c) 所示。

(3) 连接各点，即得六棱柱的正等测图，加深可见轮廓线，完成作图，如图5-3 (d) 所示。

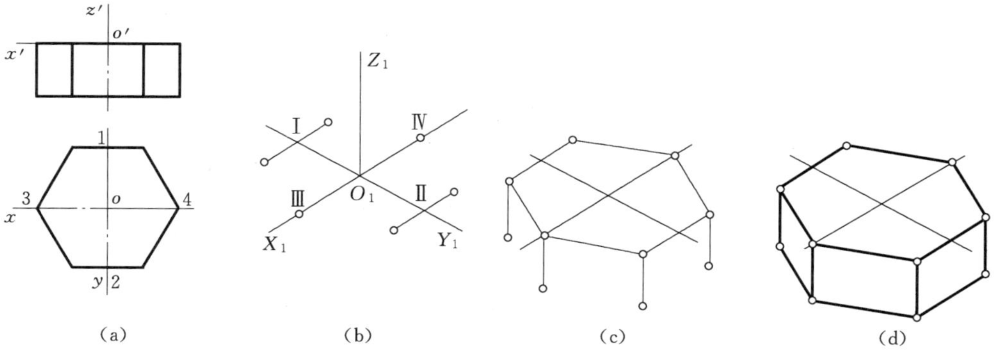

图5-3 六棱柱的正等测图

3. 叠加法

画叠加形体的时候，可以将形体分解成几个基本体或简单体，从主到次逐步完成各部分的轴测图，最后擦掉被挡住的轮廓线，这种绘制轴测图的方法称为叠加法。在运用叠加法绘制轴测图时，一定要注意各部分形体之间的定位。

【例 5－3】 如图 5－4（a）所示，已知挡土墙的两面投影，作挡土墙的正等轴测图。

分析： 这个挡土墙是很明显的叠加型立体，由一个十字棱柱和一个三棱柱叠加而成。绘制的时候可以由下而上绘制，但是要注意绘制时棱柱间的连接关系。

作图：

（1）绘制轴测轴，先根据主视图的尺寸在轴测图上画出十字棱柱的底面形状，如图 5－4（b）所示。

（2）向 Y 方向量出棱线的宽度，再画出另一底面的可见棱线，如图 5－4（c）和（d）所示。

（3）在十字棱柱上量取 Y_1 尺寸，画出三棱柱的前底面，完成三棱柱，擦掉不可见的棱线和作图辅助线，加粗图线，作图完毕，如图 5－4（e）和（f）所示。

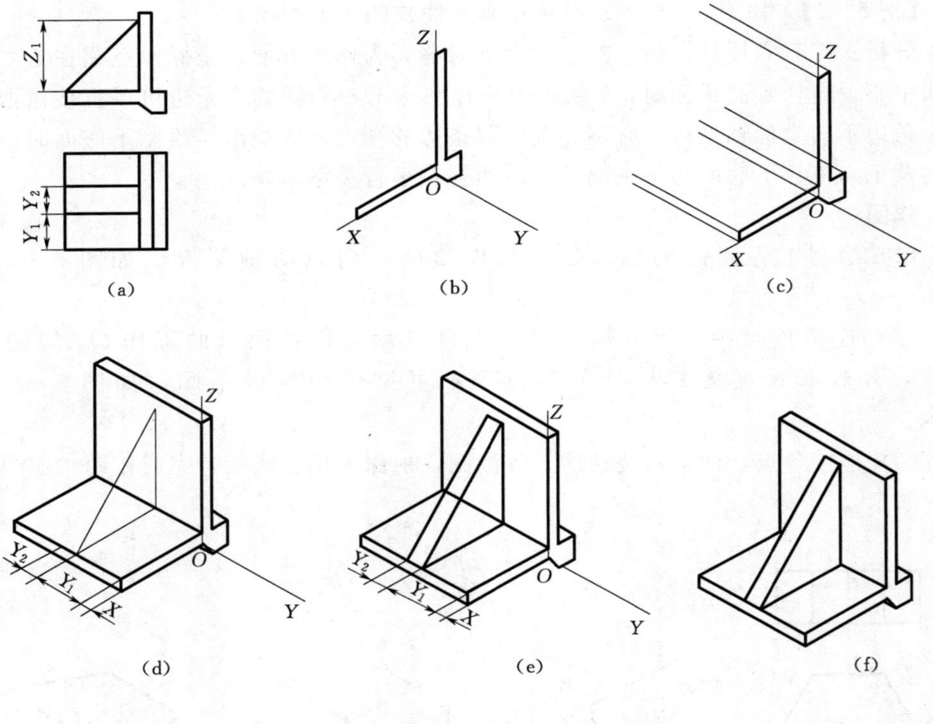

图 5－4　挡土墙正等轴测图

4. 切割法

当物体由基本体经切割而成时，可按先画出基本体的原体，再依次画切割处的顺序完成轴测图，这种画图的方法称为切割法。

【例 5－4】 画出如图 5－5（a）所示物体的正等轴测图。

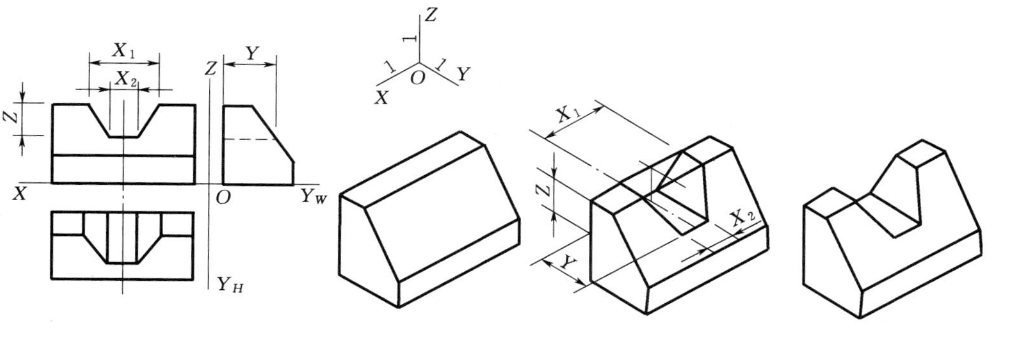

(a) (b) (c) (d)

图 5-5 切割法画正等测图

分析： 该物体可看成是一个五棱柱，在中上方切一梯形槽而成。可先画出五棱柱再按尺寸定位画出梯形槽，完成作图。

作图： 如图 5-5 所示，先画出五棱柱，再按定位尺寸画出梯形槽。

三、平面体斜二轴测图的画法

使物体的一个坐标面平行于轴测投影面，投射方向与轴测投影面倾斜，并使三轴向变形系数中有两个相等，所得的轴测图称为斜二轴测图，简称斜二测图。

1. 斜二轴测图的轴间角和轴向变形系数

斜二轴测图中的轴间角 $\angle XOZ=90°$，$\angle ZOY=\angle YOX=135°$。画斜二测图时，将 OZ 轴画成竖直方向，OX 轴画成水平方向，OY 轴可用 45°三角板配合丁字尺画出，如图 5-6 所示，斜二测图中的轴向变形系数 $p=r=1$，$q=0.5$。

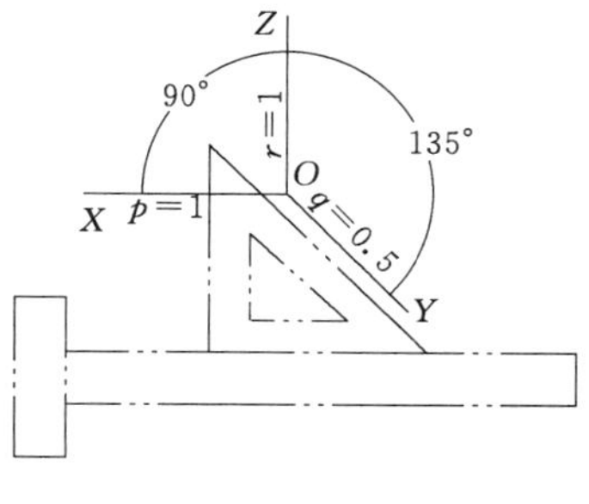

图 5-6 斜二测图的轴间角和轴向变形系数

2. 斜二测图的画法

斜二测图的作图方法与正等测图相同，只是轴测轴方向与轴向变形系数不同。由于斜二测图的 XOZ 坐标面平行于轴测投影面 P，故所有斜二测图中所有平行于 P 面的面均为实形。画图时应尽量使物体的特征面平行于轴测投影面，以使其轴测图反映实形，并用特征面法画出物体的斜二测图。

【例 5-5】 如图5-4（a）所示，已知挡土墙的两面投影，作出这个挡土墙的斜二轴测图。

分析： 这个挡土墙是由两个部分叠加而成，一个部分是十字棱柱，另一个部分是三棱柱。绘制的时候应先用特征面法画出十字棱柱的斜二测图，然后用叠加法绘制出叠加的三棱柱。绘制过程中要注意 Y 轴方向的伸缩系数是 0.5。

作图： 略。

§5－3 曲面体轴测图的画法

一、曲面体正等轴测图画法

平行于坐标面的圆的正等轴测图都是椭圆，如图5－7所示，由于它们所平行的坐标面不同，轴测图上椭圆的方位各不相同，在绘制的时候一般是用四段圆弧来近似代替，这种绘制近似椭圆的方法称为四心法。

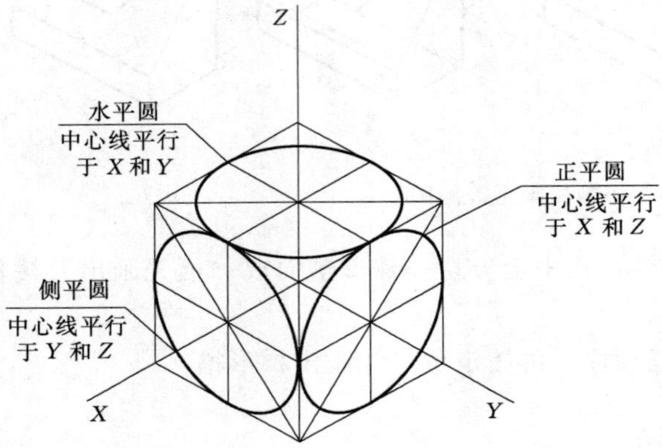

图5－7 曲面体正等轴测图画法

下面以水平圆为例讲解近似椭圆的画法。

(1) 先画出对应的轴测轴，接着绘制出水平圆的外切正方形的轴测图（菱形），如图5－8（b）所示。

(2) 找到和轴测轴的交点，即A、B、C、D四点，如图5－8（b）所示。连接A_1和D_1，B_2和C_2分别相交于3点和4点，得到四段圆弧的圆心，即1、2、3、4四点，如图5－8（c）所示。

(3) 以1点为圆心，$A1$为半径作圆弧；以2点为圆心$B2$为半径作圆弧；以3点为圆心，$A3$为半径作圆弧；以4点为圆心，$C4$为半径作圆弧，四段圆弧相切连接，擦掉多余的弧线，加粗图线，作图完成，如图5－8（d）所示。

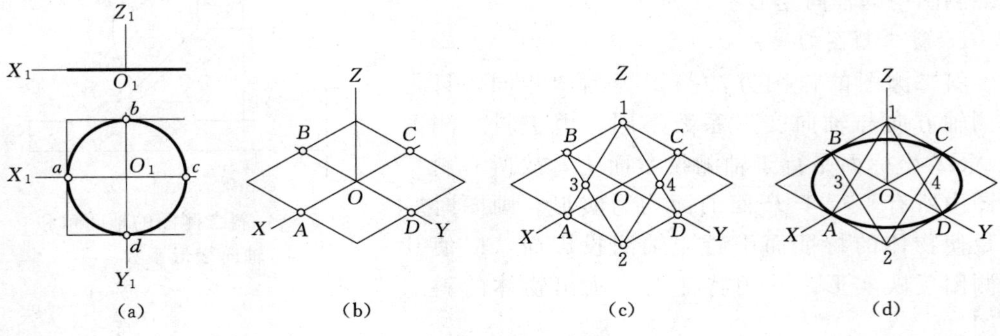

图5－8 水平圆的正等轴测图

平行于另外两个投影面的圆的正等测图画法和水平圆的画法是一样的，只不过所对应的轴测轴不一样，得到的椭圆方向不一样而已。

曲面体的正等测图画法和平面体是差不多的，曲面体中的平面圆已经会画了，再作曲面体的轴测图时只需先绘制底面的圆的轴测图，然后画出公切线就可以了。

【**例 5-6**】　如图5-9（a）所示，已知一个圆柱体的两面投影，作出这个圆柱体的正等测图。

分析：这个圆柱体两个底面都是水平圆，其轴测图是全等的椭圆。在绘制的时候可以先将两个底面的水平圆的轴测图画出来，最后画两个椭圆的公切线。

作图：

（1）建立轴测轴，绘制出圆柱体底面水平圆外切正方形的轴测图，并找到 A、B、C、D 四个切点的位置和 1、2、3、4 四个圆心的位置，如图 5-9（b）所示。

（2）从需要定位的各点（如圆心和切点等）沿 Z 轴向上找到圆柱体的高度，以便找到另外一个底面圆的圆心和切点等位置，如图 5-9（c）所示。

（3）将另外一个底面上的 4 段圆弧画出，作出两个底面上水平圆的公切线，擦掉作图辅助线和不可见部分的轮廓，加粗图线，作图完毕，如图 5-9（d）所示。

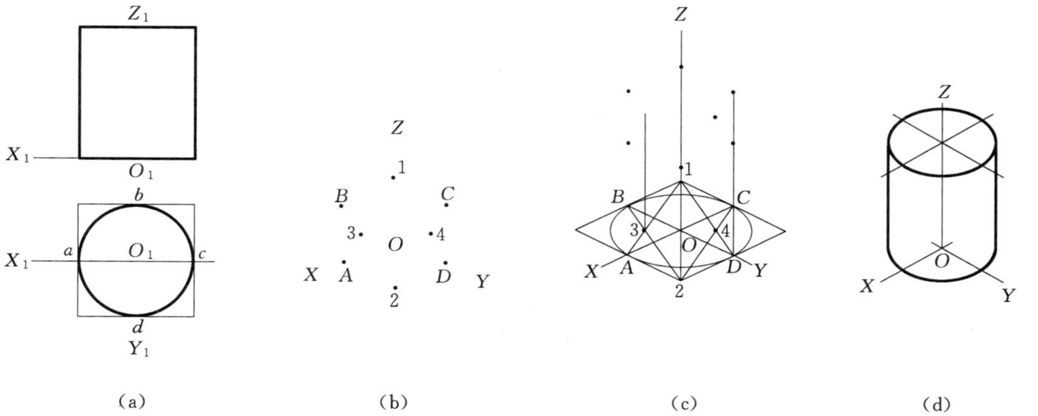

图 5-9　作圆柱体的正等测图

二、圆角的正等轴测图

在工程中常常会出现板结构或柱结构将直角倒成圆角的情况，这种情况下，圆角的轴测图画法与前文所述的方法是一致的，只是画近似椭圆的时候，不需要将 4 段圆弧都画出来，每个圆角部位一般只需选择某一段圆弧就可以解决。

【**例 5-7**】　如图 5-10（a）所示带圆角的长方体正等轴测图。

作图：

（1）建立三条轴测轴，然后画出长方体的正等测图，并在其上由顶点沿两边分别截取圆角半径 R，得到切点 A、B、C、D，如图 5-10（b）所示。

（2）过切点 A、B、C、D 分别作所在边的垂线得交点 O_1、O_2，如图 5-10（c）所示。

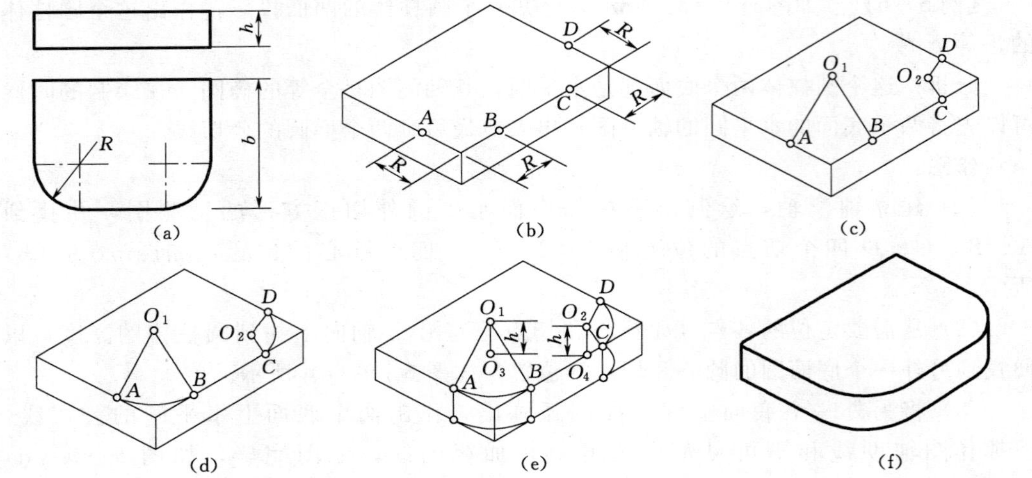

图 5-10　圆角的正等轴测图画法

(3) 分别以 O_1O_2 为圆心，以 O_1A、O_2C 为半径画弧，得到上底面圆角的正等测图，如图 5-10 (d) 所示。

(4) 将圆心 O_1、O_2 和各切点沿 Z 轴向下移长方体的高度 h，得到地面圆心 O_3、O_4 与各切点，再分别以 O_3、O_4 为圆心，以上底面对应的半径为半径画弧，得到下底面圆角的正等测图，如图 5-10 (e) 所示。

(5) 作右边上、下两圆弧的公切线，擦去多余线条并加深轮廓线，结果如图 5-10 (f) 所示。

三、曲面体斜二轴测图画法

斜二轴测图的画法

前面介绍了圆的正等测图的绘制方法，在正等轴测图中平面圆都被投影成了椭圆，于是我们是用四段圆弧近似代替椭圆形来画圆在正等测图中的投影。而在斜二轴测图中圆的投影分成了两种：正面斜二测图中，正平圆反映实形，可以直接画出；而水平圆和侧平圆都反映成椭圆。需要注意的是，斜二测图中，OY 轴的伸缩系数是 0.5，所以在画近似椭圆时，不能再用四心圆法，而要用八点法或坐标法来绘制。

这里以水平圆为例讲解一下八点法画近似椭圆。

(1) 先确定原点位置和对应的轴测轴方向，接着从点 O 沿 X 轴向左右方向各量取圆的半径长度，得 A 点和 B 点；沿 Y 轴向前后方向各量取圆半径长度的一半，得 C 点和 D 点；然后过点 A、B、C、D 分别作 X 轴和 Y 轴的平行线，得到一个平行四边形，即水平圆外切正方形的轴测图，如图 5-11 (b) 所示。

(2) 作平行四边形的两条对角线；过平行四边形左上角点作 45°方向斜线，延长 OY 轴相交于 N 点；以 D 点为圆心，DN 为半径画弧，与平行四边形的边相交得点 H 和 L；过点 H 和 L 分别作 Y 轴的平行线 HQ 和 LR，与平行四边形的两对角线交得点 E、F、S 和 G，如图 5-11 (c) 所示。

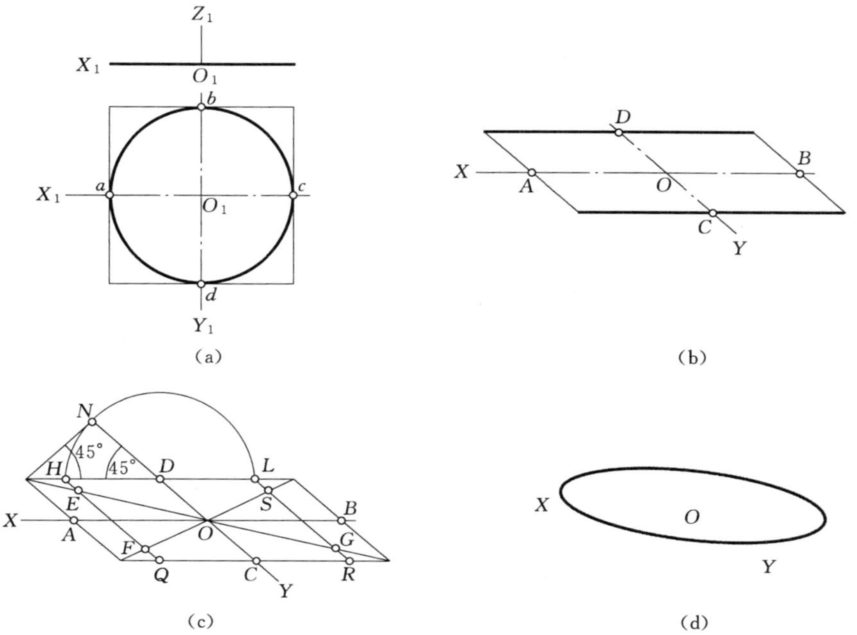

图 5-11　水平圆的斜二测图

(3) 依次光滑连接点 A、F、C、G、B、S、D 和 E，即得水平圆的斜二测图。最后将作图辅助线擦掉，加粗图线，作图完毕，如图 5-11 (d) 所示。

【例 5-8】 如图 5-12 (a) 所示，已知拱门的两面投影，作拱门的斜二轴测图。

分析： 拱门可以看成由上下两个长方体和中间一个被挖去一个 U 形孔的直立四棱柱组成。U 形孔上部是半圆柱前表面和后表面，要绘制两个正平圆。其他部分按棱柱的画法绘制。

作图：

(1) 建立三条轴测轴，然后从 O 点沿 X 轴向右量取 X_1 长度，沿 Y 轴向前量取 $Y_1/2$ 长度，沿 Z 轴向上方量取 Z_1 长度，绘制出四棱柱地台，如图 5-12 (a) 所示。

(2) 在地台上表面居中位置画出直立四棱柱的下底面，然后过四个角点向上量取 Z_2 长度，封闭上底面，完成直立四棱柱的轴测图。在直立柱的前表面画出 U 形，如图 5-12 (b) 所示。

(3) 画出在后表面的 U 形，完成 U 形孔的轴测图，如图 5-12 (c) 所示。

(4) 在直立四棱柱上表面上确定顶板前表面的位置，如图 5-12 (c) 所示。

(5) 完成顶板的轴测图，擦掉作图辅助线，加粗图线，作图完毕，如图 5-12 (d) 所示。

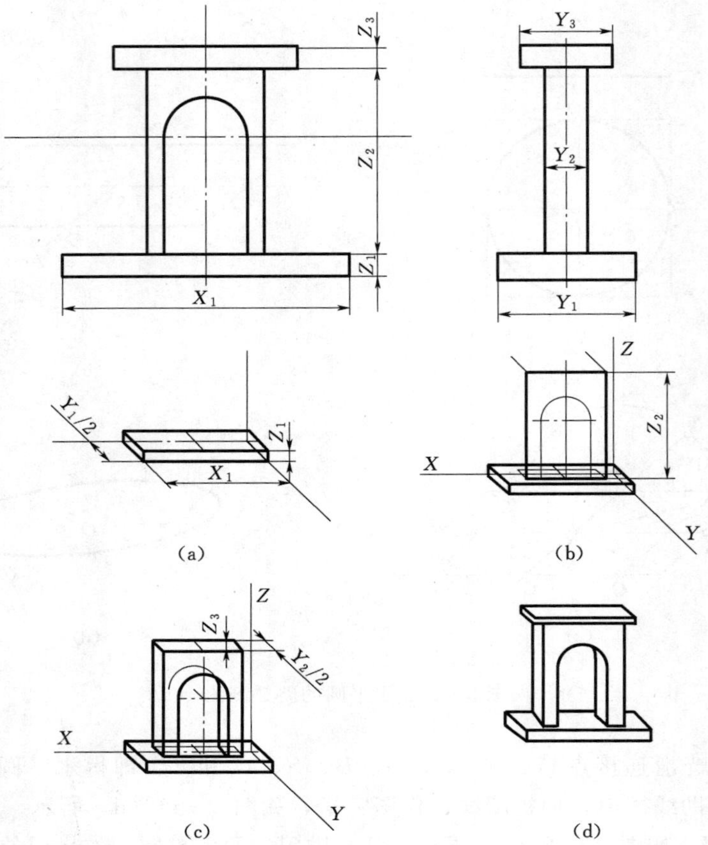

图 5-12 拱门的斜二测图

技能训练项目五

技能训练目标：培养空间想象力和提高识图能力，掌握轴测图的画法。

技能训练内容：根据所给视图，完成其斜二测图和正等测图，如图 5-13 所示。

技能训练要求：用 A4 图纸按 1∶1 抄绘并绘制其轴测图，图幅布置要合理。

技能训练步骤：

1. 准备绘图工具，熟悉图形的要求。
2. 绘制图框及标题栏，确定绘图位置。
3. 用细实线画底稿并完成其轴测图（比较斜二测和正等测图的区别）。
4. 加深图形。

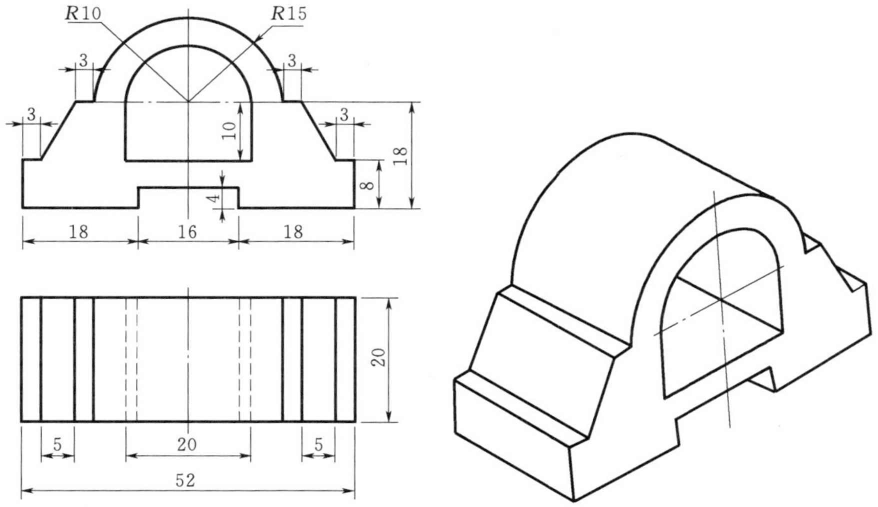

图 5-13　涵洞图

复习思考题

1. 轴测图是如何形成的？轴测图可以分为哪几类？
2. 什么是轴测投影面、轴测轴、轴间角、轴向变形系数？
3. 圆的正等测图如何画出？
4. 如何选择绘制轴测投影图？

学习单元六　立体表面的交线

【学习目标与要求】

1. 具有立体表面点绘制的能力。
2. 具有截交线的形状分析与绘制的能力。
3. 具有相贯线的形状分析与绘制的能力。
4. 具有创造精神。

工程建筑物可以看作由一些立体经过某种形式的组合而形成。这些立体在组成建筑物时，有的表面被截切，有的表面与另一立体相交，产生表面交线，这些交线常被称为截交线或相贯线，如图 6－1 所示。画工程建筑物视图时，需要把表面交线或相贯线准确地画出来；识读工程建筑物时，同样也需要分析其表面交线。

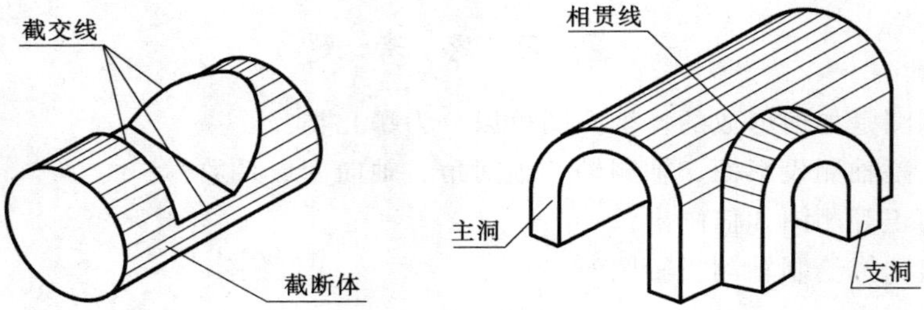

图 6－1　立体表面的交线

§6－1　立体表面取点

立体表面点的绘制

一、积聚性法

积聚性法是利用点所在立体表面投影具有积聚性的特点，直接求点的投影的方法。

需要指出的是，立体的投影图中存在表面的可见与不可见的问题，因此其表面上点的投影也需要判别可见性的问题。即点所属表面的投影可见，则点的投影也可见；反之为不可见。

1. 圆柱体上点的投影

由于柱体的某个视图具有积聚性，所以柱表面上点、线的投影可采用积聚法求得。

【例 6－1】 如图 6－2 所示，已知圆柱体表面上 A、B、C 三点的正面投影，求作其他两面投影。

分析： 圆柱的水平投影积聚为一圆，则 A、B、C 三点的水平投影 a、b、c 必在该圆周上；由于 a'、b'、c'为可见，判定 A、B、C 三点位于圆柱的前半柱面上，且 A 点位于最左轮廓素线上，B 点位于最前轮廓素线上。

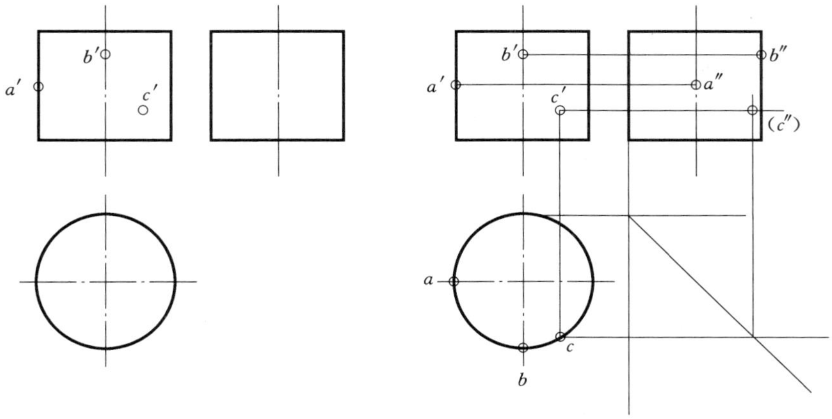

图 6-2 圆柱体上点的投影的求法

作图：

(1) 过 a'、b'、c'作辅助线，与水平投影的前半圆周交于 a、b、c 点。

(2) 过 a'作辅助线，与侧面投影的最左轮廓线交于 a''点；过 b'作辅助线，与侧面投影的最前轮廓线交于 b''点；再按投影规律，由 c、c'求出 c''。

(3) 判定可见性：点 C 位于右半圆柱上，其侧面投影为不可见，标记为 (c'')。

2. 棱柱体上点的投影

【例 6-2】 如图 6-3 所示，已知五棱柱表面上 A、B、C 三点的正面投影，求作其他两面投影。

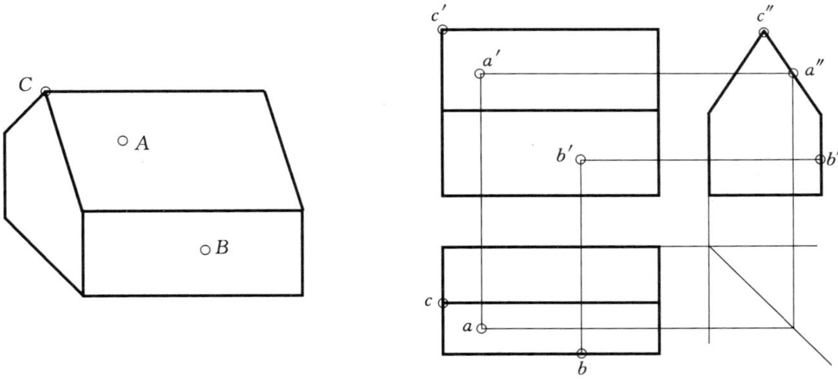

图 6-3 棱柱体上点的投影的求法

分析： 五棱柱表面上 A、B、C 三点所在面的侧面投影分别积聚为一直线，则 A、B、C 三点的侧面投影 a''、b''、c''必在该五边形上；由于 a'、b'、c'为可见，判定 A、B、C 三点位于棱柱的前半柱面上，且 C 点位于最上棱线上。

作图：

(1) 过 a'、b'、c'作辅助线，与侧面投影交于如图 6-3 所示 a''、b''、c''点。

(2) 由于 C 点是棱上点，分析棱的投影，直接可确定 c 点的水平投影；再按投影规律，由 a'、b'和 a''、b''求出 a、b。

二、辅助线法和辅助圆法

1. 棱锥体上点的投影（辅助线法）

【例 6－3】 如图 6－4 所示，已知三棱锥上点 A、B、C 的正面投影，求其他两面投影。

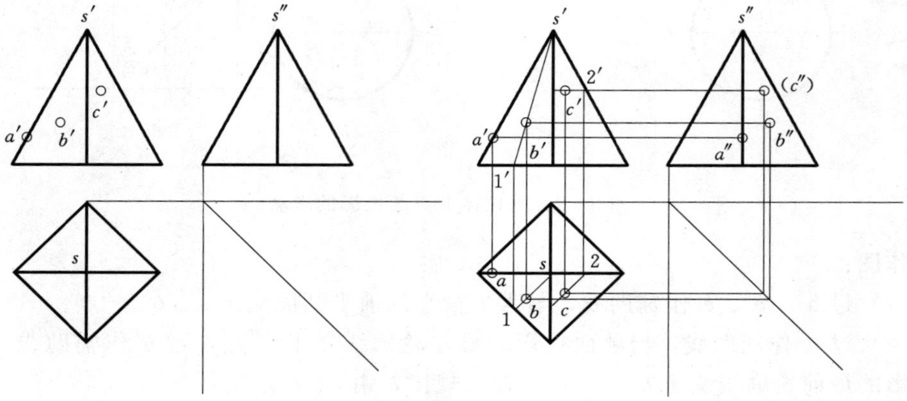

图 6－4　棱锥体上点的投影的求法

分析： 从已知条件可以看出，A 点是棱上点，所以水平投影和侧面投影可以直接求出；B、C 点都可见，且所在平面都属于一般位置面，其三面投影都不具有积聚性，求其他两面投影必须采用辅助线来求解。作辅助线有两种做法：①过顶点作辅助线；②作底边的平行线。

作图：

(1) 利用投影原理在相应的棱上直接求出 a、a''。

(2) 连接 $s'b'$并延长交底边于 $1'$，在水平面上找出 1 点，连接 $s1$，利用“长对正”求出 b 点；再利用“高平齐，宽相等”求出 b''。

(3) 过 c'作底边的平行线，交棱于 $2'$，在水平面上求出 2 点，过 2 点作底边的平行线，利用“长对正”求出 c 点；再利用“高平齐，宽相等”求出 c''。

2. 圆锥体上点的绘制（辅助线法和辅助圆法）

【例 6－4】 如图 6－5 所示，已知圆锥体表面上 B、C 的正面投影 b'、c'，试作 B、C 点的水平投影和正面投影。

分析： 通过圆锥顶点与底圆周上任意一点的连线，必定是圆锥面上的一条素线（直线），求圆锥面上的点，即可利用这一特点，即辅助线法。

回转体表面都是由一条母线绕一固定轴旋转形成的，所以，母线上任意一点在旋转时的轨迹为垂直于旋转轴的圆，并位于回转体表面上。可以根据这一特点，求解回转体表面上点的投影，即辅助圆法。

作图：

(1) 如图 6－5 所示，连接 $s'c'$，交底圆周于 $1'$，利用“长对正”求出水平投影 1

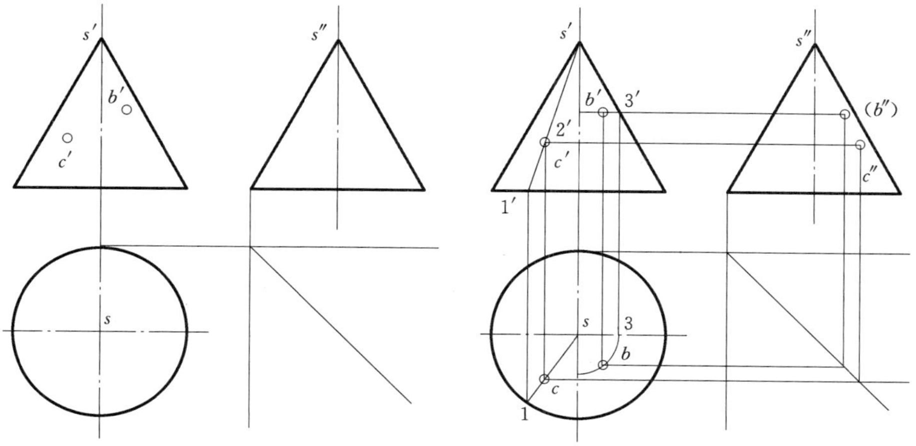

图 6－5　圆锥体上点的投影的求法

点，连接 $s1$，在 $s1$ 上求出 c 点。

（2）如图 6－5 所示，过 b' 作一辅助线（水平圆的正面投影，积聚为一直线），交对称轴线于 $2'$，交最右轮廓线于 $3'$，$2'3'$ 的长度为辅助圆的半径，在水平投影中，以 s 为圆心，以 $2'3'$ 为半径画一圆，此圆即为辅助圆的水平投影。

（3）由 b' 作 OX 轴的垂线与辅助圆的投影交于 b（由于 b' 是可见的，所以 b 点位于前半圆周上）。

（4）再利用“高平齐，宽相等”求出 b''、c''（因为 C 在左半面，所以 c'' 可见，而 B 在右半面，所以 b'' 不可见）。

3. 圆球体上点的投影（辅助圆法）

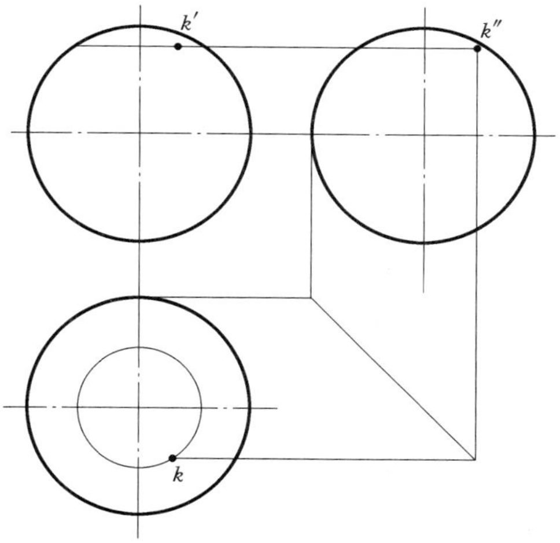

图 6－6　球体上点的投影的求法

【例 6－5】 已知球面上 K 点的正面投影 k'，求作 K 点的水平投影 k 和侧面投影 k''。

如图 6－6 所示，由于圆球面上不能作直线，所以采用辅助圆法。对圆球来说，凡通过球心的直线都可以看作圆球的轴线，因此，可以采用平行于任一投影面的辅助圆。如图所示的辅助圆平行于水平面，其作图方法和步骤与［例 6－4］相同。

§6－2　平面体的截交与相贯

平面与立体相交，也称平面截立体，此平面称为截平面。截平面与立体表面的交线称为截交线，它是截平面与立体表面的共有线。截交线所围成的平面图形称为截断面。两平面体相交，表面产生的交线称为相贯线。平面体截交线和相贯线具有如下特性：

（1）截交线和相贯线为空间闭合折线或平面多边形。

（2）截交线是截平面与立体表面的共有线，所以，求作截交线就是求截平面与立体表面的共有点和共有线。

（3）相贯线是两立体表面的共有线，所以，求作相贯线就是求两立体表面的共有点和共有线。

一、平面体的截交线

截交线（1）

平面与平面体相交，截交线为多边形。多边形的各边是截平面与立体各棱面（或底面）的交线。多边形的各顶点是平面体上各棱线（或底边）与截平面的交点。因此，求平面与平面体截交线的方法是求出平面体各棱线（或底边）与截平面的交点，然后依次连成多边形，其实质是求直线与平面的交点。

【例 6-6】 根据所给立体图绘制其三视图。

（1）画外形。首先画未切长方体的三视图，如图 6-7（b）所示。

（2）切去三棱柱。画图应从反映其形状特征的侧视图开始，如图 6-7（c）所示。然后利用“长对正，宽相等”求其他两面投影，如图 6-7（d）所示。

（3）检查、描深，如图 6-7（d）所示。

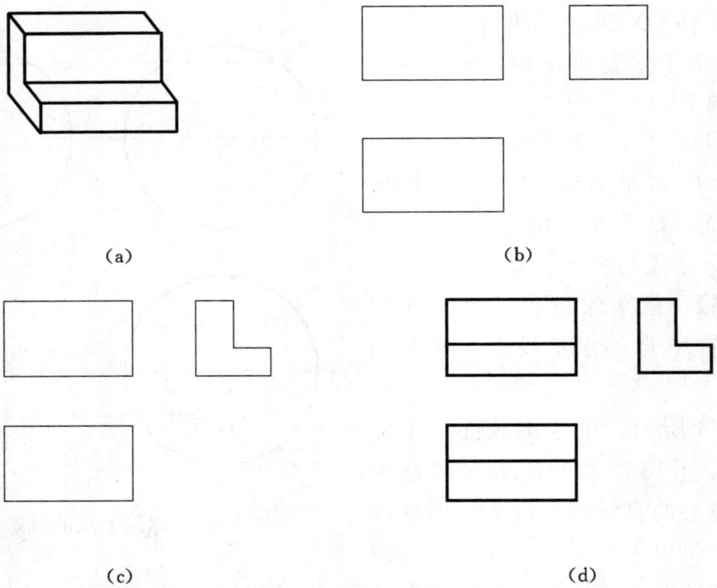

图 6-7　棱柱体的截交线

【例 6-7】 已知正三棱锥被正垂面截切，试作截交线的投影，如图 6-8 所示。

分析： 三棱锥被正垂面截切，截断了三条棱线，截交线为三边形，三边形的角顶点即为三条棱线与正垂面的交点。截交线的正面投影积聚成一斜直线为已知，三个交点的正面投影就在该直线上，采用“线上取点法”可求各交点的另两面投影，然后依次连接各点的同面投影，即得各交线的同面投影。

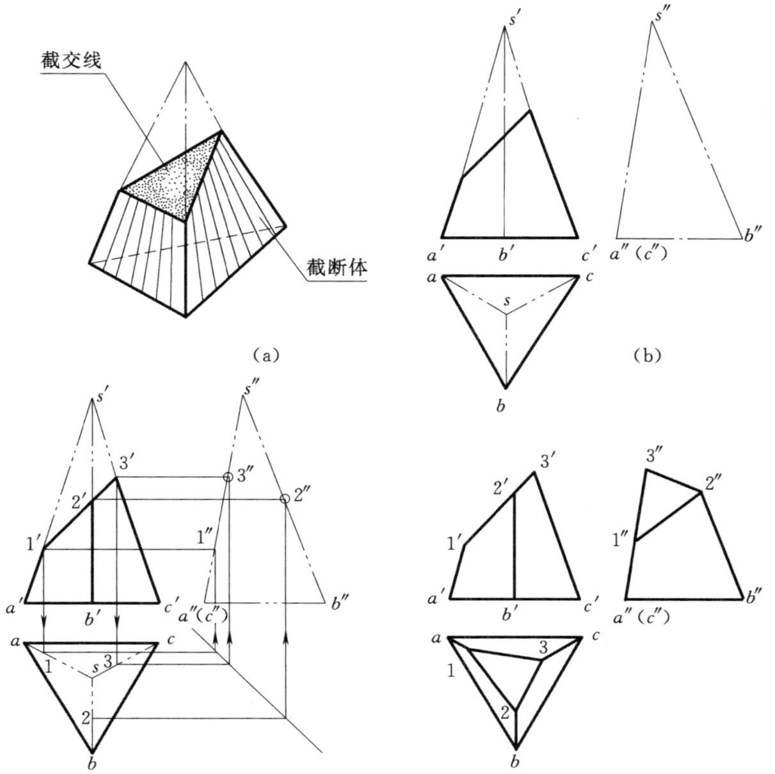

图 6-8　求作三棱锥的截交线

作图：

(1) 在正面投影上标出三条棱线与正垂面的三个交点，并利用投影规律求出三点的另两面投影，如图 6-8 (c) 所示。

(2) 依次连接各点的同面投影，擦去被切掉的棱线，描深图形轮廓线，即完成作图，如图 6-8 (d) 所示。

【例 6-8】 试画出如图 6-9 所示切槽四棱台的三面投影。

分析： 该四棱台的槽为两侧平面和一个水平面截切而成。两个侧平面在 V 面和 H 面都有积聚性；一个水平面在 V 面和 W 面都有积聚性。这样，该槽的正面投影有积聚性，可直接画出；侧面投影其槽底为不可见，可根据正面投影直接画出；水平投影为可见，需根据其两面投影画出。

作图：

(1) 画出四棱台的三面投影，正面投影上含贯通的槽，侧面投影上含槽底的虚线，如图 6-9 (c) 所示。

(2) 再按投影规律补出槽底的俯视图，如图 6-9 (c) 所示。

(3) 擦去被切掉的线条，加深整理，完成作图，如图 6-9 (d) 所示。

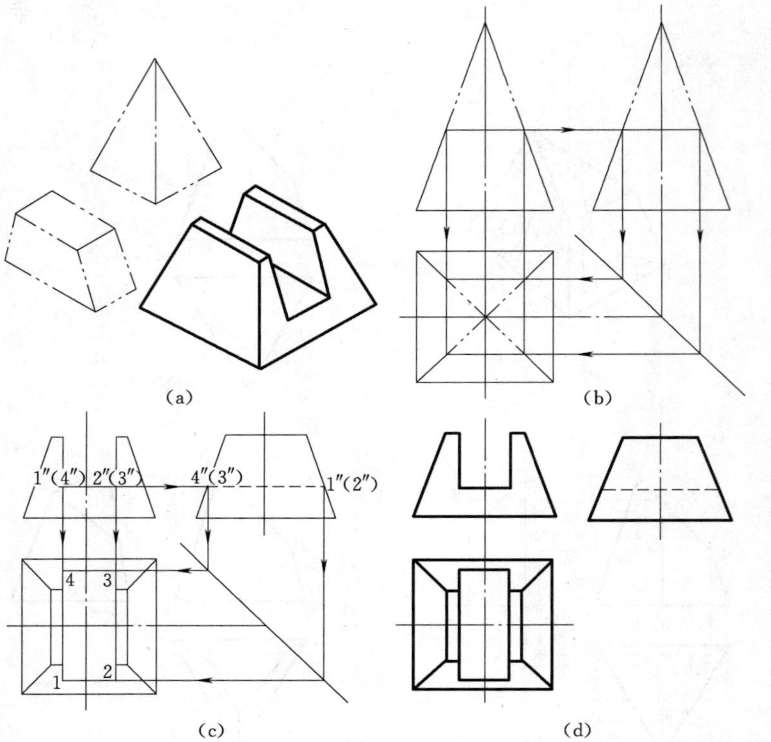

图 6-9 求作切槽四棱台的截交线

二、平面体的相贯线

【例 6-9】 试补全如图 6-10 所示两堤（两四棱台）相交的水平投影。

分析： 如图 6-10（a）所示为大、小两堤相交，小堤的三个棱面均与大堤左侧的坡面相交，其表面交线可看作三段直线组成的相贯线，并且大堤的斜坡面在正面投影中具有积聚性，两堤交线的正面投影必然落在斜坡面的积聚投影上，这时只要根据

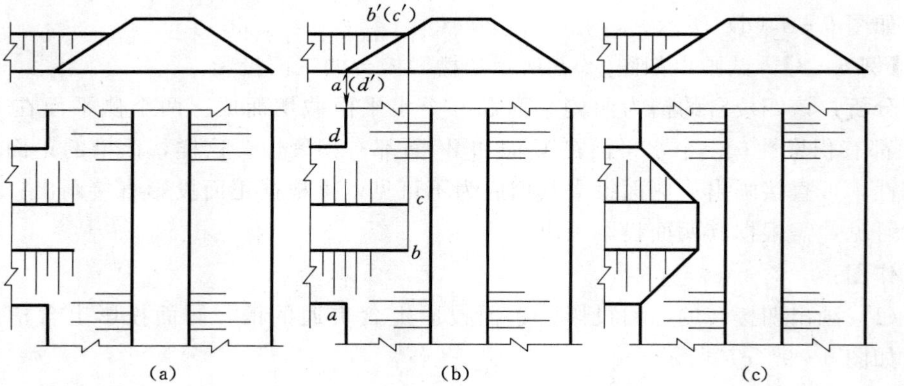

图 6-10 两堤表面交线的画法

"长对正"的投影规律，就可求得各交点的水平投影。

作图：

（1）在正面投影中标注小堤各棱线与大堤斜面的四个交点，并根据投影规律求出四个交点的水平投影，如图 6 - 10（b）所示。

（2）在水平投影中依次连接各点，并将交线加深，完成作图，如图 6 - 10（c）所示。

【例 6 - 10】 试补全图 6 - 11 所示两五棱柱相交的水平投影。

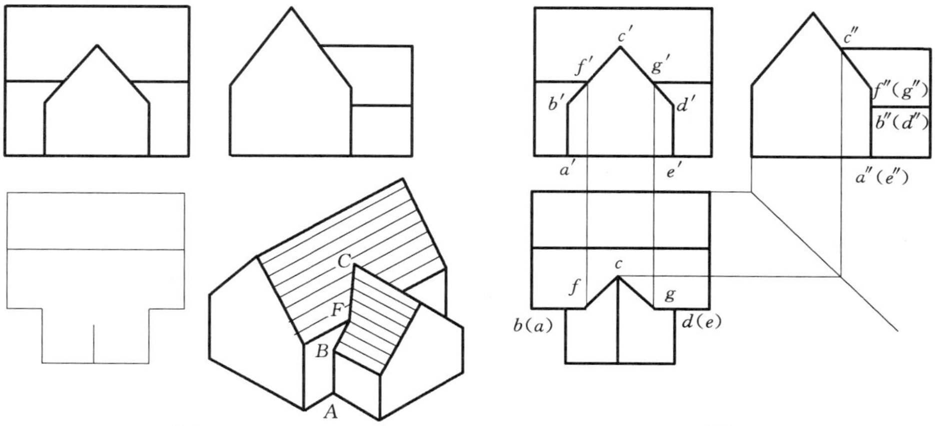

(a)　(b)

图 6 - 11　两五棱柱表面交线的画法

分析： 图 6 - 11（a）所示为两五棱柱相交，大五棱柱的侧面投影具有积聚性，小五棱柱的正面投影有积聚性，小五棱柱四个面都参与了相贯，大五棱柱只有前边两面参与了相贯。

作图：

（1）在正面投影和侧面投影中标注两五棱柱相交的八个交点，并根据投影规律求出八个交点的水平投影，如图 6 - 11（b）所示。

（2）在水平投影中依次连接各点，并将交线加深，完成作图，如图 6 - 11（b）所示。

§ 6 - 3　曲面体的截断与相贯

平面与曲面体相交时，截交线在一般情况下是一条封闭的平面曲线，或者是由平面曲线和直线组合而成的图形。截交线的形状取决于曲面体表面的形状及其与截平面的相对位置。

平面体与曲面体或两曲面体相交时，相贯线一般是由若干段平面曲线组合成的空间闭合曲线，特殊情况下可能是平面曲线或直线。

截交线（2）

一、曲面体的截交线

1. 圆柱体

圆锥体被平面截切后产生的截交线，因截平面与圆柱轴线的相对位置不同，有三种不同的形式，见表 6－1。

表 6－1　　平面截圆柱体的三种情况

截平面位置	平行于轴线	垂直于轴线	倾斜于轴线
截交线形状	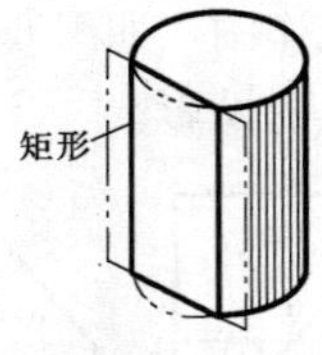	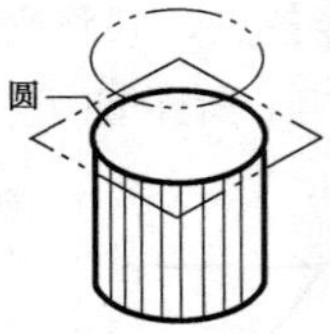	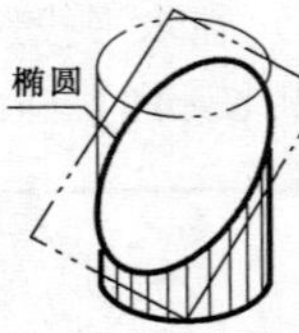
投影情况	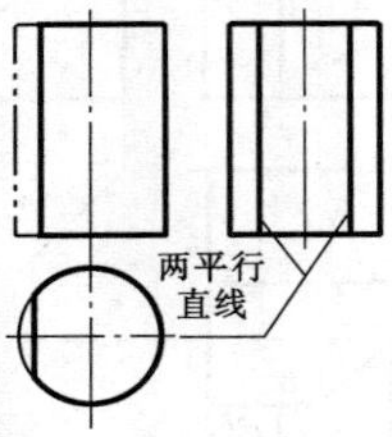	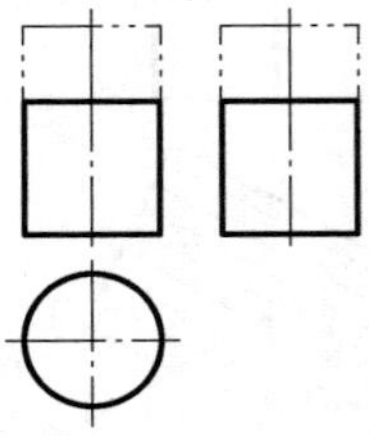	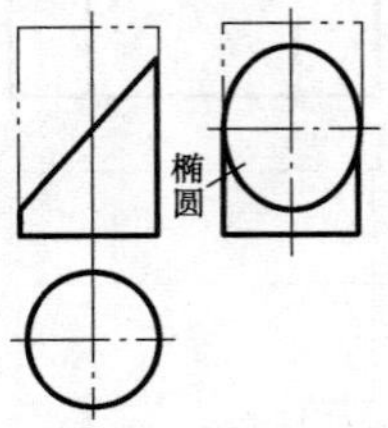

（1）当截平面平行于圆柱轴线时，截交线是矩形。

（2）当截平面垂直于圆柱轴线时，截交线是一个直径等于圆柱直径的圆。

（3）当截平面倾斜于圆柱轴线时，截交线是椭圆。椭圆的形状和大小随截平面对圆柱轴线的倾斜程度不同而变化，但短轴或长轴总与圆柱直径相等。

2. 圆锥体

圆锥体被平面截切后产生的截交线，因截平面与圆柱轴线的相对位置不同，有五种不同的形式，见表 6－2。

表 6－2　　平面截圆锥体的五种情况

截平面位置	垂直于轴线 $\theta=90°$	与所有素线相交 $\theta>\alpha$	平行于一条素线 $\theta=\alpha$	平行于两条素线 $\theta=0°$	过锥顶 $\theta<\alpha$
轴测图	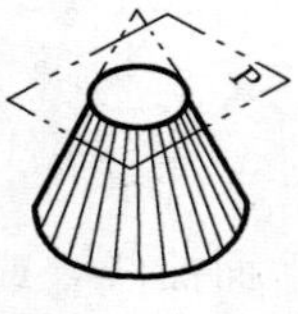	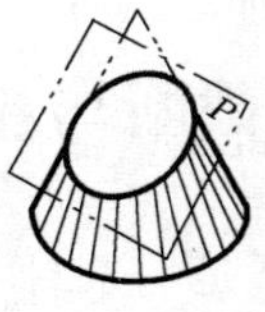	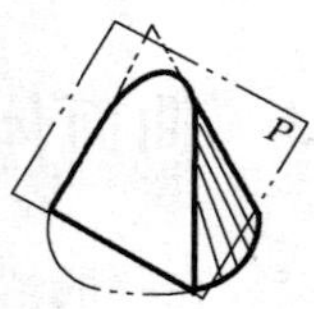	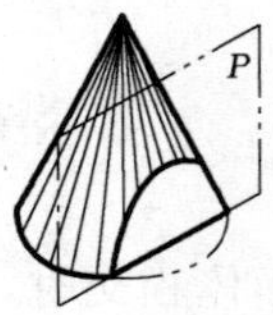	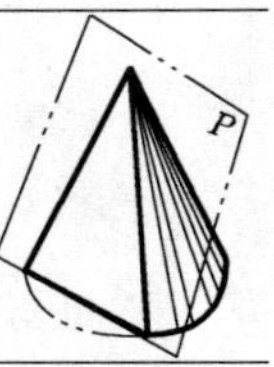
投影图	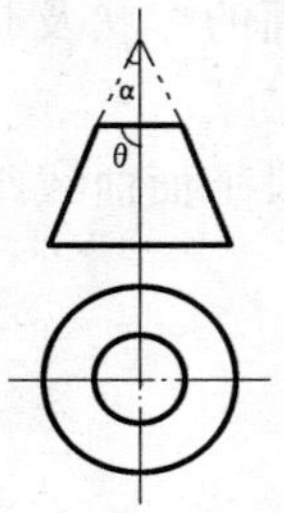	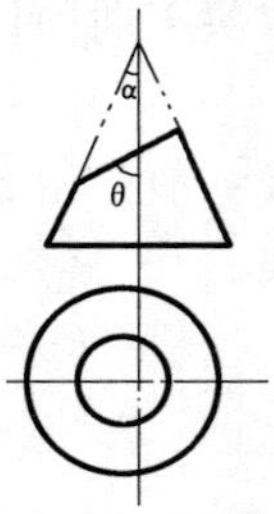	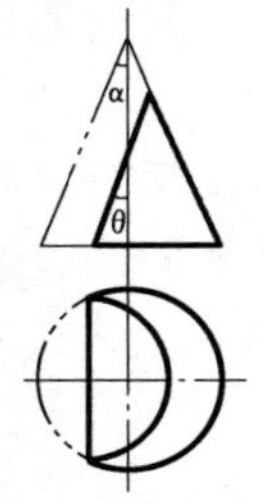	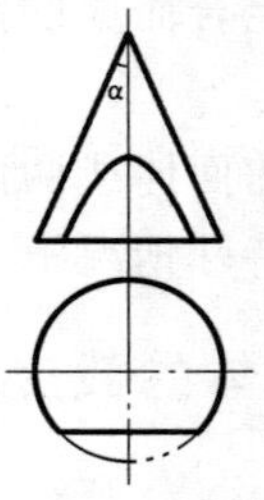	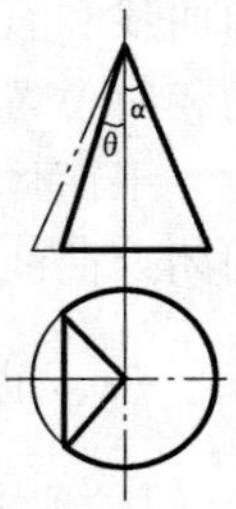
截交线	圆	椭圆	抛物线	双曲线	相交两直线

（1）当截平面垂直于圆锥轴线时，截交线是圆。

（2）当截平面倾斜于圆锥轴线并与所有素线相交时，截交线是椭圆。

（3）当截平面倾斜于圆锥轴线并与一条素线平行时，截交线是抛物线。

（4）当截平面平行于圆锥轴线时，截交线是双曲线。

（5）当截平面通过圆锥顶点时，截交线是相交的两直线。

3. 球体

圆球被任何方向的平面截切，其截交线都是圆，当截平面与投影面平行时，截交线在所平行的投影面上的投影为一圆，其余两面投影积聚为直线，该直线的长度等于截面圆的直径，其直径的大小与截平面至球心的距离有关。如图 6-12 所示。

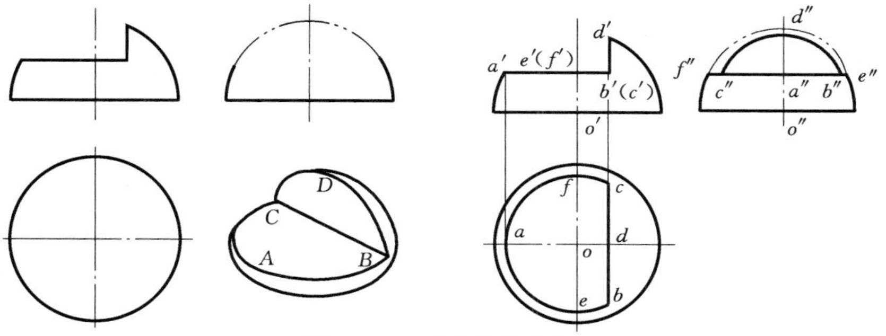

图 6-12　球体的截交线

【例 6-11】 如图 6-13（a）所示，试作圆柱体被正垂面截切后的三视图。

分析： 圆柱体被正垂面（倾斜于轴线）截切，截交线为椭圆。该椭圆截交线上有四个控制点 A、B、C、D，是截平面与圆柱四条轮廓素线的交点，又是椭圆长、短轴的端点。由于截平面的正面投影及圆柱体的水平投影具有积聚性，且截交线是截平面与圆柱表面的共有线，故椭圆的正面投影积聚为一直线，水平投影与圆周重合，只需求侧面投影。

作图：

（1）求控制点。分别求出最左、最右、最前、最后上的点 A、B、C、D 的三面投影。如图 6-13（b）所示。

（2）求一般位置点。先在正面投影和水平投影上取 e'（f'）、g'（h'）和 e、f、g、h，再根据投影规律求出 e''、f''、g''、h''，如图 6-13（c）所示。

（3）依次光滑连接各点，形成一个椭圆，擦去被切掉的轮廓素线，加深全图，如图 6-13（d）所示。

【例 6-12】 如图 6-14（a）所示，补画开槽圆柱体的三面投影。

分析： 圆柱体中间开槽部分是由两个水平面和两个侧平面共同截切而成的。两个水平面与圆柱的截交线是水平圆而缺左、右部分的两个弓形。两个侧平面与圆柱面的截交线是左、右对称的矩形，矩形的两边是左、右、前、后四条铅垂素线，上、下是与水平面的交线。由于四个截平面的正面投影都有积聚性，且截交线的正面投影为已知，只需求水平投影和侧面投影。

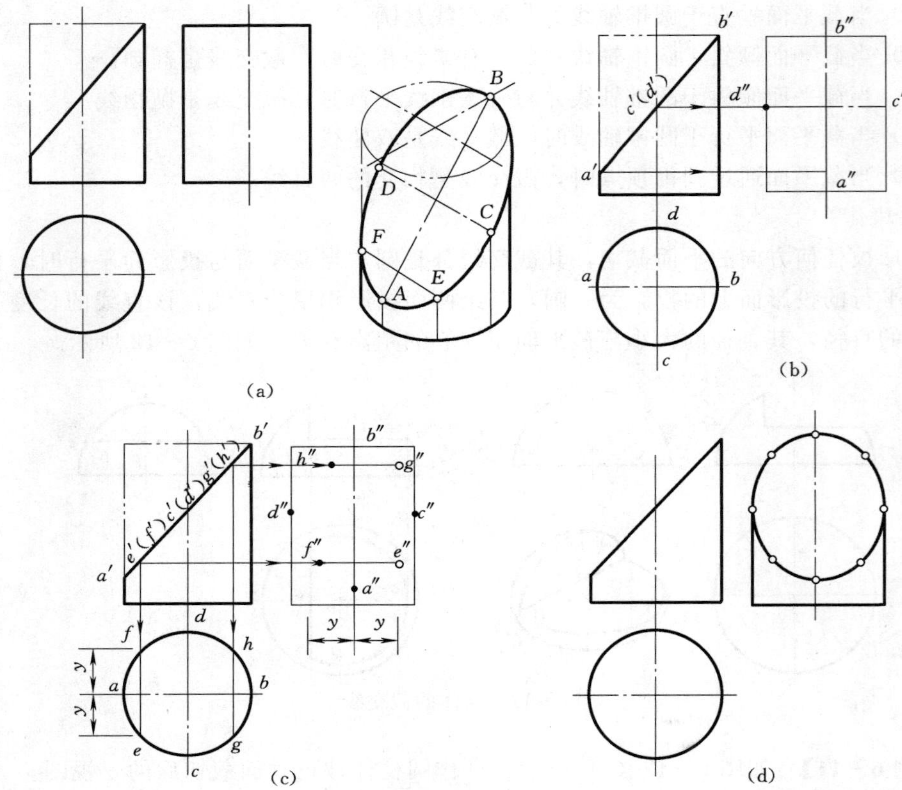

图 6－13　平面截切圆柱体的画法

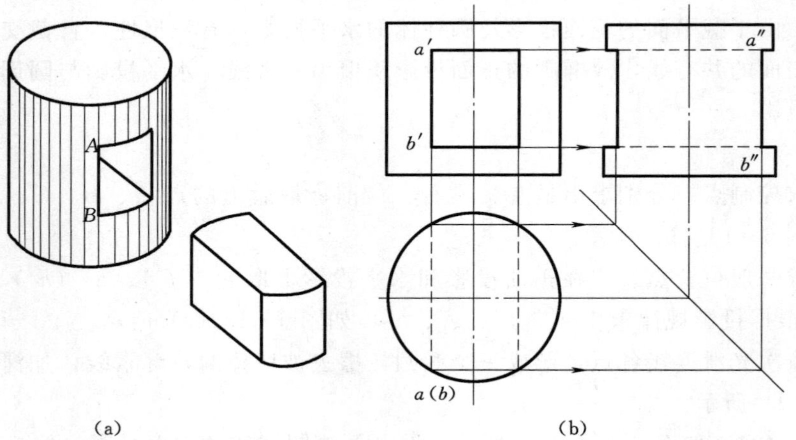

图 6－14　开槽圆柱体截交线的画法

作图：

（1）作水平投影：因为圆柱在水平面上积聚为一圆，所以两个水平截平面在水平面上反映实形；两个侧平截平面在水平面上积聚为一直线。由于槽开在圆柱中间，所以交线不可见，如图 6－14（b）所示。

（2）作侧面投影：侧面投影的截交线可根据投影规律及积聚性直接求得。注意：圆柱中间部分的最前、最后轮廓素线被截掉，如图 6-14（b）所示。

【例 6-13】　如图 6-15（a）所示，补画圆锥体被切开后的水平、侧面投影图。

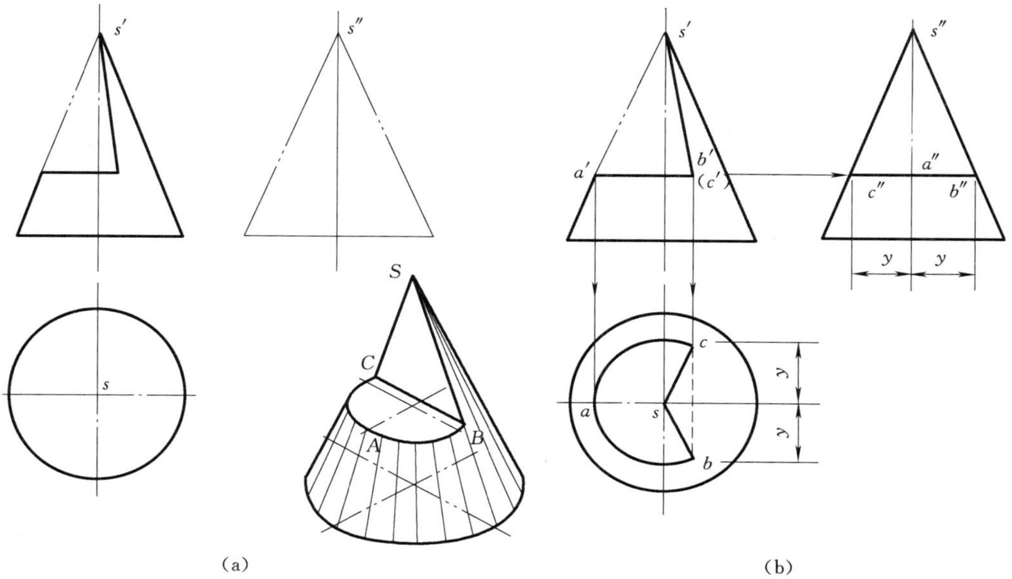

图 6-15　圆锥体截交线的画法

分析：圆锥体被水平面和正垂面组合截切，且正垂面通过锥顶，其表面交线为水平圆弧 *BAC* 和两条素线 *SB*、*SC*，两个截平面相交，交线为正垂线 *BC*，两个截平面的正面投影都有积聚性，所以表面交线的正面投影积聚在两条相交直线上。水平圆弧的水平投影反映实形，侧面投影积聚为一直线段。正垂面过锥顶的两线段的水平及侧面投影仍为直线。

作图：

（1）作水平截切面的水平和侧面投影：以 s 为圆心，sa 为半径画圆，自 b'（c'）“长对正”向水平面作辅助线，交所作圆弧于 b、c，圆弧 bac 为水平截切面的水平投影；根据投影规律作出水平圆弧的侧面投影。注意 b''、c''并不是圆锥体最前、最后轮廓素线上的点。

（2）作正垂截切面的水平及侧面投影连接 sb、sc、bc 及 $s''b''$、$s''c''$、$b''c''$得正垂面截圆锥体的水平及侧面投影。

（3）由于圆锥的上半截未完全截掉，从上往下看，*BC* 被挡住，所以水平投影 bc 不可见，用虚线连接。

（4）加深作图轮廓线，完成作图。

二、曲面体的相贯线

曲面体与曲面体相交

【例 6-14】　如图 6-16（a）所示，护坡与翼墙相交，求作相贯线的投影。

分析：河床护坡（直棱柱体）与闸室翼墙（包含 1/4 圆柱面的组合面）的外表面相交，其表面交线由两段组成：护坡与翼墙平面段的交线 *AB* 是直线（侧平线），护坡与翼

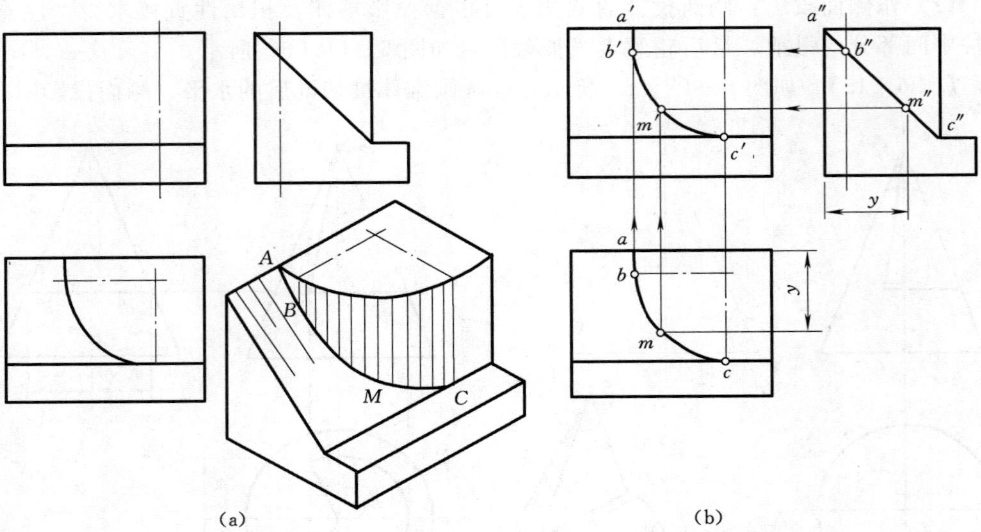

(a)　　　(b)

图 6-16　护坡与翼墙相交

墙曲面段的交线 BC 是 1/4 椭圆，B 点是直线段与曲线段的分界点。A、B、C 为三个控制点。

护坡的侧面投影积聚为一斜线，所以交线的侧面投影都积聚在这条直线上。

翼墙表面的水平投影具有积聚性，所以交线的直线段 AB 水平投影仍为直线段，交线的曲线段 BC 积聚在 1/4 椭圆弧上，C 点的水平投影是直线与 1/4 椭圆弧的切点。

由于护坡与翼墙圆柱面的正面投影都没有积聚性，所以交线的正面投影也没有积聚性，需作图求出。

作图：

（1）求直线段：先在侧面和水平投影上标出 A、B 的投影，并根据投影规律求出正面投影 a'、b'。

（2）求曲线段：先确定控制点 B、C 的水平投影和侧面投影，并由此求出正面投影；再在两个控制点之间补充一个一般位置点 M，在交线的水平投影取 m，利用宽相等在侧面投影上求出 m''，根据投影规律求出其正面投影 m'。

（3）光滑连接直线段 a'、b' 及曲线段 $b'm'c'$，即完成作图，如图 6-16（b）所示。

【例 6-15】 如图 6-17（a）所示，三棱柱与圆台相交，求作相贯线的投影。

分析： 三棱柱与 1/4 圆台相交，后面是平齐的，所以相贯线是一段空间曲线。

作图：

（1）求控制点：三棱柱的棱与圆台的交点 A 的水平投影和侧面投影可直接标出，然后利用投影规律求出正面投影 a'；三棱柱的棱与圆台的交点 B 的正面投影和侧面投影可直接标出，然后利用投影规律求出正面投影 b。

(2) 找中间点：为了判断相贯线的趋势及控制作图的准确性，需补充一个一般位置点如 M，在侧面投影上找出 M 点的投影 m''，然后利用圆台取点的方法（辅助圆法）及三棱台的宽相等求出水平投影 m。最后利用投影规律求出 m'。

(3) 光滑连接正面投影 $b'm'a'$ 及水平投影 bma，并加深，完成作图，如图 6-17 (b) 所示。

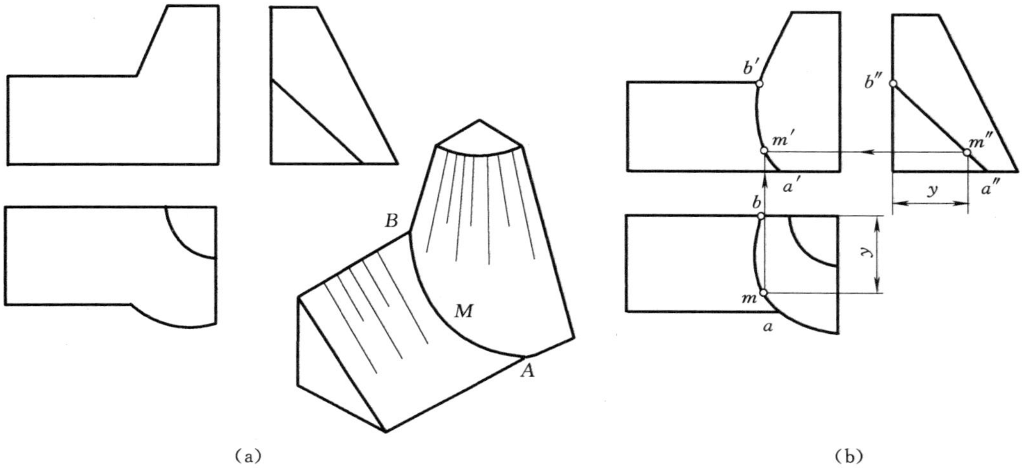

图 6-17　棱柱与圆台相交

【例 6-16】 如图 6-18 (a) 所示，两个直径不相等的圆柱正交，求作相贯线的投影。

分析： 两个直径不相等的圆柱轴线正交，相贯线是一条前后对称、左右对称的空间曲线，其水平投影与小圆柱有积聚性的投影重合，其侧面投影重合在大圆柱面有积聚性的投影上，所以只需求出相贯线的正面投影。由于其前后对称，其正面投影的可见与不可见部分重合。

作图：

方法一：表面取点法，如图 6-18 所示。

(1) 求控制点：先在已知的水平投影和侧面投影中标出 1、2、3、4 和 $1''$、$2''$、$3''$、$4''$，然后根据投影规律求出正面投影 $1'$、$2'$、$3'$、$4'$，如图 6-18 (b) 所示。

(2) 找一般位置点：在水平投影中取左右对称点 a、b，利用宽相等求出侧面投影 a''、b''，最后利用投影规律求出 a'、b'。

(3) 依次光滑连接各点（用粗实线），即完成作图。

方法二：简化作图法，如图 6-19 所示。

在工程图中常遇到两个半径不相等但轴线正交的问题，为了简化作图，其相贯线的非积聚性投影可用近似的圆弧代替，圆弧的半径 R 等于大圆柱的半径，即 $R=D/2$，相贯线的简化画法如图 6-19 所示。

表 6-3 列出了工程建筑物中常见的一些表面交线。熟悉这些表面交线的形状、特点、简化画法及相贯线的特殊情况，对绘制和阅读工程图样有帮助。

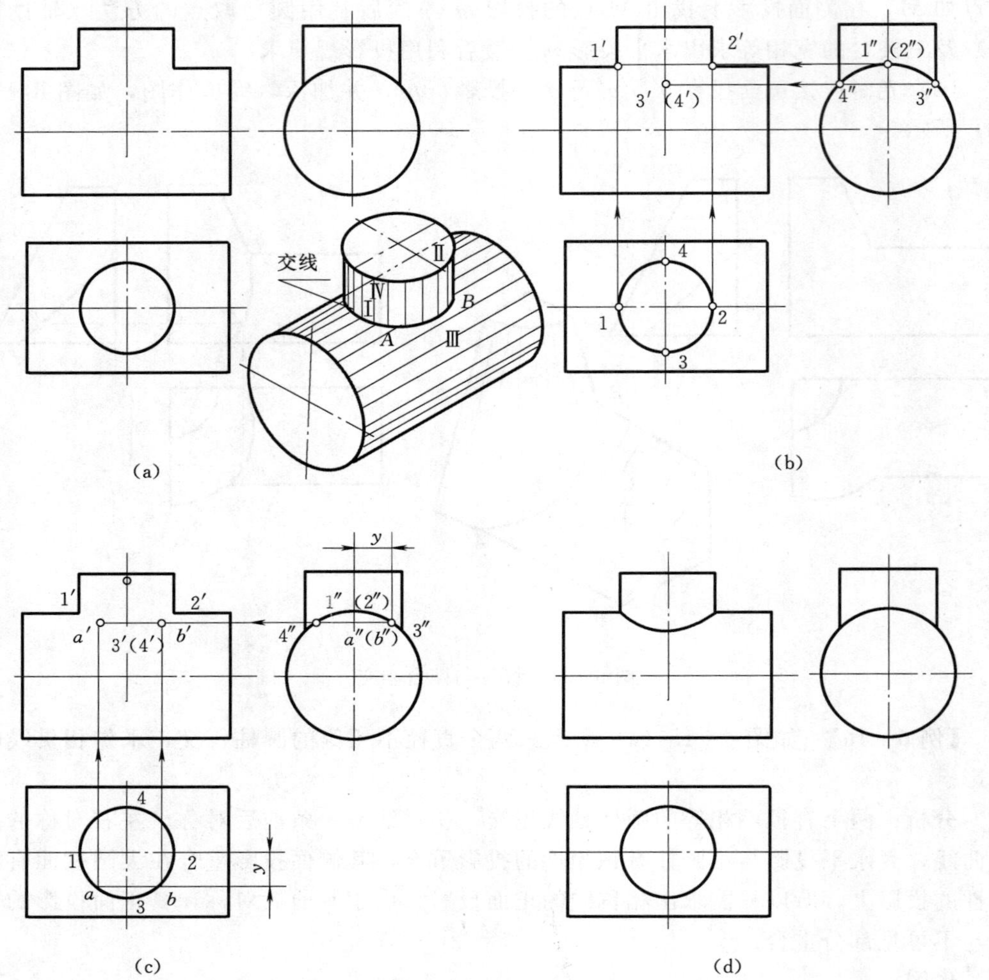

图 6－18　表面取点法求相贯线

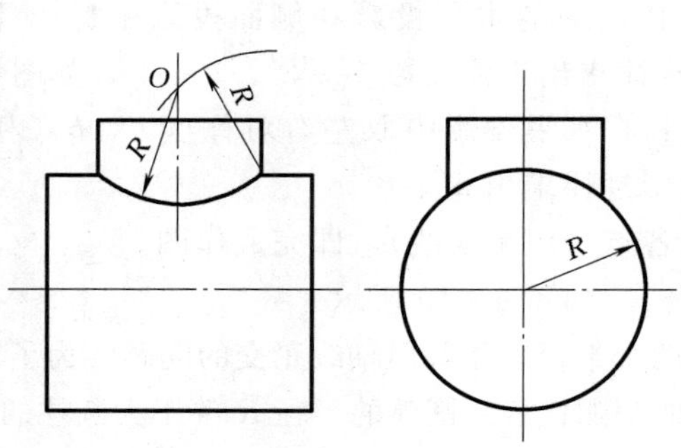

图 6－19　简化作图法求相贯线

表 6－3　　常见的表面交线

空间情况	相交分析	投影图
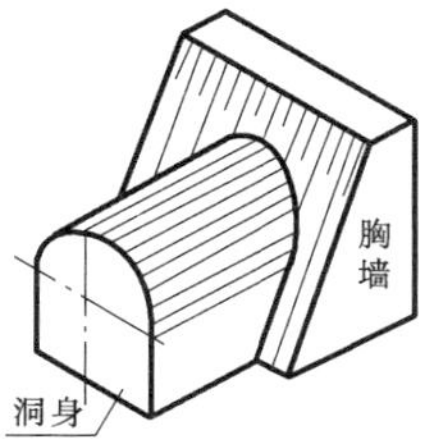	半圆顶面的柱体与梯形柱体相交，交线为半个椭圆和两段直线	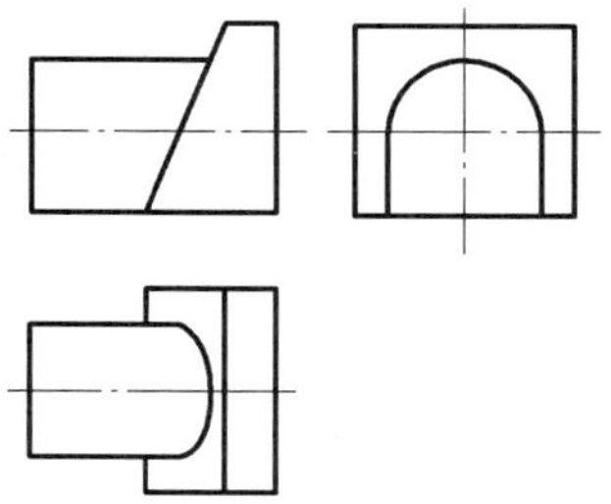
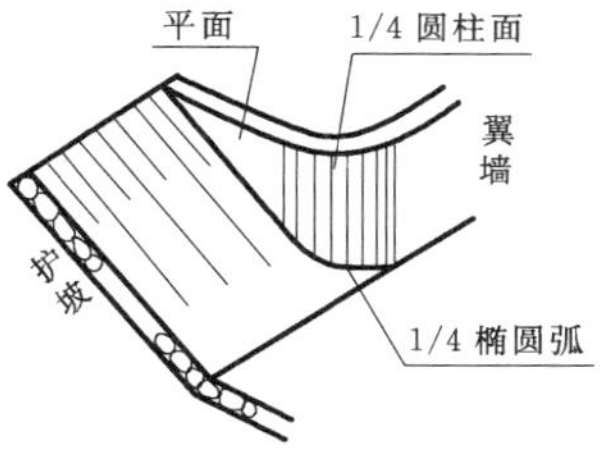	平面与平面相交、平面与圆柱面相交，交线为一段直线和 1/4 椭圆弧	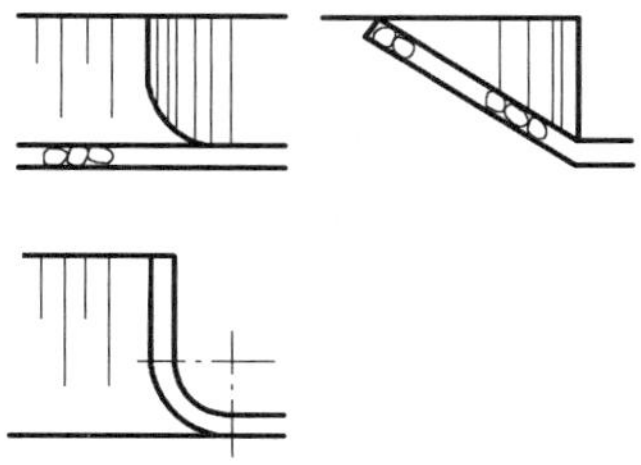
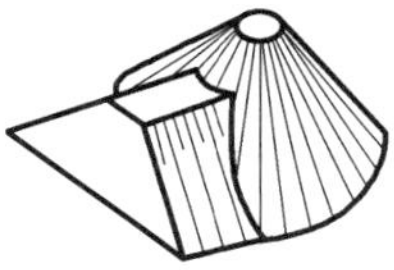	梯形柱体与圆锥台相交，交线为三段平面曲线	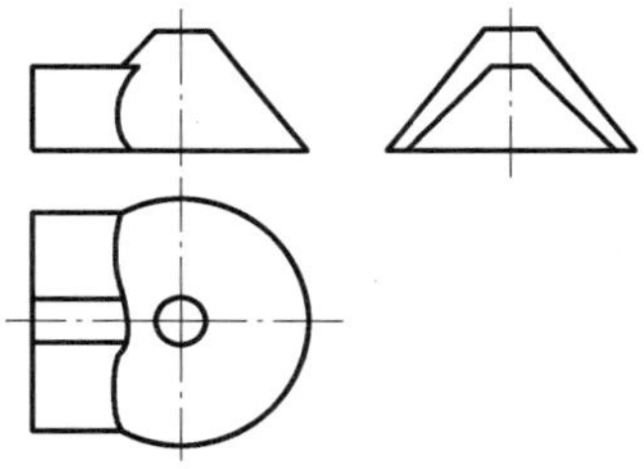
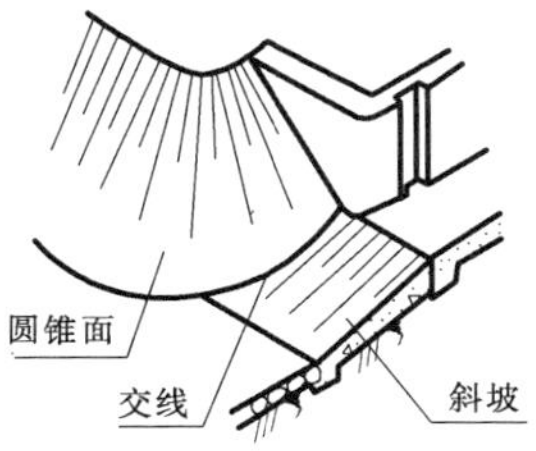	平面与圆锥面相交，交线为平面曲线	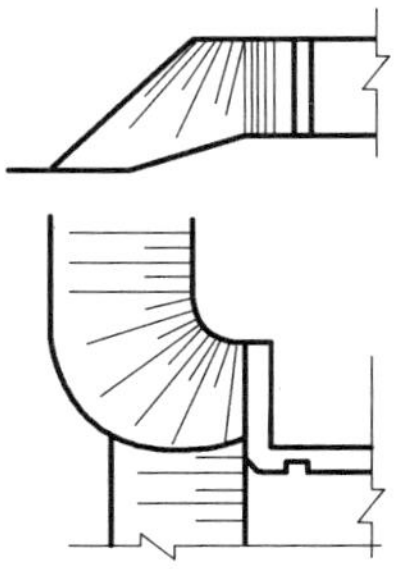
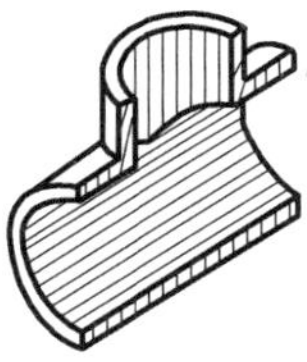	两圆柱内表面相交，交线为凸向大圆柱轴线的空间曲线	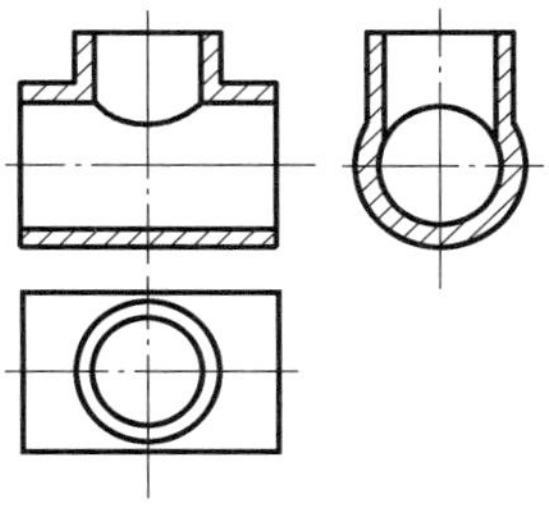

续表

空间情况	相交分析	投影图
	圆柱正穿圆孔，交线为空间曲线	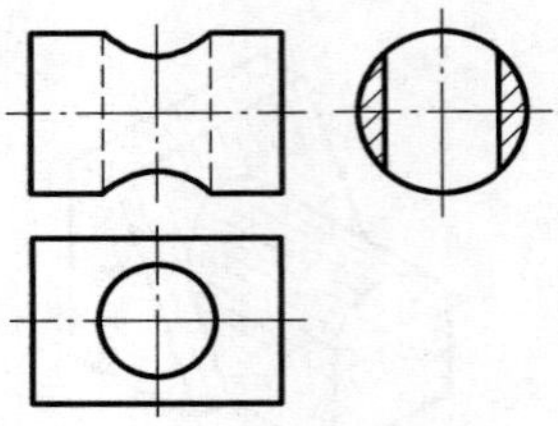
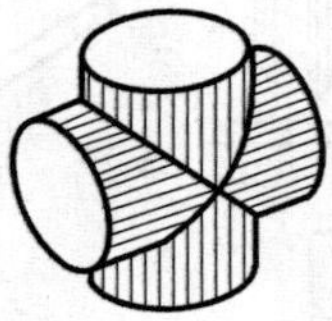	正交两圆柱公切于一球，交线为两个相等的椭圆	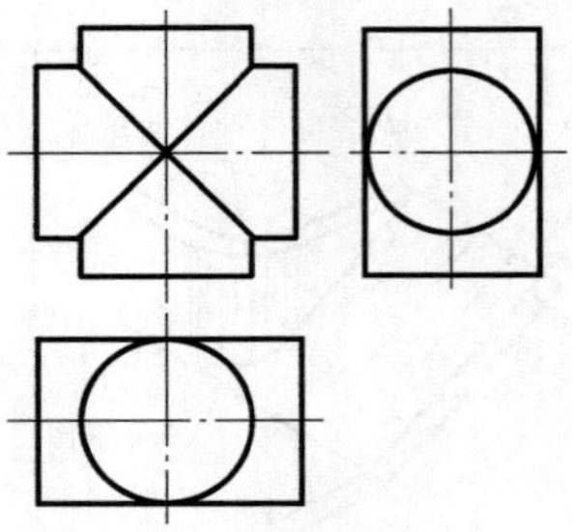
	斜交两圆柱公切于一球，交线为两个半椭圆	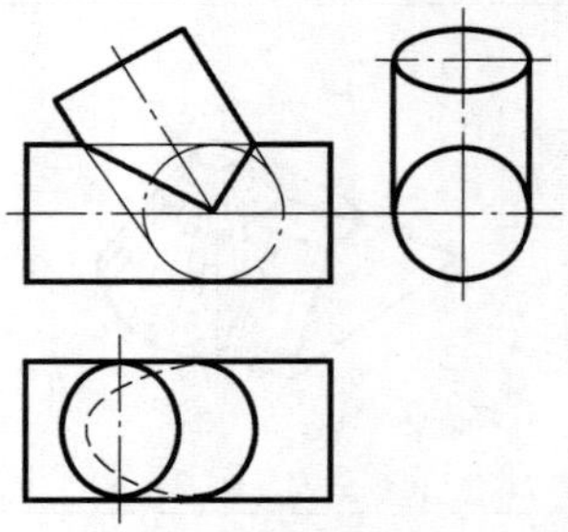
	两平面相交、两半圆柱相交，交线为两段直线和一段空间曲线	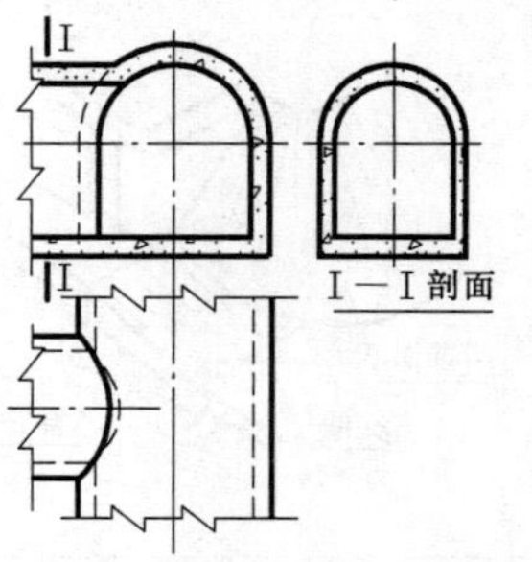
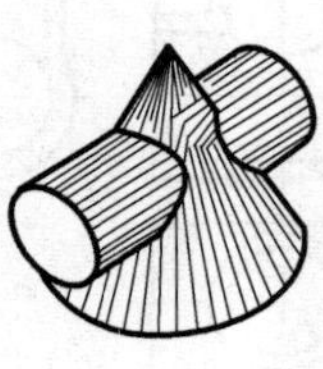	圆柱与圆锥正交，交线为前后对称的两空间曲线	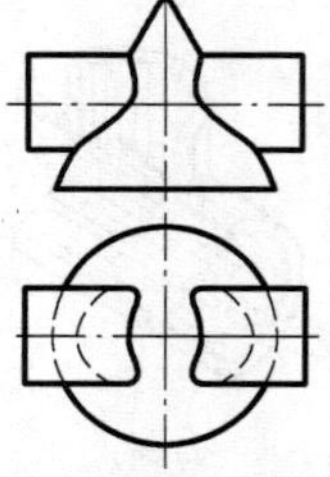

续表

空间情况	相交分析	投影图
	圆柱与圆锥正交公切于一球，交线为两个相等的椭圆	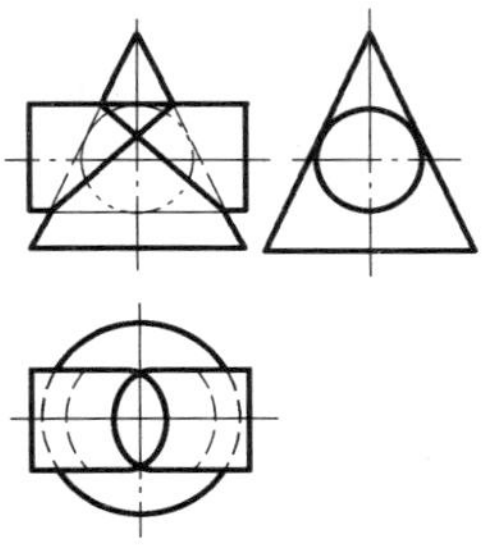
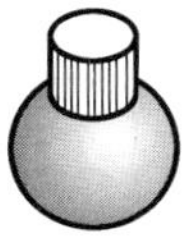	共轴的圆柱与圆球相交，交线为垂直于轴线的圆	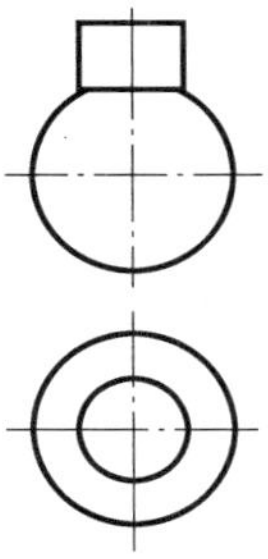

技能训练项目六

技能训练目标： 掌握平面体、曲面体表面交线的求作原理。

技能训练内容： 根据图 6 - 20 所给视图，完成其截交线或相贯线。

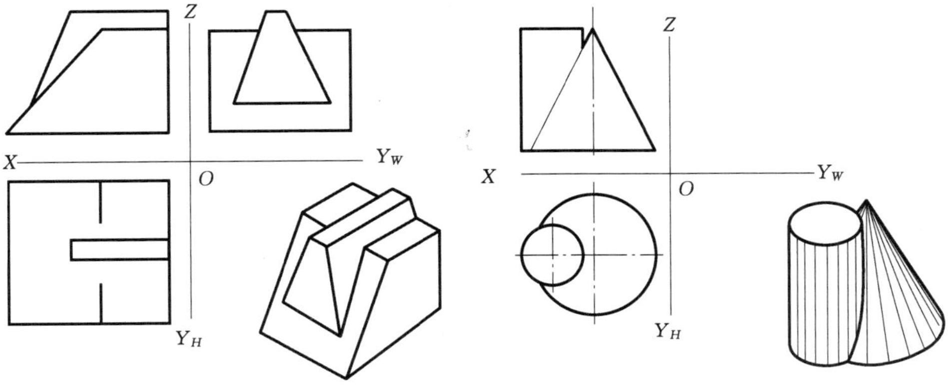

(a) 平面体相贯　　(b) 曲面体相贯

图 6 - 20　两立体表面交线

技能训练要求： 用 A4 图纸按 1 ∶ 1 抄绘并绘制截交线或相贯线，图幅布置要合理，辅助线应用正确。

技能训练步骤：

1. 准备绘图工具，熟悉各个图形的要求。
2. 绘制图框及标题栏，确定绘图位置。
3. 用细实线画底稿并完成其表面交线（保留作图痕迹）。
4. 加深图形。

复 习 思 考 题

1. 求作平面立体表面上点的投影有哪些方法？
2. 求作曲面立体表面上点的投影有哪些方法？
3. 圆柱体、圆锥体的截交线形状各有几种？怎样作图？
4. 截交线与相贯线有什么区别？
5. 怎样求平面截平面体、平面截曲面体的截交线？
6. 怎样求两平面体、平面体与曲面体、两曲面体的相贯线？
7. 相贯线有哪些特殊情况？

学习单元七　组　合　体

【学习目标与要求】

1. 具有阐述组合体的分类及特点的能力。
2. 具有绘制组合体及尺寸标注的能力。
3. 具有识读组合体三视图的能力。
4. 具有自信自强，创新精神。

任何复杂的形体，都可以看作由一些简单的几何形体经过叠加或切割组合而成，这种由两个或两个以上简单几何形体组合而成的复杂形体，称为组合体。本章将忽略组合体的工艺特性，仅仅把它作为一种抽象简化的几何模型，重点讨论组合体投影图的绘制、尺寸标注和阅读方法。

§7-1　组合体的形体分析

一、组合形式

从形体构成来看，组合体可以分为三种形式：叠加式、切割式、综合式（既有叠加，又有切割）。

1. 叠加式

叠加式组合体由一些基本体叠加而成，图 7－1 所示组合体由四棱柱、四棱台和圆台叠加而成。

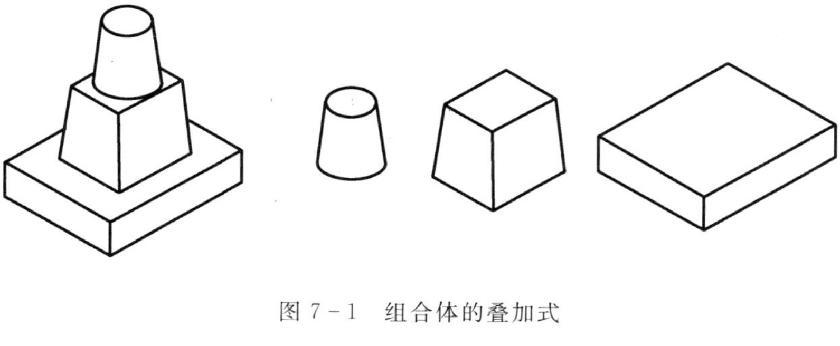

图 7－1　组合体的叠加式

2. 切割式

切割式组合体是由一个基本体经过切割而成的形体，如图 7－2 所示。

3. 综合式

组合体中既有叠加又有切割，如图 7－3 所示。

图 7-2 组合体的切割式

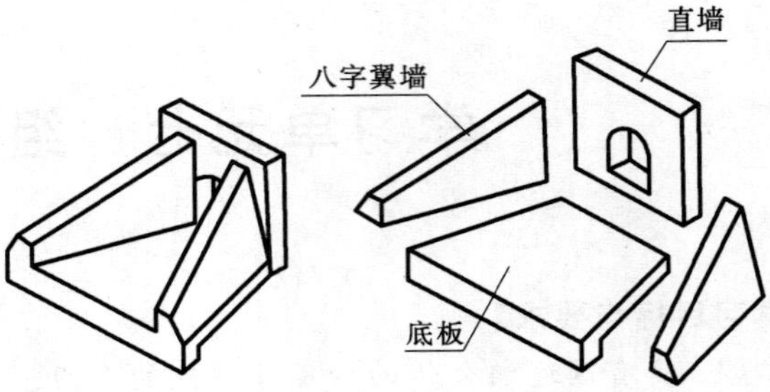

图 7-3 组合体的综合式

二、连接形式

1. 不平齐

当两个基本体组合在一起时，它们就成了一个整体，它们的表面不平齐时，则两表面之间存在分界线，必须画出。如图 7-4 所示，形体 A 和形体 B 的四周表面均不在同一平面，是不平齐的，在主视图和左视图中应画出两个形体表面的分隔线。

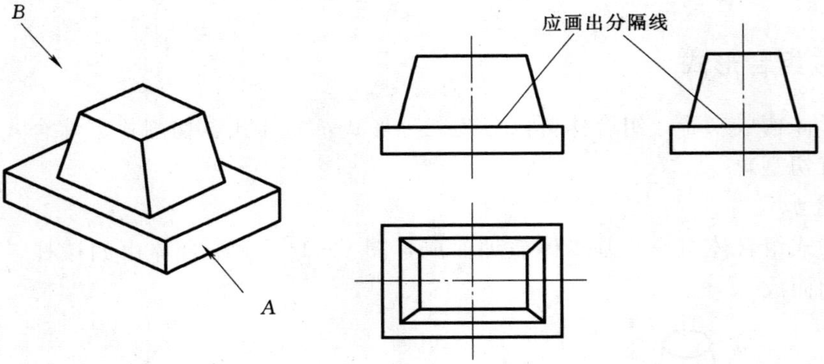

图 7-4 组合体的连接形式（不平齐）

2. 平齐

当两个形体组合在一起时，它们中的有些面摆放平齐时，那这两个表面间就不应画线，如图 7-5 所示。

3. 相切

当两个基本体的表面圆滑过渡，在相切处不存在轮廓线，故相切处不用画线，如图 7-6 所示。

4. 相交

当两个形体表面相交，产生交线，且交线必须画出，如图 7-7 所示。

总之，根据组合体表面连接关系的不同，在画图时就要注意是否多线或漏线。

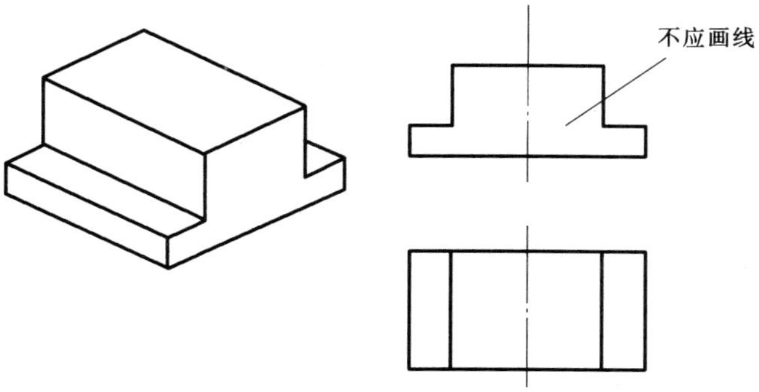

图 7-5 组合体的连接形式（平齐）

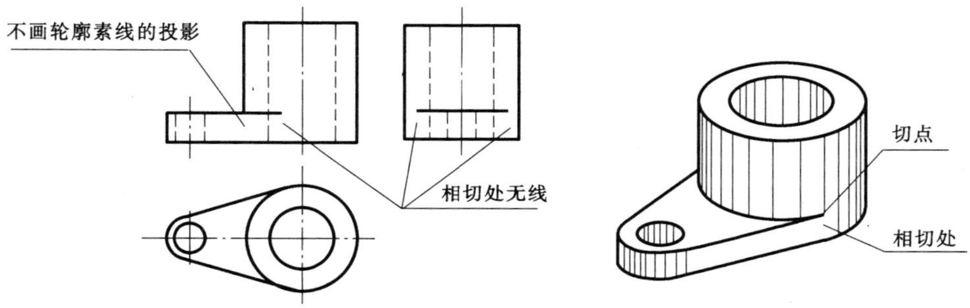

图 7-6 组合体的连接形式（相切）

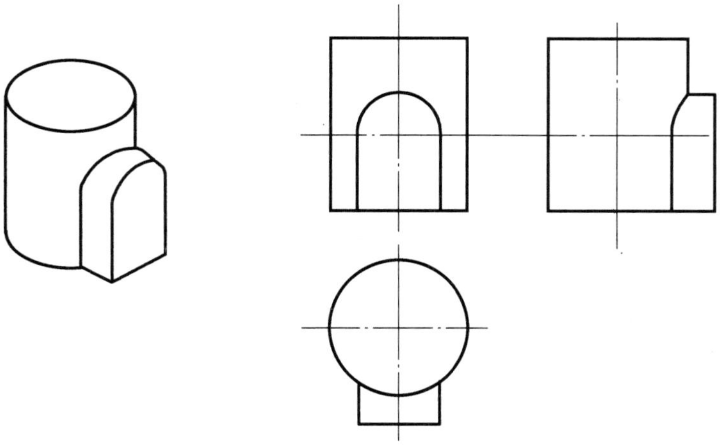

图 7-7 组合体的连接形式（相交）

§7-2 组合体视图的画法

一、形体分析法

把一个复杂形体分解成若干简单形体，并分析这些简单形体的形状、相对位置、组合方式、交线情况，形成对整个组合体的完整概念，从而进行画图、看图和标注尺寸的思维方法，称为形体分析法。进行作图前，首先要对组合体进行形体分析，这样才能正确、快速地画好组合体的视图。

组合体的绘制

组合方式分析：如图7-8所示，轴承座是综合式组合体，分为底板、圆筒、支撑板和筋板。表面连接方式分析：相切、相交、平齐和不平齐。

二、视图选择

选择视图的原则：用较少的视图把形体完整、清晰地表达出来。

视图选择包括确定放置位置、选择主视图及确定视图数量三个方面。

1. 确定放置位置

形体的放置位置，通常按照下列顺序确定：

(1) 按正常工作位置放置，便于阅读和施工。如图7-8 (f) 所示，应将底板面放成水平位置。

(2) 对一些无确定工作位置也没有固定加工制作方式的形体，可从其稳定性或使视图反映真实图形考虑，确定放置位置。对一些细长类形体，通常采用水平位置，以便合理利用图纸。

2. 选择主视图

主视图方向应最大限度反映组合体的结构形状特征、各部分相对位置及各部分之间的连接关系。此外，还应考虑其余两视图的绘制方便、虚线尽量少、布图合理等。从上述要求考虑，该轴承座选取箭头 B、C 所示方向均可。

3. 确定视图数量

通常情况下，表达一个基本体一般取三个视图，形状简单的物体也可以取两个视图，如果标注尺寸，有的形体甚至只需要一个视图。至于表达一个组合体需要几个视图，则应考虑在主视图确定以后，各简单形体形状及其相互位置有哪些没有表达清楚，还需要哪几个视图来表达。

三、画图步骤

1. 选择图幅和比例

根据实物的长、宽、高和选定的图幅（符合国家和行业制图标准的有关规定）确定比例，其中需要算出三个视图所占的面积，并在视图间留出适当的空隙用来标注尺寸。

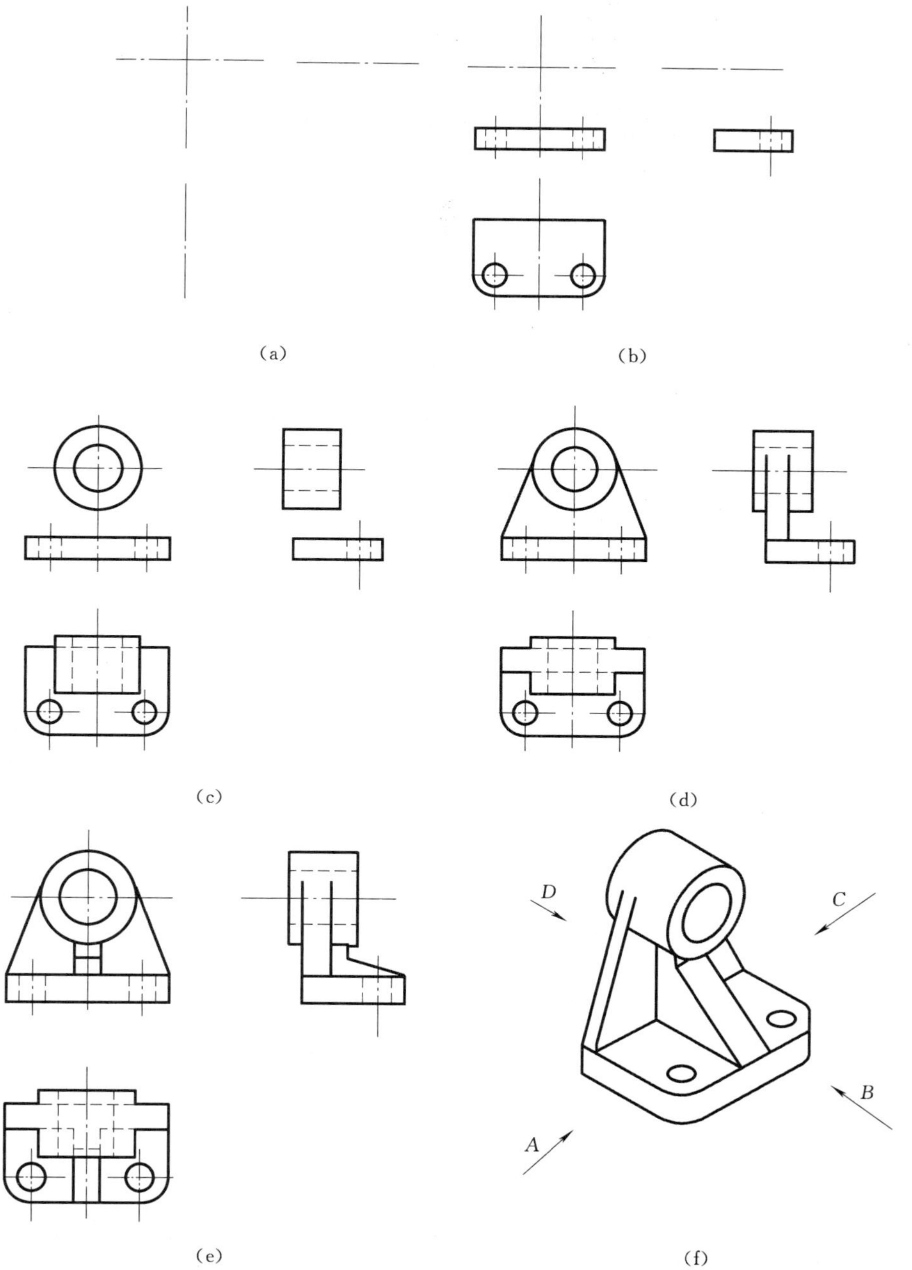

图 7-8 组合体视图的画法

2. 布置视图

根据已定的图幅、比例以及各个视图各个方向的最大尺寸，定出各个视图的位置。

3. 画图方法步骤

(1) 画底稿线，如图 7-8 (a) 所示，先画各视图的轴线、中心线或主要轮廓线作为画图起点。

（2）逐个画出各基本体的各个视图。可以从主要部分画到次要部分，由形体的外部画到内部，如图 7-8（b）～（e）所示。

（3）检查无误后，标注尺寸，最后描深。

§7-3　组合体视图的尺寸标注

组合体的尺寸标注

组合体的视图只能表示形体的形状，而形体的大小和各组成部分的相互位置，则由视图上标注的尺寸确定。尺寸是生产制作、施工的依据，在标注尺寸时，任何疏忽都将造成重大的损失。组合体视图的尺寸标注的思路和组合体的画法相似，根据每一部分的形状逐一标注尺寸。

一、组合体尺寸标注的基本要求

正确：要符合国家标准和行业制图标准的有关规定。

完全：组合体各部分形状大小及相对位置的尺寸标注完全，读图时能直接读出各部分的尺寸，不需要临时计算。完整的尺寸应包括定形尺寸、定位尺寸和总体尺寸三部分。

清晰：标注的所有尺寸在视图中的位置要明显，尺寸布置要整齐，便于阅读。

在标注组合体的尺寸之前先看一下基本体的尺寸标注，因为组合体都是由基本体经过变形而来的。

二、基本体的尺寸注法

基本体的尺寸注法如图 7-9 所示。

由图 7-9 可以看出：

（1）柱体、台体需要标注底面形状尺寸和两底之间的垂直距离尺寸。

（2）锥体要标注底面形状尺寸和底面与锥顶的距离。

（3）圆球只需标注球面的直径。

三、组合体的尺寸标注

组合体是由若干简单形体按一定的方式组成的，标注尺寸时应根据形体分析的原则，逐个标出各简单形体的定形尺寸和定位尺寸，最后标出组合体的总体尺寸。要做到标注尺寸齐全，需注全下列尺寸。

定形尺寸：确定形体及其各部分大小的尺寸。

定位尺寸：确定各部分相互位置的尺寸。确定定位尺寸时，应选合适的基准。标注尺寸的起点，称为尺寸基准。标注尺寸时，要在各个方向（即长、宽、高三个方向）选一个或几个基准。通常以较大的平面、对称平面、轴线、中心线等作为基准。

总体尺寸：确定总长、总宽、总高的尺寸。

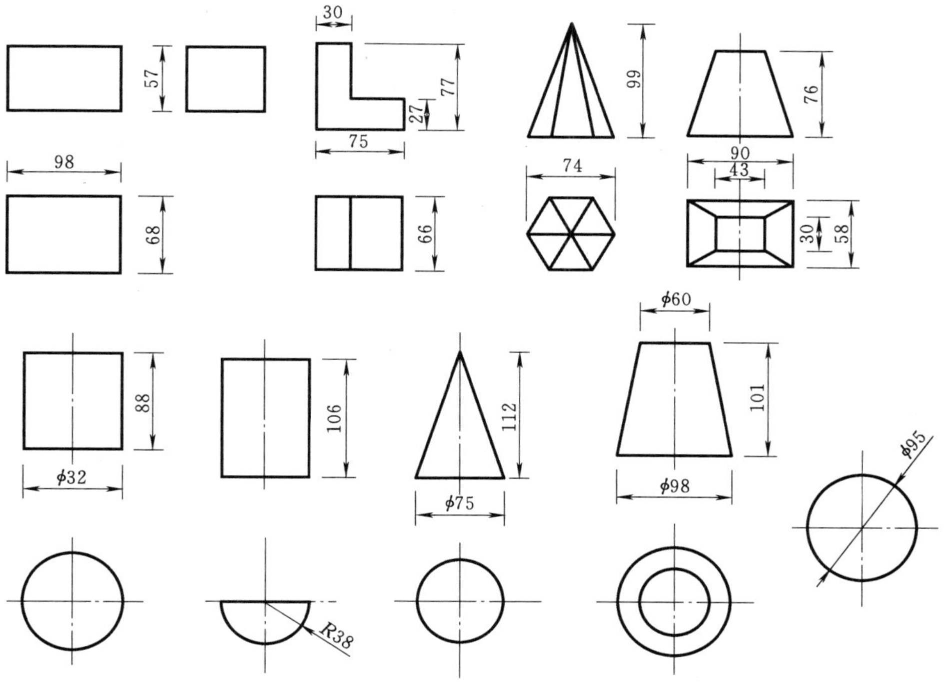

图 7－9　基本体的尺寸注法

【例 7－1】　完成图 7－10 所示柱体的尺寸标注。

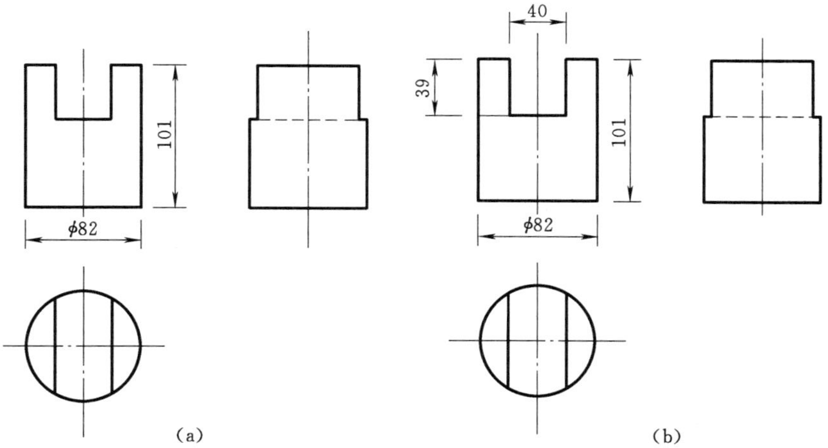

图 7－10　切割体的尺寸标注（一）

分析：从三视图可以看出该形体是切割式的组合体，原体是圆柱体，被两个侧平面和一个水平面切去上部中间部分而形成。

切割体的尺寸应先标原体，再标切割处的尺寸。

【例 7－2】　完成如图 7－11 所示切割体的尺寸标注。

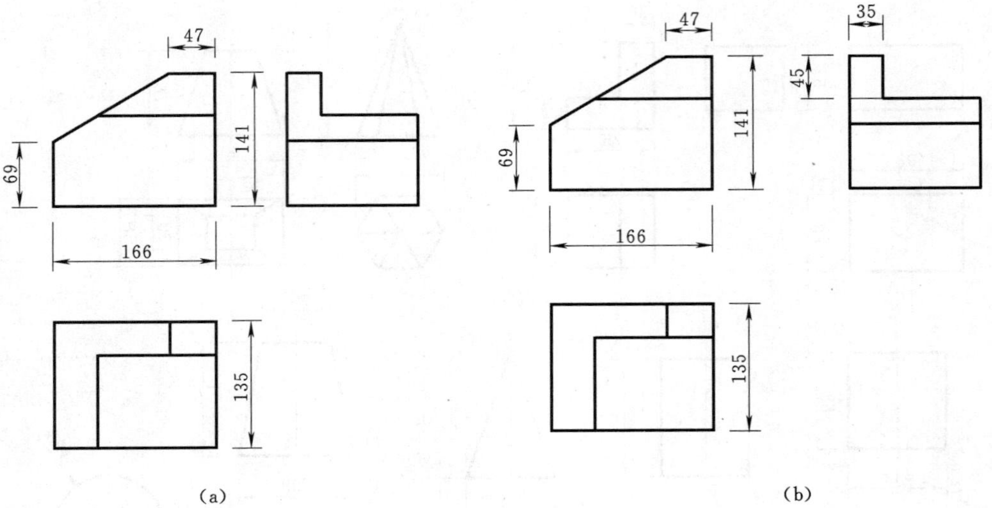

图 7－11　切割体的尺寸标注（二）

分析：该形体是切割类形体，原体是五棱柱，被两个平面截切后形成，所以应先标注原体五棱柱，再标注截切面的定位尺寸。

【例 7－3】 已知轴承座的三视图，完成其尺寸标注。

分析：如图 7－12 所示，轴承座是一个既有叠加又有切割的综合式组合视图。通常采用形体分析法来标注组合体视图上的尺寸。首先分析轴承座的形体，把它分为四部分。再确定三个方向的尺寸基准，轴承座左右对称，故选对称面为长度基准，以工作面底部作为高度基准、轴承座底板后表面作为宽度基准进行标注。

标注：

（1）标注底板，如图 7－12（a）所示。

（2）标注圆筒，如图 7－12（b）所示。

（3）标注支撑板，如图 7－12（c）所示。

（4）标注支撑板上的细部位置，如图 7－12（d）所示。

四、尺寸标注的注意事项

（1）标注尺寸必须在形体分析的基础上，按分析一部分一部分地标注形体定形和定位，切忌片面地按视图中的线宽和线条来标注尺寸。

（2）尺寸应标注在表示该形体特征最明显的视图上，并尽量避免在虚线上标注尺寸。同一形体的尺寸应尽量集中标注。

（3）形体上的对称尺寸，应以对称中心线为尺寸基准标注。

（4）不应在相贯线和截交线上标注尺寸。只要两形体位置确定，两体相交的相贯线自然形成，因此，除了标注两形体各自的定形尺寸以及相对位置尺寸外，不应在相贯线上标注尺寸。

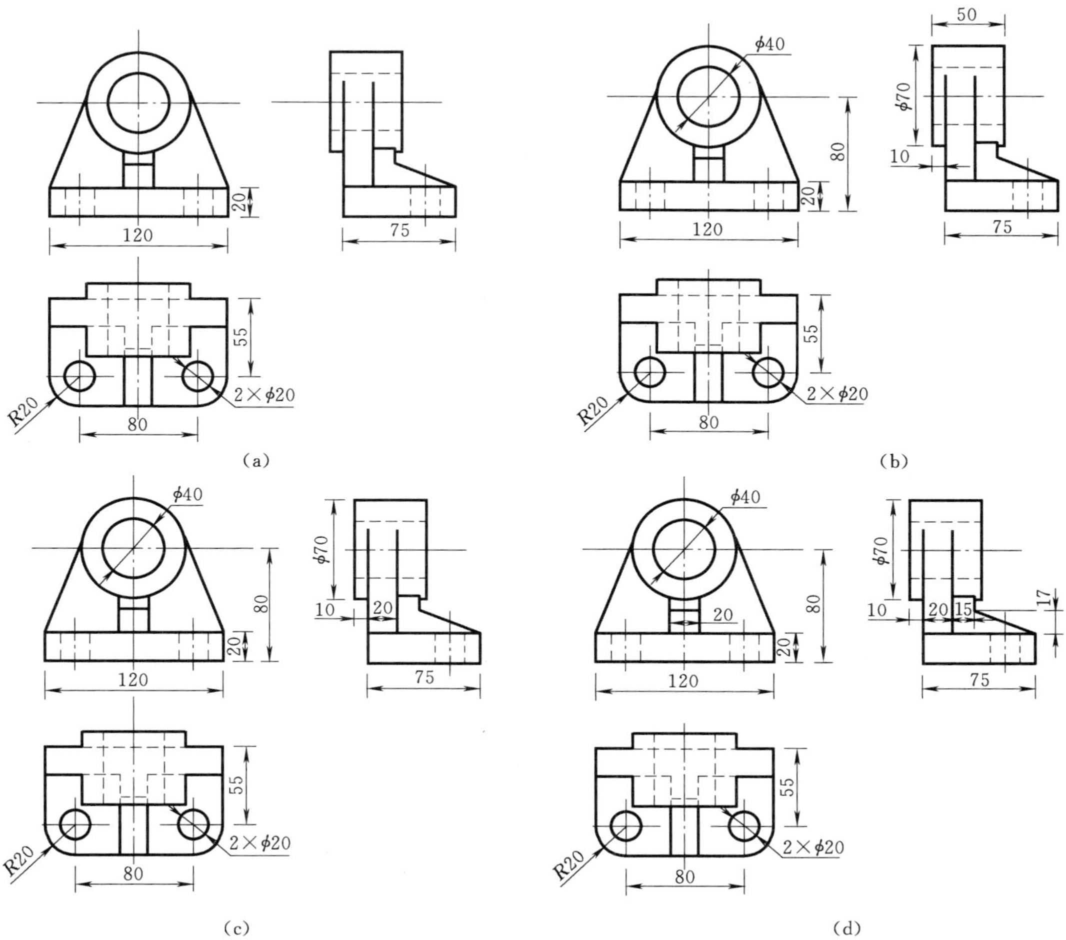

图 7－12　组合体的尺寸标注

技能训练项目七

技能训练目标： 掌握形体分析法的读图方法及画组合体视图、尺寸标注的方法。

技能训练内容： 根据图 7－13 所给视图，完成组合体的三视图。

技能训练要求： 用 A3 图纸按 1∶1 绘制组合体视图，图幅布置要合理，投影正确，尺寸标注清晰、完整、正确、合理。

技能训练步骤：

1. 准备绘图工具，熟悉各个图形的要求。
2. 绘制图框及标题栏，确定绘图位置。
3. 用细实线画底稿并完成组合体视图。
4. 尺寸标注。
5. 加深图形。

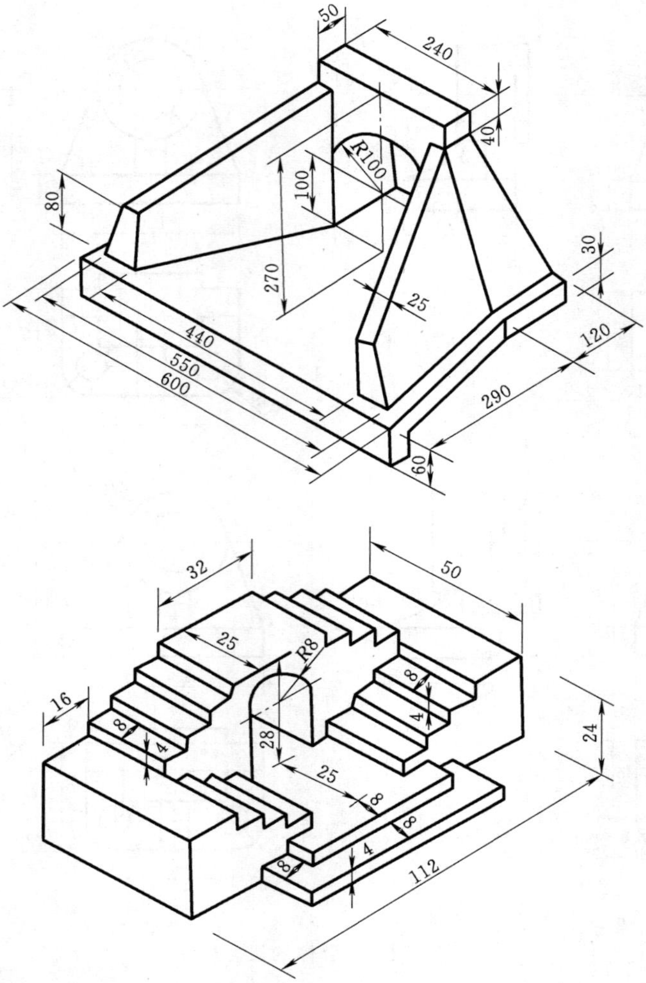

图 7-13　组合体视图的画法

复 习 思 考 题

1. 什么是组合体？组合体的形式有哪些？
2. 什么是形体分析法？什么是线面分析法？
3. 组合体标注的基本要求是什么？
4. 试述组合体的标注方法及顺序。

学习单元八　视图、剖视图和断面图

【学习目标与要求】

1. 具有阐述视图的画法、标注及适用条件的能力。
2. 具有阐述各种剖视图、断面图的表达内容、画法及适用条件的能力。
3. 具有阐述各种剖视图、断面图的标注及识读方法的能力。
4. 具有绘制各种视图、剖视图、断面图的能力。
5. 具有工匠精神，知难而进。

工程建筑物形状多样、结构复杂，仅用三视图是不可能满足表达要求的，为了清晰、完整、正确地表达工程形体的内外形状，国家标准规定了多种表达方法，如基本视图、辅助视图、剖视图、断面图等，绘图时根据具体情况选用。

§8-1　视　　图

视图主要用来表达工程形体的外形结构。在工程图中，视图中一般只画出物体的可见轮廓线，必要时才画出不可见轮廓线。常用的视图有基本视图、向视图、局部视图和斜视图。

一、基本视图

制图技术标准规定：基本视图是物体向基本投影面投射所得的视图。前边主要学习了三视图的画法，如图 8-1 所示。

视图绘制

基本视图用正六面体的六个面作为基本投影面，将物体放在其中，六个基本视图中，除前面所讲过的主视图、俯视图和左视图外，还有三个视图：

（1）右视图：由右向左投射所得的视图。

（2）后视图：由后向前投射所得的视图。

（3）仰视图：由下向上投射所得的视图。

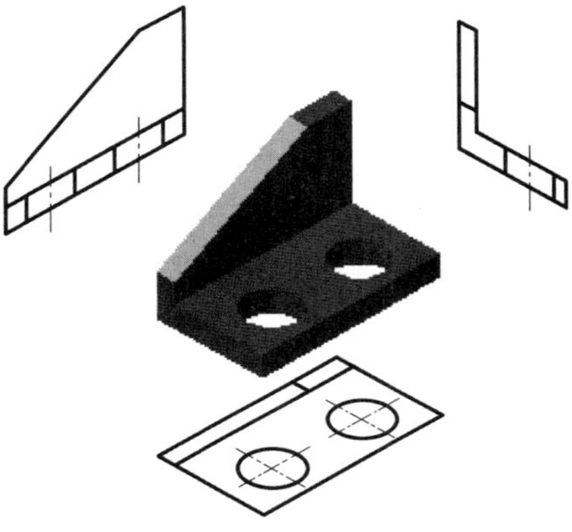

图 8-1　三视图的投影

基本投影面的展开方法如图 8-2 所示，规定正立投影面不动，其他投影面均按箭头方向旋转展开。展开后各视图的名称及配置如图 8-3 所示。六个基本视图按展开后的位置配置称为按投影关系配置，在同一张图纸内按投影关系配置时一律不标注视图名称。

若不能按规定位置配置，要进行标注。向视图的名称一般写在视图的上方或下方，并在

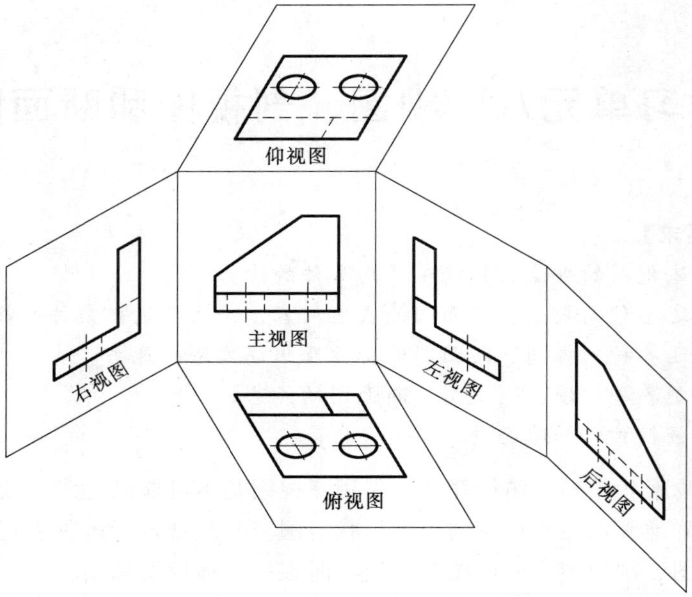

图 8-2 基本视图的形成

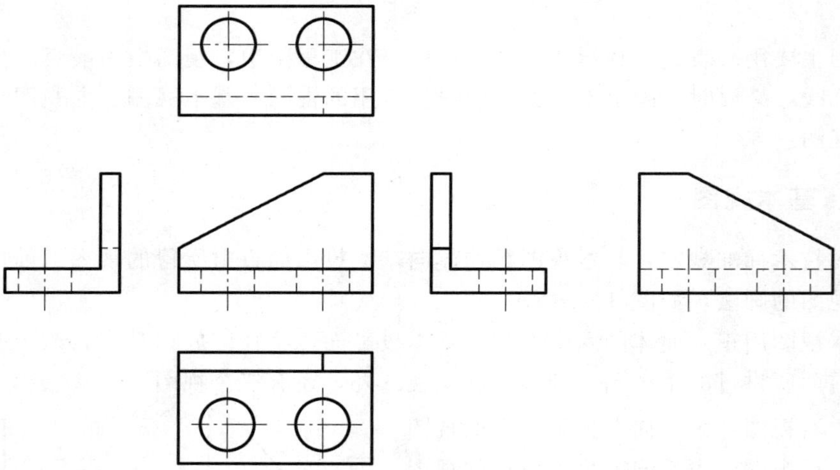

图 8-3 基本视图的配置

图名下绘一粗实线，如图 8-4 所示，其长度应以图名所占长度为准。也可在相应的视图附近用带字母的箭头指明获得基本视图的投射方向，并在该视图下方或上方标出基本视图的名称“*X* 向”，该视图称为向视图。

六个基本视图绘制与三视图一样，仍应符合投影规律，即：主、俯、仰、后视图“长对正”；主、左、右、后视图“高平齐”；俯、左、右、仰视图“宽相等”。由基本视图的展开过程可知，除后视图外，其他视图靠近主视图的一边是物体的后面，远离主视图的一边是物体的前面。实际绘制视图时，不需要全部画出物体的六个基本视图，而是根据物体的形状特征，选择所需的基本视图来表达。一般优先选用主、俯、

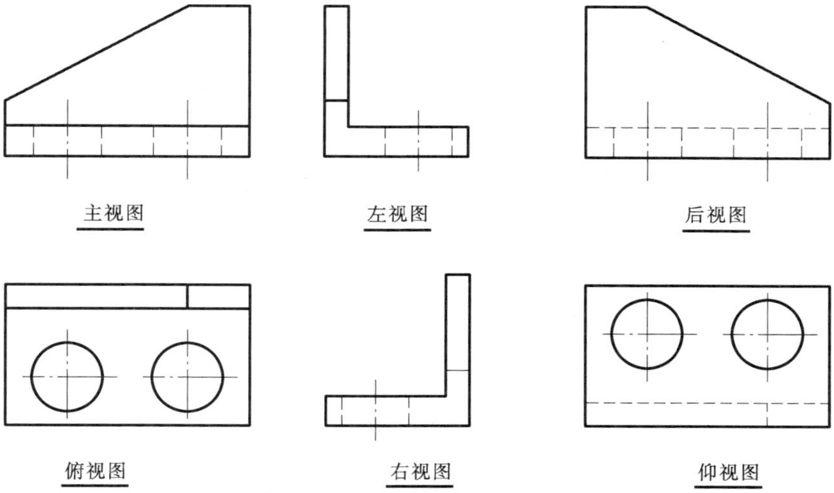

图 8-4 基本视图的另行配置

左三个基本视图，然后考虑其他视图，在完整、清晰表达物体形状的前提下，使视图数量为最少，力求制图简便。

基本视图一般只画出可见部分，必要时才画出不可见部分。

二、辅助视图

1. 局部视图

工程技术制图标准规定：局部视图是将物体的某一部分向基本投影面投射所得到的视图。

如图 8-5 所示物体，用主视图、俯视图两个基本视图已把主体结构表达清楚，只有箭头所指处的槽和凸台的形状未表达清楚，如果再绘制出左视图和右视图则大部分重复，若用局部视图仅画出所需要表达的部分，则简单明了。但局部视图必须依附于基本视图，不能独立存在。画局部视图时应注意以下几点：

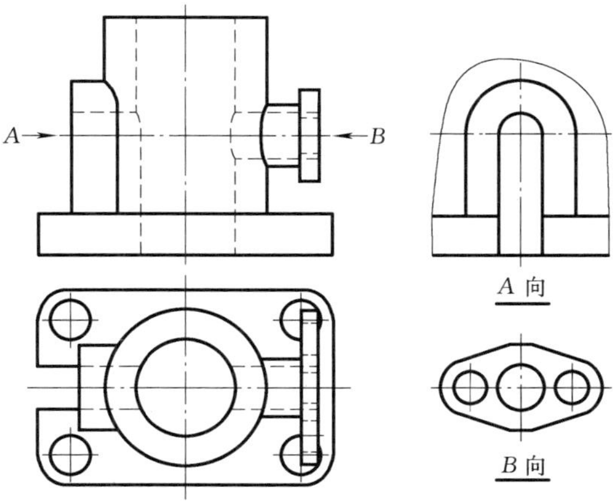

图 8-5 局部视图

(1) 局部视图只绘制出需要表达的局部形状，其有明确的轮廓线，以轮廓线为界，否则以波浪线为界，波浪线不要超出视图的外轮廓线。

(2) 局部视图的断裂边界用波浪线表示，如图 8-5 中的 *A* 视图。但当所表达的局部结构是完整的且外轮廓线又成封闭时，波浪线可省略不画，如图 8-5 中的 *B* 视图。注意波浪线要画在物体的实体部分。

（3）局部视图应尽量按投影关系配置，如果不便布图，也可配置在其他位置，但必须标明名称。

（4）局部视图无论配置在什么位置都必须进行标注，标注的方法是：在基本视图附近用箭头指明局部视图的投射方向，并注写字母；同时，在局部视图下方（或上方）标注“×向”（“×”为大写英文字母或数字）。

2. 斜视图

技术制图标准规定：斜视图是物体向不平行于基本投影面的平面投射所得的视图。

如图 8－6 所示，当物体上的表面与基本投影面倾斜时，在基本投影面上就不能得到反映其表面真实形状的视图，若用斜视图，即选用一个平行于倾斜面并垂直于某一个基本投影面的平面为投影面，可表达倾斜表面的真实形状。

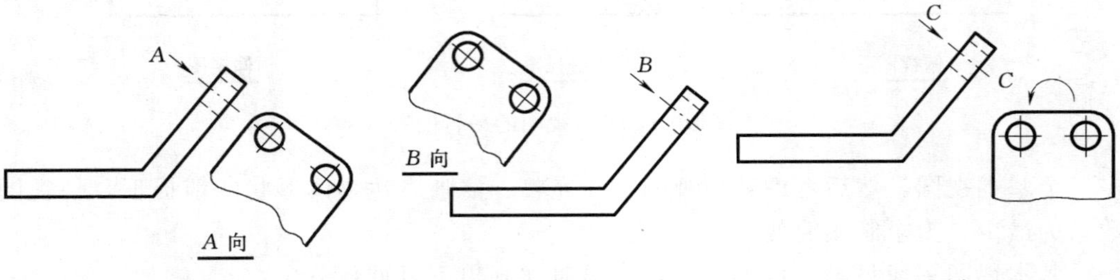

图 8－6　斜视图

画斜视图时应注意以下几点：

（1）斜视图只要求画出倾斜部分的真实形状，其余部分不必画出。斜视图的断裂边界以波浪线表示，波浪线画法与局部视图相同。

（2）斜视图一般按投影关系配置，必要时也可配置在其他适当的位置。在不引起误解时，允许将图形旋转。

（3）画斜视图时，必须进行标注。标注的方法是：当视图不旋转时，标注方法与局部视图相同；如将视图旋转，标注时应在图名上标出代表斜视图旋转方向的旋转符号，字母应靠近旋转符号的箭头端。旋转符号的画法如图 8－6（c）所示。

应注意：斜视图标注中的字母必须水平书写。

§8－2　剖　视　图

剖视图绘制

用视图表达内部结构比较复杂的形体时，就会用很多虚线，虚线增加了读图的难度，也给尺寸标注带来困难。剖视图主要用于表达形体内部不可见的结构，采用剖视图之后可以不用或少用虚线来表达形体的内部结构。

一、剖视图的概念

假想用剖切面剖开物体，将处在观察者和剖切面之间的部分移去，而将其余部分向投影面投射所得的图形称为剖视图，可简称剖视，如图 8－7 所示。

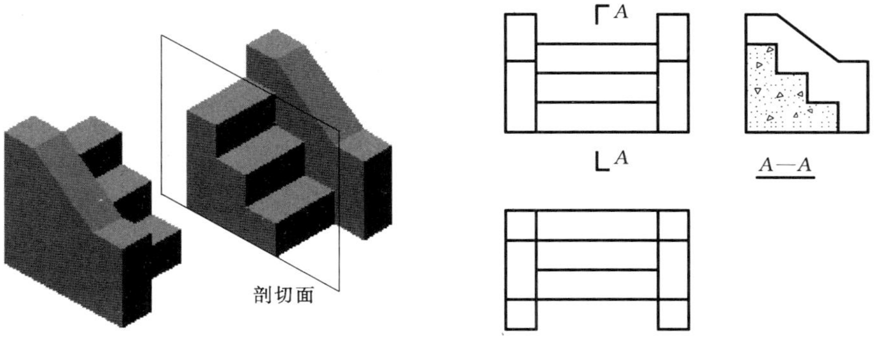

(a) 空间分析　　(b) 视图和剖视图

图 8-7　剖视图的概念

剖切面一般是平面，且平行或垂直于基本投影面。

二、剖视图的种类

1. 全剖视图

用剖切面完全将形体剖开所得的视图称为全剖视图，一般用于内部结构比较复杂而外形简单的形体，或者只是为了表达内部结构，如图 8-7 所示。旋转剖视、阶梯剖视、斜剖视、组合剖视均属于全剖视图。

2. 半剖视图

半剖视图只适用于具有对称平面的形体，在垂直于对称面的投影上，以中心线为界，一半画成视图，另一半画成剖视图。

3. 局部剖视图

用剖切面局部剖开形体所得的视图称为局部剖视图，局部剖视图不受形体是否对称的限制，具有同时能表达内、外结构的优点，所以得到广泛应用。

三、剖视图的画法与标注

1. 剖视图的画法

以图 8-8 所示混凝土杯形基础剖视图为例，介绍剖视图的画法思路。

(1) 画剖视图，首先应确定剖切位置。为了能准确地表达物体内部孔、槽等结构的真实形状，剖切平面应该与投影面平行，并沿着孔、槽的对称平面或通过其轴线，如图 8-8 (a) 所示。剖切面的位置是物体内部结构的对称面。

(2) 移去剖切面与观察者之间的部分。在剖视图中应擦去移去部分的外形轮廓线（因剖切后有些棱线被切掉了或不可见，而主要表达内部结构，且虚线一般不画)，如图 8-8 (b) 所示。

(3) 将剩余部分当成一个立体进行投影。在视图中将可见轮廓线全部画成粗实线，不可见的不画，如图 8-8 (c) 所示。

(4) 画建筑材料图例。在剖切面与物体接触的实体部分画出剖面符号，本例剖面

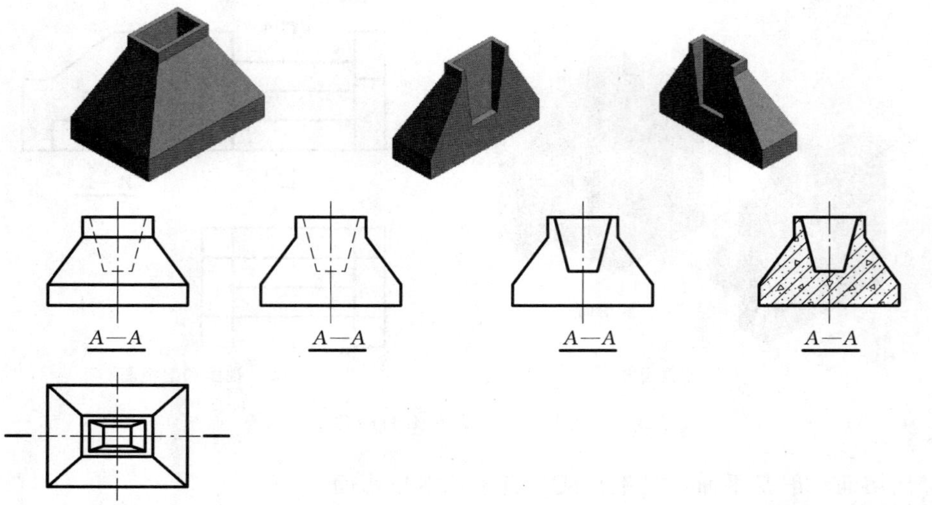

(a) 确定剖切位置 (b) 擦去移走部分的外轮廓线 (c) 画剩余部分可见轮廓线（粗实线） (d) 画剖面符号，完成作图

图 8-8 剖视图的画法与标注

材料为钢筋混凝土，如图 8-8（d）所示。建筑材料图例可参阅表 8-1。

表 8-1 **常用建筑材料图例**

名称	图 例	说 明
自然土		包括各种自然土
夯实土		包括人工或机械夯实的土及混合土
砂、灰土	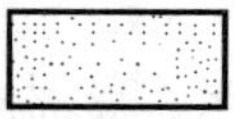	靠近轮廓线处点较密
普通砖		包括砌体、砌块；断面较窄不易画图例时可涂红
饰面砖		包括铺地砖、马赛克、陶瓷锦砖、人造大理石等
混凝土	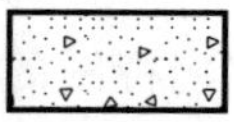	本图例仅适用于能承重的混凝土及钢筋混凝土；包括各种标号、骨料、添加剂的混凝土；在剖面图上画钢筋时，不画图例线；断面较窄不易画图例线时可涂黑
钢筋混凝土	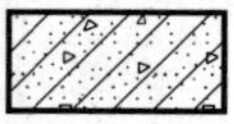	
毛石	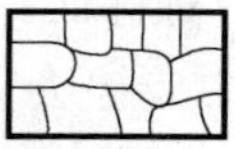	
木材	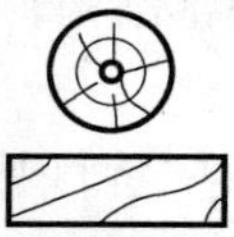	上图为横断面，下图为纵断面
防水材料		构造层次多或比例较大时，采用上面图例

2. 剖视图的标注

为了表达剖视图与有关视图之间的投影关系，便于读图，一般应加以标注。如图8-7所示，标注中应注明剖切位置、投影方向和剖视图的名称。

(1) 剖切位置和投影方向。其用剖切符号表示，剖切符号是标明剖切面起、止和转折位置及投影方向的符号。剖切符号由剖切位置线和投影方向线组成，均以粗实线绘制，两者相互垂直。剖切位置线的长度宜为5～10mm，投影方向线的长度宜为4～6mm。绘图时，剖切符号不宜与轮廓线接触。

(2) 剖切符号的编号。宜采用阿拉伯数字或拉丁字母，若有多个剖视图应按顺序由左至右、由上至下连续编号，编号应写在投影方向线的端部，并一律水平书写。

(3) 剖视图的名称。它与剖切符号的编号对应，剖视图的名称写在相应剖视图的下方（或上方），注出相同的两个字母或数字，中间加一条5～10mm长的细实线，如“*A*—*A*”“1—1”。图名的字体应大一些。

四、画剖视图应注意的问题

(1) 明确剖切面是假想的。剖视图是假想把物体剖切开后所画的图形，除剖视图外，其余视图仍应完整画出。

(2) 不要漏线。剖视图不仅应该画出与剖切面接触的断面形状，而且要画出剖切面后的可见轮廓线。对初学者而言，往往容易漏画剖切面后的可见轮廓线，应特别注意。

(3) 合理地省略虚线。用剖视图配合其他视图表示物体时，图上的虚线一般省略不画。但如果画出少量的虚线可以减少视图数量，而且不影响视图的清晰时，也可以画出少量的虚线。

(4) 正确绘制剖面材料符号。画剖面材料符号时，应注意同一物体各剖视图上的材料符号要一致，即斜线方向一致、间距要一致。

五、剖切面与剖切方法

物体的形状是多种多样的，有时仅用一个剖切面并不能将物体的内部形状表达清楚，因此，对于不同的物体，根据物体的特征，可选用不同的剖切面。根据剖切面的数量和不同的位置关系，可以得到不同的剖切方法。

1. 单一的剖切平面——单一剖、斜剖

用一个平行于基本投影面的剖切平面剖开物体的方法称为单一剖，用一个垂直于（但不平行）基本投影面的剖切平面剖开物体的方法称为斜剖，如图8-9(a)所示。

2. 几个相互平行的剖切平面——阶梯剖

用两个或两个以上相互平行且平行于基本投影面的剖切平面剖开物体投影的方法称为阶梯剖，如图8-9(b)所示。

3. 两个相交的剖切平面——旋转剖

用两个相交的剖切平面剖开物体投影的方法称为旋转剖，如图8-9(c)所示。

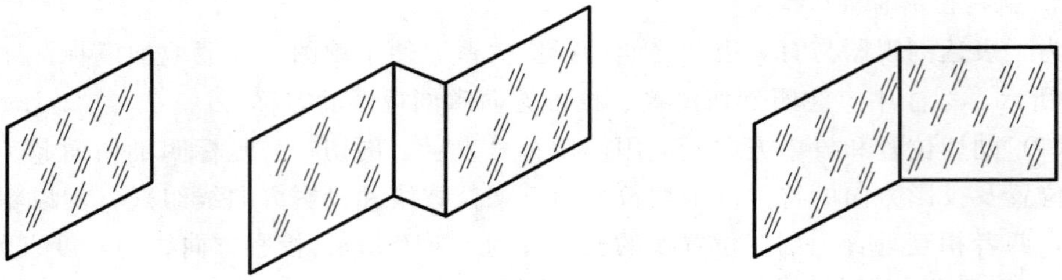

（a）单一剖切面，用于单一剖和斜剖　（b）几个相互平行的剖切面，用于阶梯剖　（c）两个相交的剖切面，用于旋转剖

图 8－9　剖切平面的种类

4．组合的剖切平面——复合剖

用上述两种或多种剖切面组合的剖切面剖开物体投影的方法称为复合剖。

六、工程上常用的几种剖视图

在工程设计中，应根据工程形体的特点，选择适当的剖切方法和合理的剖切范围来表达内部结构。这样所绘制出的剖视图实际上是不同的剖切方法与不同种类剖视图的组合。下面介绍工程上常用的几种剖视图。

1．全剖视图

用单一剖的方法把物体完全剖开后投影所得的剖视图称为单一全剖视图，如图 8－10 所示。全剖视图适合于外形简单、内部复杂，且在某个投影方向上视图不对称的形体。

全剖视图、半剖视图

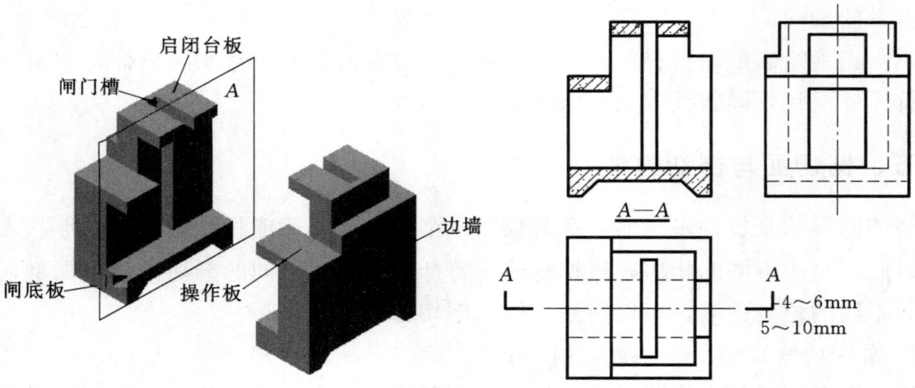

（a）空间分析　（b）主视图为单一全剖视图

图 8－10　单一全剖视图

画全剖时应注意以下几点：

（1）完整的标注如图 8－10 所示，剖切位置、投影方向在水平投影上，剖视图上应注写 $A—A$ 相应的编号。

（2）当剖视图按投影位置配置，中间又没有其他视图隔开时，可省去投影方向。

(3) 如果在形体的对称平面上剖开，剖视图按投影关系配置，可省略标注。如图 8-10 所示的全剖就可省略标注。

图 8-10 所示为一钢筋混凝土闸室段，假想用一个平行于正立投影面的剖切平面，通过闸室的前后对称中心剖切，移去闸室的前半部分，将后半部分向正立投影面投影。剖切前，主视图中闸底板、闸门槽、启闭台板和操作板均为虚线，剖切后，这些部位的轮廓线均可见，用粗实线绘制出。前面的边墙剖切后被移去不画；后面边墙顶面的轮廓线，由于它在左视图中已表达清楚，在剖视图中可省略虚线。最后在断面上绘制出钢筋混凝土剖面符号，就得到了该闸室单一全剖的主视图。单一全剖视图一般要全部标注。

2. 半剖视图

当物体具有对称平面时，用单一剖的方法把物体完全剖开，向垂直于对称面的投影面上投影，以对称线为界，一半画成剖视图，一半画成视图，这样组合的图形称为单一半剖视图，如图 8-11 所示。

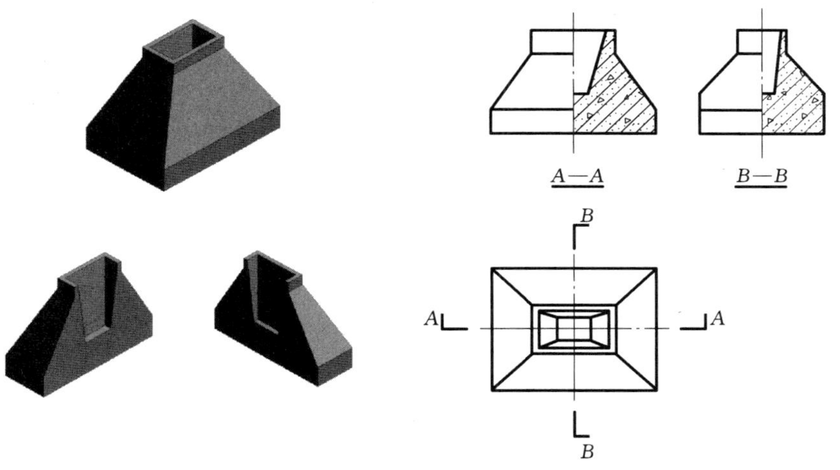

(a) 空间分析　　(b) 主视图和左视图为半剖视图

图 8-11　半剖视图

半剖视图适用于内外结构都需要表达的对称形体，如果形体接近对称，其不对称部分另有视图表达，也可作半剖视图。

图 8-11 所示为钢筋混凝土杯形基础，由于它前后、左右均对称，所以主视图、左视图全部剖开后可采用半剖视图表达。

画半剖视图时应注意以下几点：

(1) 在半剖视图中，半个剖视图和半个视图的分界线必须用点画线画出，且不能与可见轮廓线重合。

(2) 由于所表达的物体是对称的，所以在半个视图中应全部省略表示内、外部形状的虚线。

(3) 剖视部分习惯上画在对称线的右边或前面。

（4）半剖视图的标注方法与全剖视图相同。

3. 局部剖视图

用剖切平面把物体的局部剖开，所得的剖视图称为局部剖视图，如图 8－12 所示。

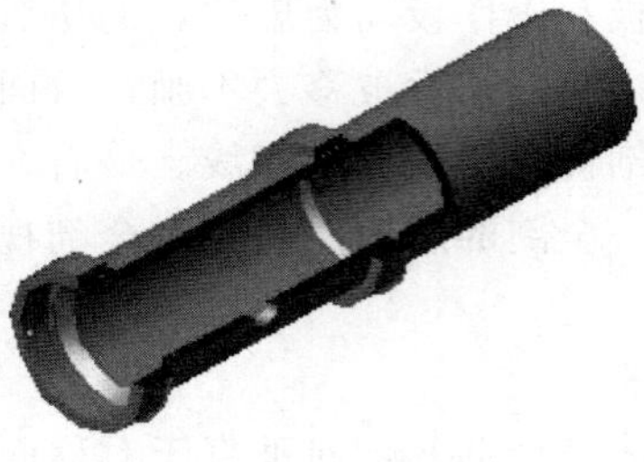

（a）空间分析

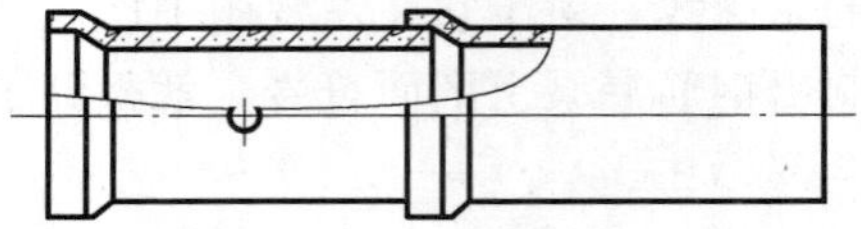

（b）主视图为局部剖视图

图 8－12　局部剖视图

局部剖视不受形体是否对称的条件限制，具有同时能表达形体内、外结构形状的优点，所以应用广泛，常用于以下几种情况：

（1）形体上只有局部内部结构需要表达，没有必要全剖或半剖。

（2）形体内部结构需要表达，但外形复杂，不能全剖或不具备半剖的条件，如对称结构形体内、外部结构在对称面上有轮廓线，就适合作局部剖视。

图 8－12 所示是一混凝土水管，为了表达其接头处的内部形状，并保留外形轮廓，主视图采用了局部剖视图，在剖切开的部分画出管子的内部结构和剖面符号，其余部分仍画外形视图。

画局部剖视图时应注意以下几点：

（1）局部剖视图应在原视图上绘制，剖切范围用波浪线表示。

（2）波浪线不可与图形轮廓线重合，并且波浪线要画在物体的实体部分，不应画在空心处或超出图形之外，如图 8－13 所示。

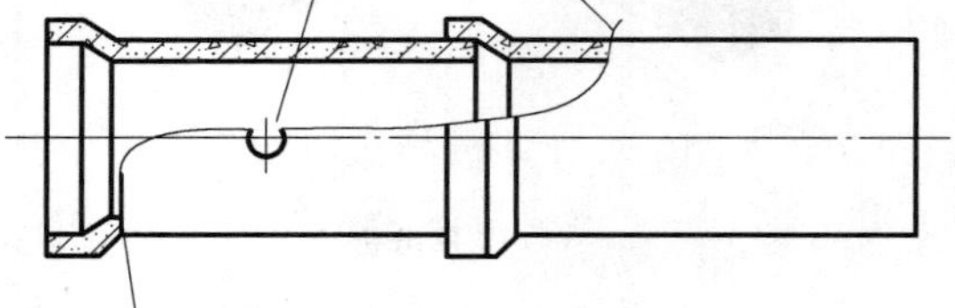
空洞处不画波浪线
波浪线不应超出轮廓线
波浪线不应与轮廓线重合

图 8－13　局部剖视图中波浪线的画法

（3）局部剖视图一般不标注。

4. 阶梯剖视图

用几个相互平行的平面剖切形体，所得的剖视图称为阶梯全剖视图，如图 8－14 所示。

阶梯剖视图适用于形体内部复杂，但要表达的结构不在同一平面内，采用几个相互平行的平面剖切形体才能达到要求的情况。

画阶梯剖视图时应注意以下几点：

（1）阶梯剖视图完整的标注如图 8－14 所示，在剖切位置转折处应画出剖切位置线，一般在剖切位置线的外端画出投影方向，每处注写剖切名称符号，如果转折位置

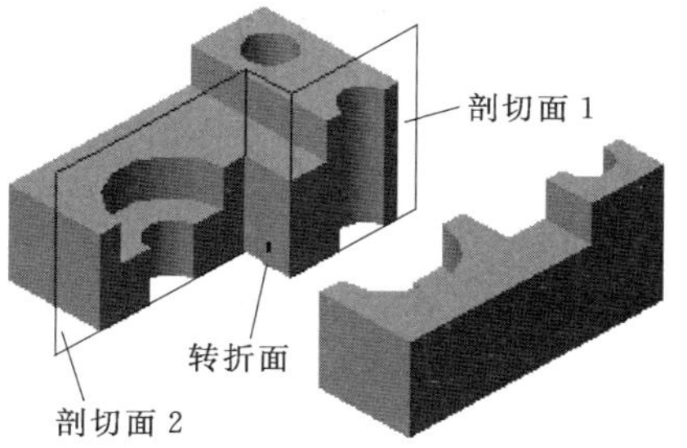

(a) 形体分析

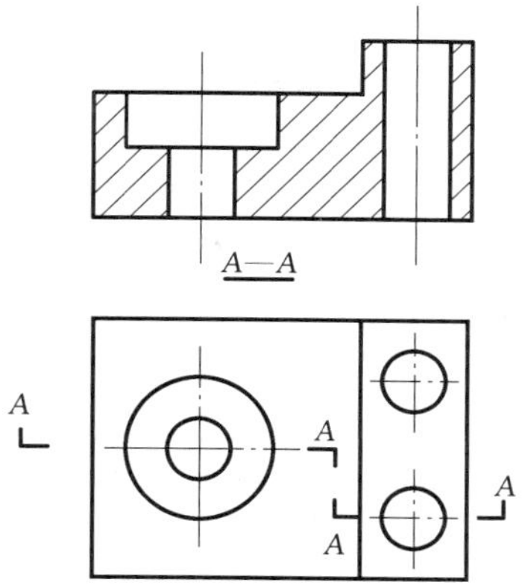

(b) 阶梯全剖视图的画法与标注

图 8-14 阶梯剖视图

处空间有限，不致引起误解，允许省略字母。

(2) 阶梯剖视投影时，是将几个平行面拉在同一个平面内投影，几个平行面连接处不应画线。

(3) 剖切位置面的转折面一般应放在实体上，且不要与形体上的任何轮廓线重合，如图 8-15 所示。

如图 8-14 所示的物体上有三个孔，左边和右边孔大小和深度不同，用一个剖切平面不能表达清楚。假想用两个平行于正立投影面的剖切平面分别通过两种孔的轴线剖切物体，将每一剖切面后的剩余部分按单一全剖视的方法画出，即得阶梯全剖视图。

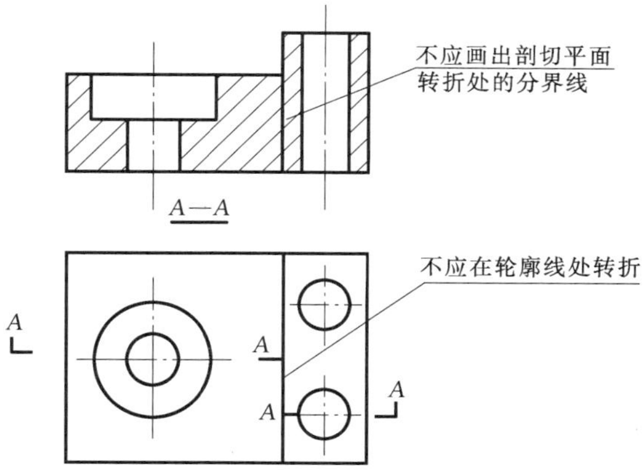

图 8-15 阶梯全剖视的错误画法

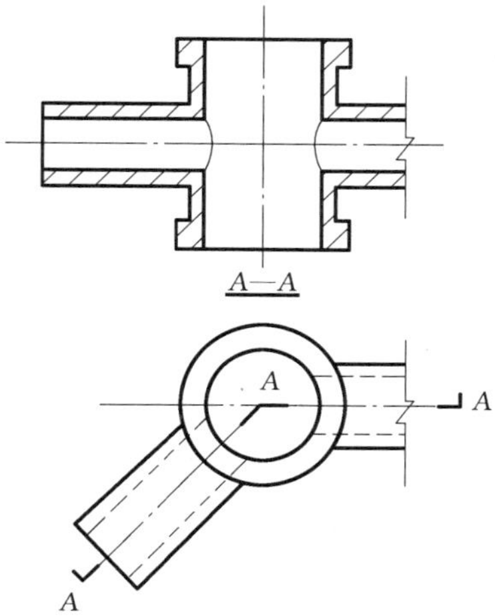

图 8-16 旋转剖视图的画法

5. 旋转全剖视图（简称旋转剖视）

用两个相交平面（相交平面垂直于某个投影面）剖开物体所得的剖视图称为旋转

全剖视图，如图 8 - 16 所示。

旋转剖视适用于表达有回转轴，而且分布在两个相交平面上的内部结构。

画旋转剖视图应注意以下几点：

（1）剖切平面的交线应与物体上的公共回转轴线重合，并应先切后转。

（2）剖切平面后的其他结构，一般仍按原来位置投影。

（3）旋转剖视图的标注规定同阶梯剖视图，一般不省略标注。

（4）当形体剖切后，剖视图出现不完整的结构要素时，这部分结构要素按不剖处理。

如图 8 - 16 所示集水井的两个进水管的轴线斜交（一个平行于正立投影面、一个不平行于正立投影面），如果用一个剖切平面不可能得到倾斜部分的真实形状。假想用两个相交平面沿着两个水管的轴线把集水井剖切开，然后将被倾斜的剖切平面剖开的结构及其有关部分旋转到与选定的投影面（正立投影面）平行的位置进行投影，即得旋转剖视。

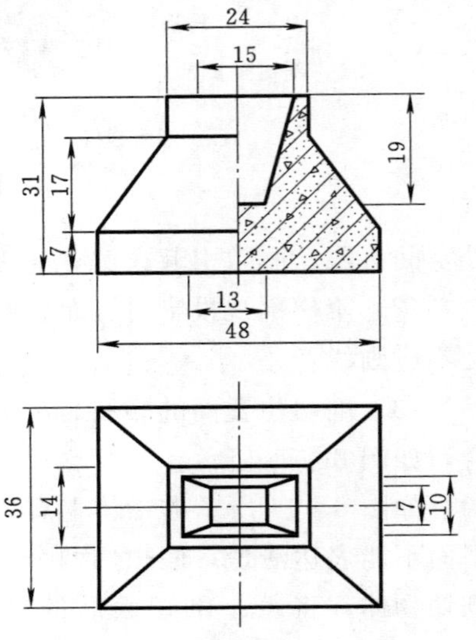

图 8 - 17　剖视图的尺寸标注

七、剖视图的尺寸标注

剖视图的尺寸注法与组合体的尺寸注法基本相同，但应注意以下两点：

（1）内部与外形的尺寸尽量分开标注。为了使尺寸清晰，应尽量把外形尺寸和内部尺寸分开标注。如图 8 - 17 中，把外形的高、宽尺寸标注在图形的左边，孔的高、宽尺寸标注在图形的右边。

（2）半剖视图和局部剖视图上内部结构尺寸的注法。在半剖视图和局部剖视图上，由于对称部分视图上省略了虚线，所以注写内部尺寸时，只需画出一端的尺寸界限和尺寸起止符号，尺寸线要稍超过对称线，尺寸数字应注写整个结构的尺寸。

§8 - 3　断　面　图

断面图绘制

一、断面图的概念

为了表达建筑物内柱、梁等的断面形状，假想用剖切面将物体的某处切断，仅画出该剖切面与物体接触部分的图形称为断面图。如图 8 - 18（b）所示，从图中可以看出断面图与剖视图的不同，断面图仅是一个“面”的投影，而剖视图则是形体被剖切后剩下部分的“体”的投影。所以断面图主要用来表达物体某处断面的形状。为了表示截断面的真实形状，剖切平面一般应垂直于物体结构的主要轮廓线。

根据断面图画在视图上的位置不同，分为移出断面图和重合断面图两种。

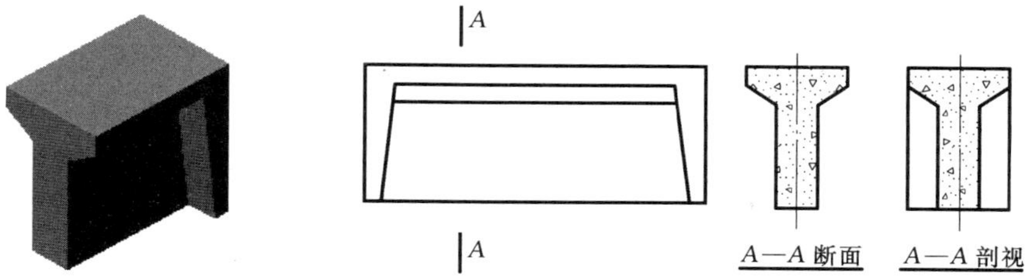

(a) 空间分析 (b) 主视图、断面图、剖视图

图 8-18 断面图与剖视图的区别

二、移出断面图

1. 移出断面图的画法要点

绘制在视图之外的断面图称为移出断面图，如图 8-19 所示。

(1) 移出断面图画在图形外，只是画出断面形状，其轮廓线用粗实线绘制，并在断面上加上断面符号（材料符号），没有指明材料的画上 45°的细实线。

(2) 当移出断面图没有按照投影关系配置且断面图形不对称时，应全部标注，如图 8-19 (a) 所示。

(3) 如果断面图配置在剖切位置延长线上且断面图形对称，则省略标注，如图 8-19 (b) 所示。

(4) 如果断面图配置在剖切位置延长线上且断面图形不对称，则只能省略字母，标注如图 8-19 (c) 所示。

(5) 当断面图形对称，且移出断面配置在视图轮廓线的中断处时，可以不标注，如图 8-19 (d) 所示。

(6) 移出断面也可配置在图纸的其他适当位置，这时如果图形对称或按投影关系配置，可省略投影方向线，但编号应写在剖切后的投影方向一侧，如图 8-19 (e) 所示。

(7) 当剖切平面通过孔、槽、凹坑等时，导致出现完全分离的两部分断面，则这些结构按剖视图绘制。

2. 移出断面图的标注

(1) 剖切符号用剖切位置线表示，应以粗实线绘制，长度 5～10mm。

(2) 剖切符号的编号，宜采用阿拉伯数字或拉丁字母，按顺序编号，并注写在剖切位置线的一侧，编号所在一侧应为剖切后的投影方向，如图 8-19 (e) 所示。

三、重合断面图

绘制在视图之内的断面图称为重合断面图，如图 8-20 所示。它是用假想的剖切平面垂直地通过结构要素的轴线或轮廓线，然后将得到的剖面旋转 90°，使之与视图重合，这样的断面图就是重合断面图。

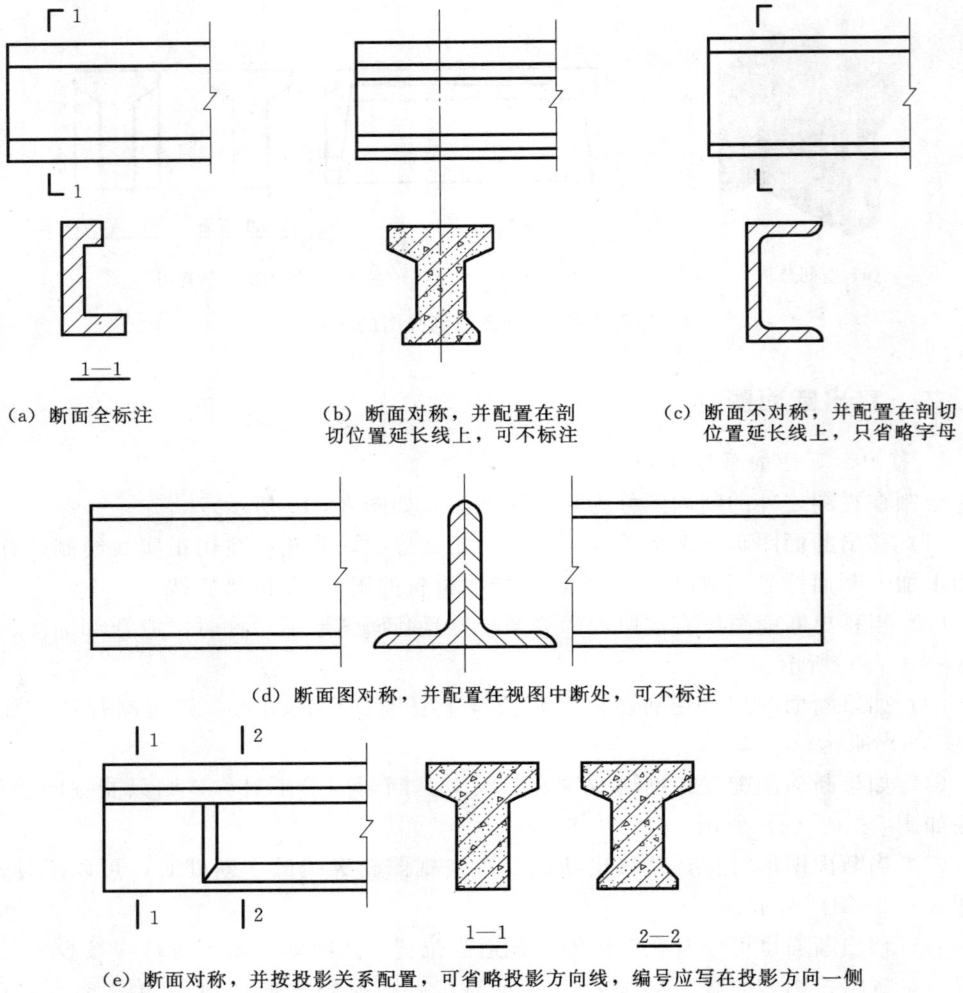

1
1
1—1
(a) 断面全标注
(b) 断面对称，并配置在剖切位置延长线上，可不标注
(c) 断面不对称，并配置在剖切位置延长线上，只省略字母
(d) 断面图对称，并配置在视图中断处，可不标注
1
2
1
2
1—1
2—2
(e) 断面对称，并按投影关系配置，可省略投影方向线，编号应写在投影方向一侧

图 8-19　移出断面图

1. 重合断面图的画法

重合断面图的轮廓线规定用细实线绘制。当视图中的轮廓线与重合断面的图形重合时，视图中的轮廓线仍连续地画出，不可间断。

2. 重合断面图的标注

对称的重合断面图可不标注，如图 8-20（a）所示。不对称的重合断面图应标注剖切位置线，并用粗实线表示投影方向，但可不标注字母，如图 8-20（b）所示。

四、断面图中的不剖画法

对于构件上的支撑板、肋板等薄板结构和实心的轴、柱、梁、杆等，当剖切平面平行其轴线、中心线或平行薄板结构的板面时，这些结构按不剖绘制，用粗实线将它与邻接部分分开，如图 8-21（a）中 *A*—*A* 剖视图中的闸墩和图 8-21（b）中 *B*—*B* 断面图中的支撑板。

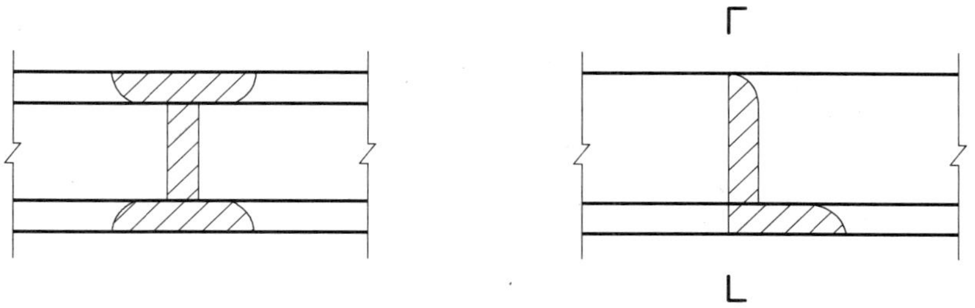

(a) 对称重合断面的画法　　(b) 不对称重合断面的画法

图 8-20　重合断面图

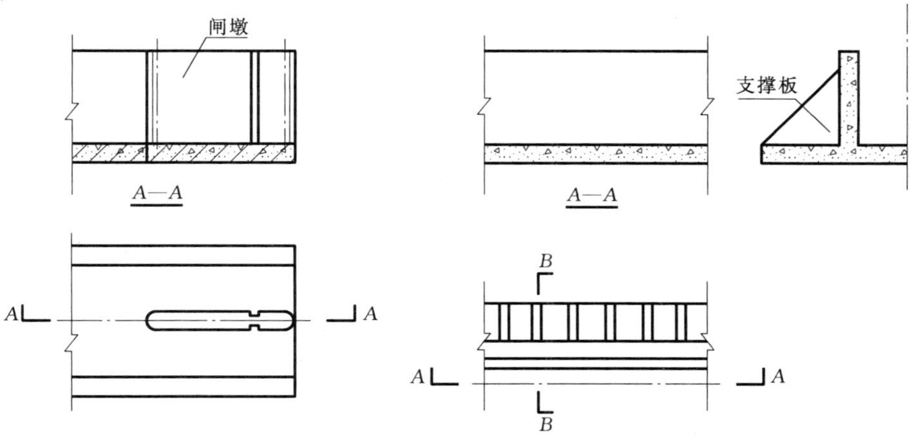

(a) 闸墩按不剖绘制　　(b) 支撑板按不剖绘制

图 8-21　断面图中的不剖画法

技能训练项目八

技能训练目标： 了解视图、剖视图、断面图的绘图原理，掌握形体表达方法及尺寸标注。

技能训练内容： 根据图 8-22 所给视图，完成其剖视图。

技能训练要求： 用 A4 图纸将其三个视图分别绘制成半剖视图，图幅布置要合理，比例自定。

技能训练步骤：

1. 准备绘图工具，熟悉各个图形的要求。
2. 绘制图框及标题栏，确定绘图位置。
3. 用细实线画底稿并完成其剖视图（注意：半剖视图的标注与全剖一致）。
4. 加深图形。

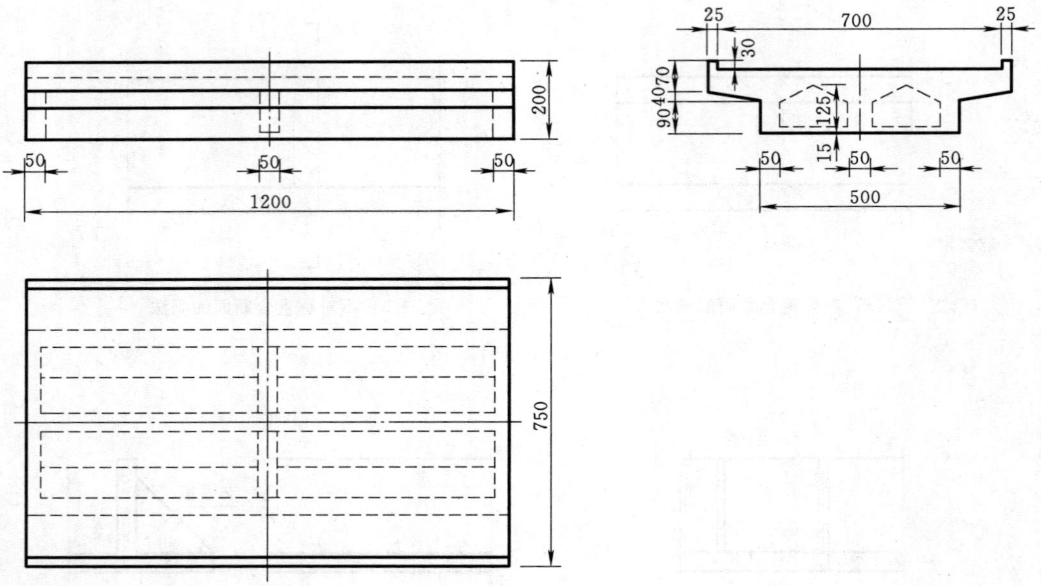

图 8-22　桥墩

复 习 思 考 题

1. 六个基本视图是怎样形成的？如何配置？
2. 剖视图是怎样形成的？有哪些种类？各自的适用范围是什么？
3. 断面图是怎样形成的？有哪些种类？绘制时有哪些要求？

学习单元九　标　高　投　影

【学习目标与要求】

1. 能阐述标高投影的概念。
2. 具有绘制点、线、面及圆锥面的标高投影的能力。
3. 能阐述地形面的表示法，具有绘制坡面交线、坡脚线、开挖线的能力。
4. 具有运用等高线和地形断面图求解各种交线的能力。
5. 具有创新精神。

在实际工程中，如修建大坝、开挖基础、修筑道路等都与地面密切相关。在工程施工前，必须画出地面形状和地面上的建筑物，以便从图上解决有关工程的问题。由于地面形状非常复杂，长度和高度尺寸相差甚远，不便用多面正投影来表示，因此人们在长期的工程实践中总结出用标高投影法来表示工程建筑物与地形面的接触关系。所谓标高投影，就是在物体的水平投影上加注某些特征面、线以及控制点的高程数值的单面正投影。如图 9－1 所示是四棱台的标高投影，它是在四棱台的水平投影上加注上、下底面的高程，并给出绘图比例。为了形象地表示坡面，还加绘了示坡线，示坡线是一组长短相间的细实线，短画的长度是长画的 1/3～1/2，由高指向低，方向与该面坡度线的方向一致。

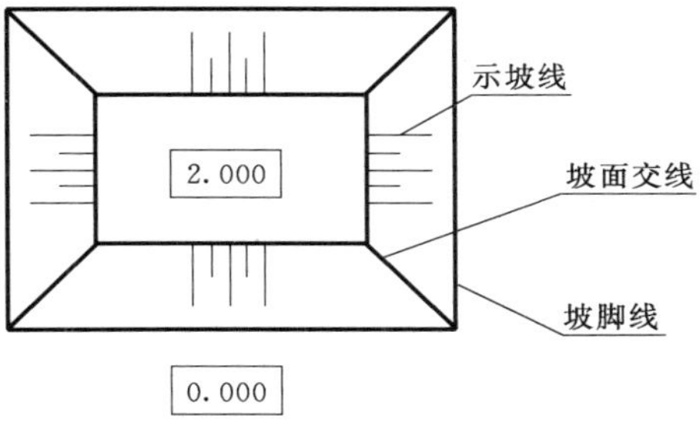

图 9－1　标高投影的概念

标高投影图的组成要素包括以下三项：

（1）物体的水平投影。

（2）高程数值：高程数值又称高程或标高，它是指以某一水平面为基准面，空间点到基准面的距离。制图标准规定：基准面高程一般设为零，基准面以上的高程为正，基准面以下的高程为负；根据基准面选取位置的不同，高程分为绝对高程和相对高程，绝对高程的基准面是与测量相一致的黄海平均海平面，相对高程的基准面是除此以外的其他水平面。高程常用的单位是 m，一般不需注明。

（3）绘图比例：绘图比例是度量物体水平投影大小的依据，常见的表示方法有比例值和图示比例尺两种形式。比例值示例：1∶200；图示比例尺示例：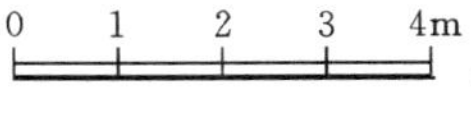

。

点和线的标高投影

§9－1　点、线、面的标高投影

一、点的标高投影

在点的水平投影旁，标注出该点与水平投影面的高度距离，即得该点的标高投影。

如图 9－2 所示，选择水平面 H 为基准面，其高程为零，基准面以上为正，基准面以下为负。设空间有一点 A，高出 H 面 5 个单位。将点在该面上作水平投影 a，并在投影 a 的右下角加注点到 H 面的高程数值，并注上比例值或图示比例尺即得到点的标高投影 a_5，表示 A 点到 H 面的距离为 5m。

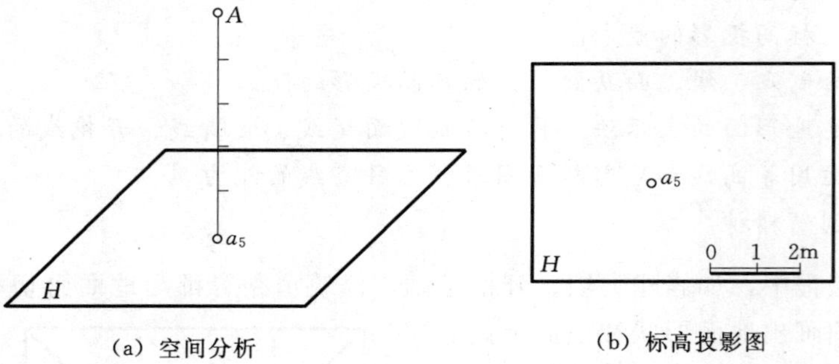

图 9－2 点的标高投影

二、直线的标高投影

1. 直线的标高投影表示法

在标高投影中，空间直线的位置是由直线上两个点的标高投影或直线上一个点的标高投影及该直线的坡度和下降方向来决定的，如图 9－3 所示。

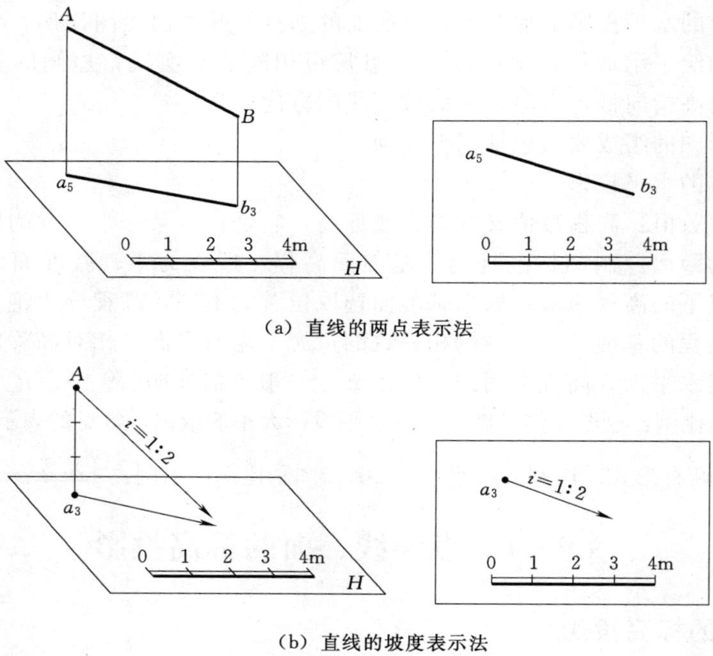

图 9－3 直线的标高投影

2. 直线的坡度与平距

直线的坡度就是直线上任意两点的高差与其水平距离（水平投影长度）的比值，用符号“i”表示。

如图 9-4 示，直线上 A、B 两点的高差为 ΔH，水平投影的长度为 L，直线 AB 对 H 面的倾角为 α，则得

$$坡度(i)=\frac{高差\ \Delta H}{水平投影距离\ L}=\tan\alpha$$

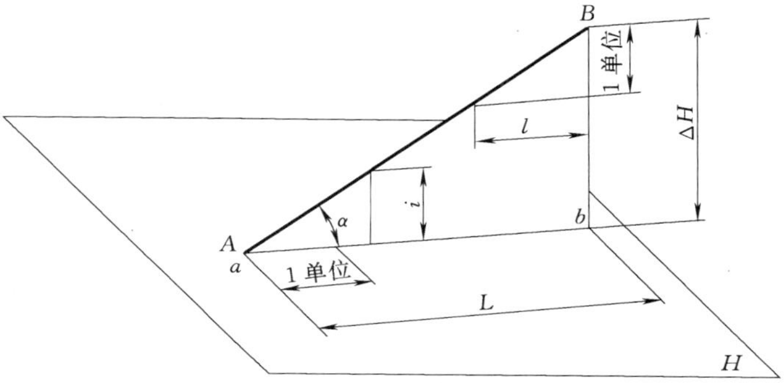

图 9-4　直线的坡度和平距

直线的平距是指直线上高差为 1 的两点对应的水平投影的距离，用“l”表示。平距与坡度互为倒数。

$$平距(l)=\frac{水平投影距离\ L}{高差\ \Delta H}=\cot\alpha$$

需要说明的是：平行于基准面的直线，其坡度为 0，平距无限大，直线上各点的高程都相等，该直线为水平线。

可以看出：若已知直线的坡度，可以根据坡度求出直线上任意高程点的标高投影；反之，已知直线上某高程点的位置，也能计算出该点的高程。

【例 9-1】 已知直线 AB 的标高投影为 $a_{36}b_{12}$，如图 9-5 所示，求直线 AB 的坡度与平距，并求直线上 C 点的高程。

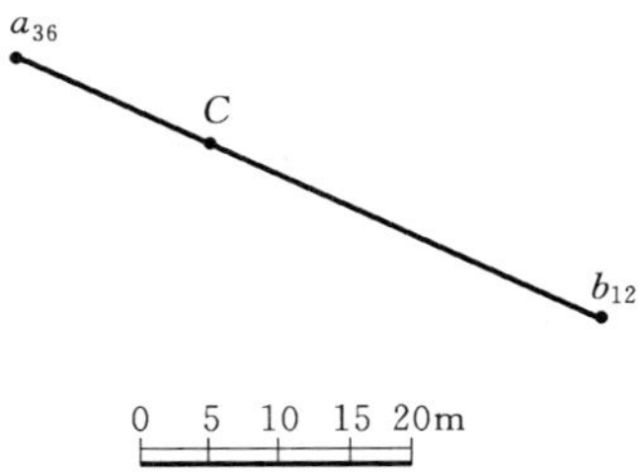

图 9-5　直线坡度、平距及高程的求法

分析： 欲求坡度与平距，先求出 H 和 L，H 可由直线上两点的标高数值计算取得，L 可按比例由标高投影度量取得，然后利用 $i=\Delta H/L$ 及 $l=1/i$ 确定。

作图：

(1) H_{ab} 为 AB 两点的高度差（ΔH），$H_{ab}=36-12=24$，L_{ab} 为 AB 两点的水平距离，由比例尺量得 $a_{36}b_{12}$ 的长度 $L_{ab}=48$，因此坡度 $i=\Delta H/L=24/48=1/2$。

(2) 直线 AB 的平距 $l=1/i=2$。

(3) 按比例量得 ac 间距离为 16，据 $i=\Delta H/L=1/2=H_{ac}/16$，可求得 $\Delta H=H_{ac}=8$，因此，C 点的标高应为 $36-8=28$。

【例 9-2】 如图 9-6（a）所示，已知直线 AB 的标高投影 a_6b_{10}，求直线上高程为 7、8、9 的整数高程点的标高投影。

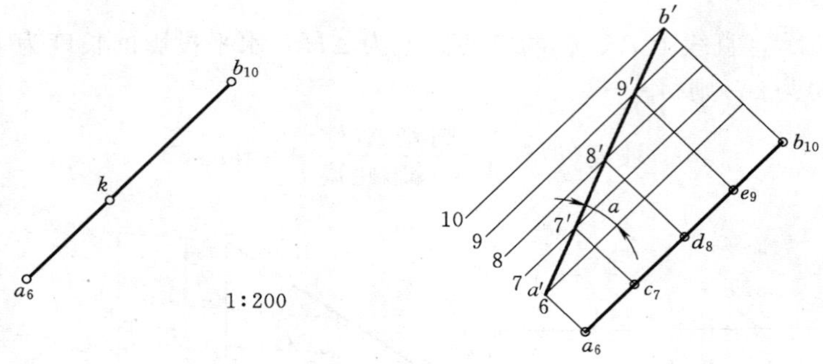

(a) 已知 (b) 图解法求整数高程点

图 9-6 直线上高程点的求法

分析： 因直线的标高投影已知，可求出该直线的坡度 i 与平距 l。直线段上各整数高程点的标高投影可用计算法或图解法求得。

作图：

（1）在适当位置按比例作平行于 a_6b_{10} 的若干条间距相等且相互平行的辅助线，将靠近 a_6b_{10} 的一条定为比较小的整数标高 6，第二条定位 7，依此类推，一直到整数标高为 10 的等高线。

（2）过点 a_6 和 b_{10} 分别作 a_6b_{10} 的垂线，交 6 的等高线于 a'，交 10 的等高线于 b'。

（3）连接 $a'b'$，它与各平行线相交得 $7'$、$8'$、$9'$各点，并由 $7'$、$8'$、$9'$向 a_6b_{10} 作垂线，各垂足即为所求的整数标高点。

必须指出：按以上作图方法，求得的 $a'b'$就是线段 AB 的实长，它与辅助线的夹角，反映直线与水平面的夹角。当然，平行线的距离也可不按比例尺作图，只要平行线之间距离相等，也可求出整数标高点，但不能得到实长和与水平面的夹角。

三、平面的标高投影

平面的标高投影

1. 平面内的等高线与坡度线

平面内的等高线就是平面内的水平线，即平面与一系列水平面的交线，将等高线向 H 面投射并注上相应的高程数值，即得等高线的标高投影，如图 9-7 所示。

平面内等高线的投影特征如下：

（1）等高线是直线。

（2）等高线相互平行。

（3）当高差相等时，等高线间的水平距离也相等。

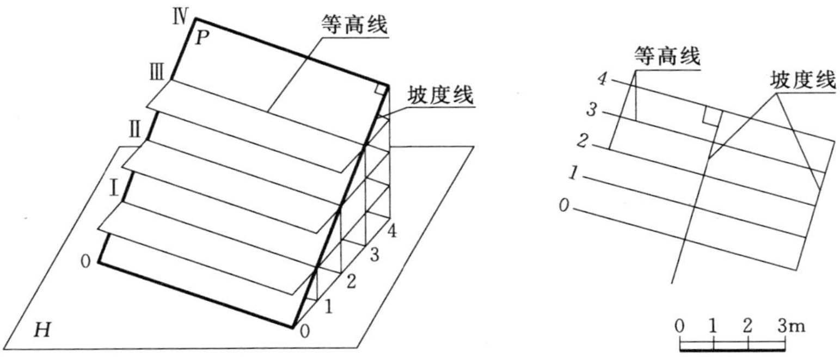

(a) 空间分析　　(b) 标高投影

图 9-7　平面内的等高线和坡度线

平面内的坡度线就是平面内对水平面的最大斜度线，坡度线的坡度代表了平面的坡度。坡度线与 H 面的夹角反映了平面对 H 面的倾角。平面内的坡度线与等高线互相垂直，根据直角投影定理，它们的标高投影也互相垂直。

2. 平面的标高投影表示法

在图解实际工程问题时，经常用到平面内的等高线，所以应熟练掌握标高投影中平面内等高线的求作方法。

(1) 用一条等高线和坡度线表示平面。图 9-8 (a) 所示是用平面上一条高程为 18 的等高线和平面坡度表示平面，如图 9-8 (b) 所示，已知平面的坡度 1∶2 和平面内一条高程为 18 的等高线，由平面的坡度 $i=1:2$，可知 $l=2$m，因所求等高线与已知等高线高差依次为 2m，顺着坡度线箭头的方向，依次量取 2m，即求得坡度线上高程为 17、16、15 的点，再过这些点作 18 等高线的平行线即得。然后画出平面上的示坡线。

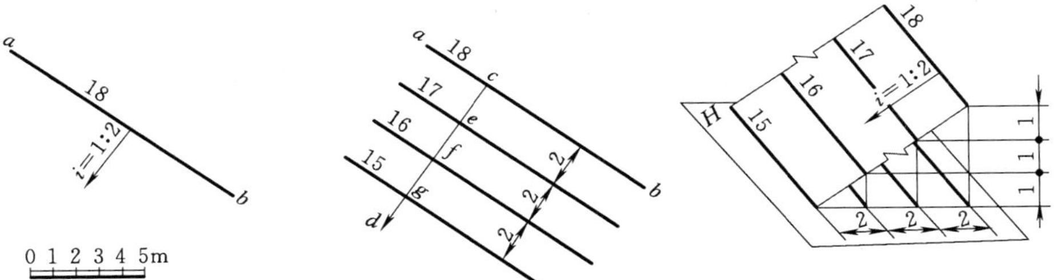

(a)　　(b)　　(c)

图 9-8　一条等高线和坡度线表示平面

(2) 用一条斜线和坡度及大致坡向表示平面。如图 9-9 (a) 所示，是用平面内的一条斜线 a_4b_0 和坡度 $i=1:0.5$ 来表示平面，双点画线的箭头表示大致坡向，其坡度的准确方向需作出平面上的等高线后才能确定。该平面上高程为零的等高线必通过 b_0，且与 a_4 的水平距离为 $L=\Delta H/i=\Delta Hl=4\times0.5=2$。以 a_4 为圆心，以 $R=2$ 为半径作圆弧，过点 b_0 作直线与圆弧相切，切点为 c_0，直线 b_0c_0 即为此平面上高程为零的等高线，如图 9-9 (b) 所示。

如图 9-9 (c) 所示，上述方法可理解为：以 A 为锥顶，作一素线坡度为 1∶0.5 的正圆锥，此圆锥与标高为零的基准面交于一圆，此圆的半径为 2。过直线 AB 做一平面与此圆锥相切，切线 AC 是圆锥的一条素线，也是所做平面的一条坡度线，直线 BC 就是该平面上标高为零的等高线。

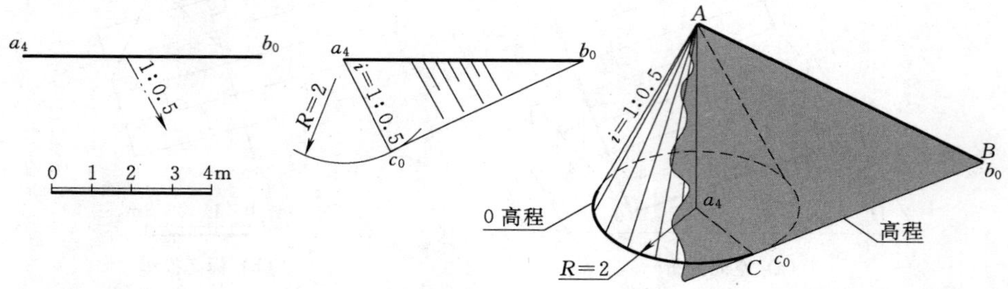

(a) 用一条斜线和坡度及大致坡向表示平面

(b) 先求作平面内高程为零的等高线，再求作其他等高线，并绘制示坡线

(c) 求作平面内高程等高线的空间分析

图 9-9 一条斜线和坡度及大致坡向表示的平面与等高线的求作

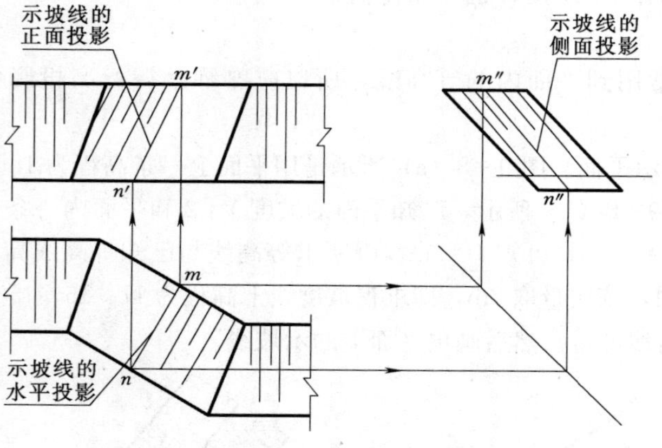

图 9-10 示坡线的画法

3. 坡面上的示坡线

坡面上垂直于等高线的直线就是坡面上的示坡线，坡度线的方向与示坡线的方向一致，示坡线是平面上对水平面的最大斜度线，所以示坡线应垂直于坡面上的等高线。在斜坡面上加画示坡线就是为了区分水平面与斜坡面。

规定：示坡线用长短相间的细实线从坡面较高的一方画出，间距要相等，长短要整齐，一般长线长度为短线的 2～3 倍，如图 9-10 所示。

四、平面的交线

在标高投影中，求作两平面的交线通常采用辅助平面法。如图 9-11 所示，水平辅助面与两已知平面相交，其交线为两条同高程的等高线。这两条同高程等高线的交点就是两已知平面交线上的点，求得两个共有点，连接即得交线投影。如图 9-11 所示，用高程 15、20 的水平面作辅助面，分别与 M、N 两平面相交，其交线是高程为 15、20 两对等高线的交点 A、B，连接 AB，即为 M、N 两平面的交线。

【例 9-3】 已知平面 P 由两条等高线 20 和 16 表示，平面 Q 由一条等高线 18 和坡度 $i=1:1.5$ 表示，如图 9-12 所示，求两平面的交线。

分析： 求两平面的交线，主要是求作两平面上相同等高线的交点。

作图：

(1) 分别作出两平面的两对同高程的等高线，如图 9-12 (b) 中的标高为 18、

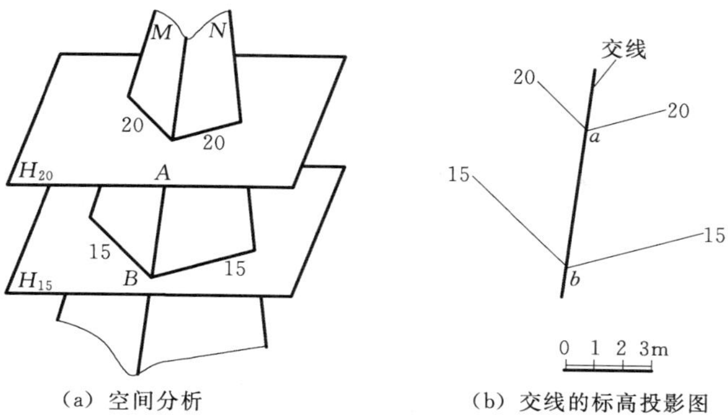

图 9-11 两平面交线的求法

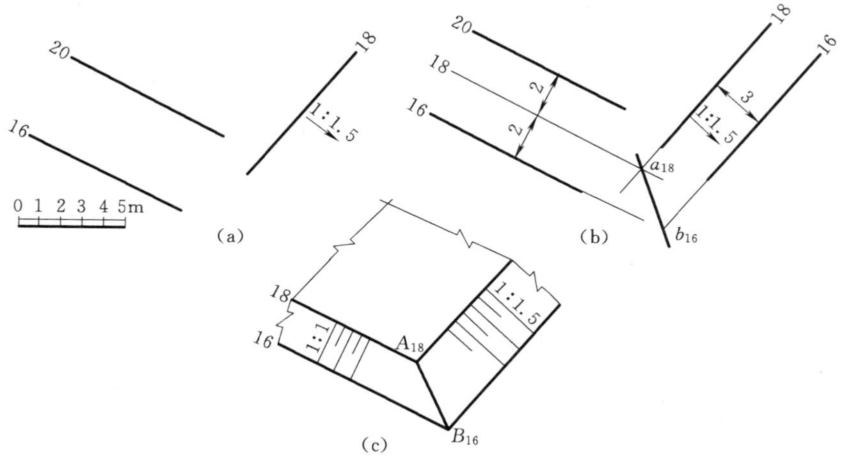

图 9-12 两平面交线的求法

16 的等高线。

(2) 两条高程为 18 的等高线交与 a 点，两条高程为 16 的等高线交与 b 点。

(3) 连接 a、b 两点，则 ab 即为所求两平面交线的标高投影。

【例 9-4】 已知地面高程为 9m，基坑底面高程为 5m，坑底的大小形状和各坡面坡度如图 9-13 (a) 所示，完成基坑开挖后的标高投影图。

分析： 该建筑物底面比地面低，属开挖类建筑物，需要求作开挖线和坡面交线两类交线。开挖线是各挖方坡面与地面的交线，建筑物共五个坡面，产生五条开挖线，因地面是高程为 9m 的水平面，所以开挖线是各坡面上高程为 9m 的等高线。五个坡面相邻相交产生五条坡面交线，空间形状如图 9-13 (b) 所示。

作图：

(1) 求开挖线。如图 9-13 (c) 所示。坑底边线是各坡面上高程为 5m 的等高线，开挖线是各坡面上高程为 9m 的等高线，两等高线间的高差 $\Delta H=4\text{m}$，水平距离 $L=\Delta Hl=4l$，当 $l=2$ 时，$L_1=2\times4\text{m}=8\text{m}$；当 $l=3$ 时，$L_2=3\times4\text{m}=12\text{m}$。根据所求的水平距离按比例沿各坡面坡度线分别量取 $L_1=8\text{m}$ 和 $L_2=12\text{m}$，得各坡面上的

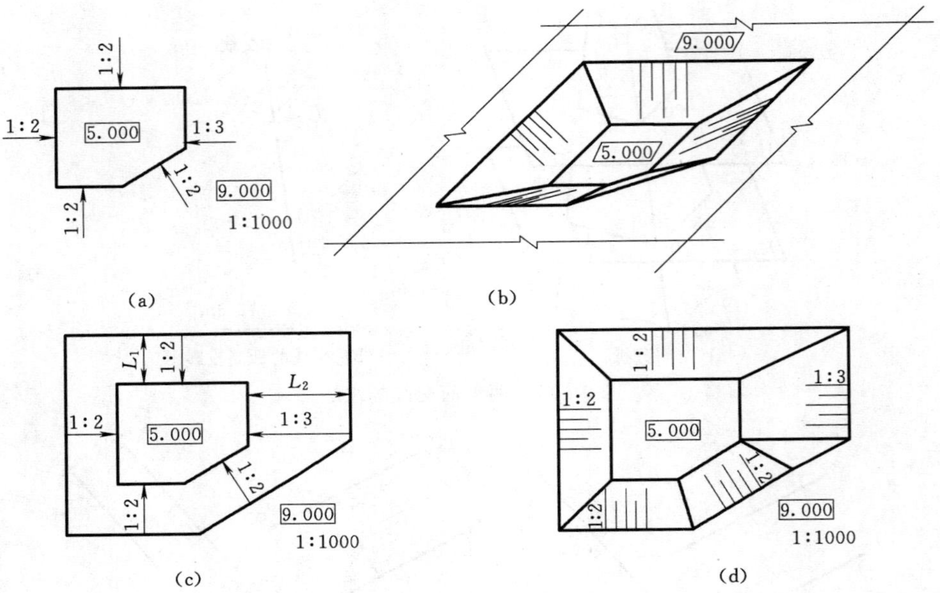

图 9-13　求作基坑标高投影图

9m 高程点，过各点作坑底边平行线，可求得开挖线。

（2）求坡面交线，画出各坡面的示坡线，如图 9-13（d）所示。直接连接相邻两坡面同高程等高线的交点，即得相邻两坡面交线。垂直于各坡面等高线画出各坡面的示坡线，完成作图。

【例 9-5】 如图 9-14（a）所示，在高程为 2m 的地面上修建一个平台，台顶高程为 5m，有一斜坡度引道通至平台顶面，平台坡面的坡度为 1∶1，斜坡引道两侧的坡度为 1∶1.2，试画出其坡脚线和坡面交线。

分析： 如图 9-14 所示，坡脚线即各坡面与地面的交线，是坡面上高程为 2m 的等高线。

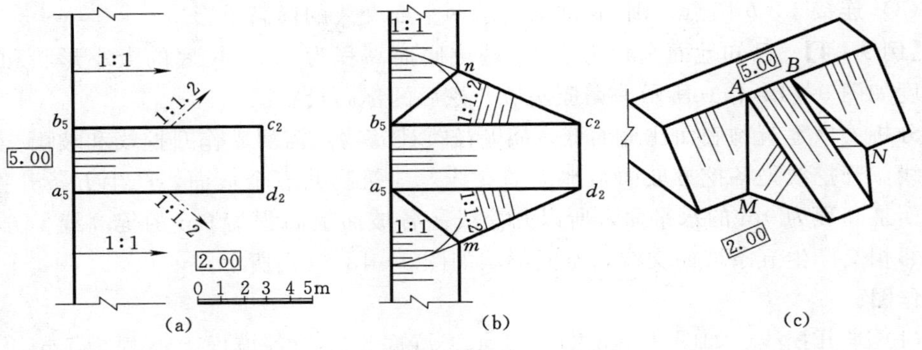

图 9-14　平台与斜坡道的标高投影图

作图：

（1）求坡脚线：平台坡脚线与坡面顶边 a_5b_5 平行，水平距离为 $L=\Delta H\cdot l=3\times1=$

3m。据此作出平台的坡脚线。斜坡道两侧坡脚线分别以 a_5、b_5 为圆心，$R=1.2\times3=3.6$（m）为半径画圆弧，再由 c_2、d_2 分别作两圆弧的切线，即为斜坡道两侧的坡脚线。

（2）求坡面交线：平台边坡的坡脚线与斜坡道两侧坡脚线的交点 m、n 就是平台坡面与斜坡道两侧坡坡面的共有点。同理，a_5、b_5 也是共有点，连接 a_5m、b_5n，即为所求的坡面交线。

（3）画坡面上的示坡线，完成作图，如图 9-14（b）所示。

§9-2 曲面的标高投影

一、正圆锥面的标高投影

曲面的
标高投影

在标高投影中，如果用一组等距离的水平面来截切正圆锥面，就可得到一组水平的截交线，即等高线，如图 9-15 所示，如果把其水平投影分别注上高程，即得正圆锥面的标高投影。

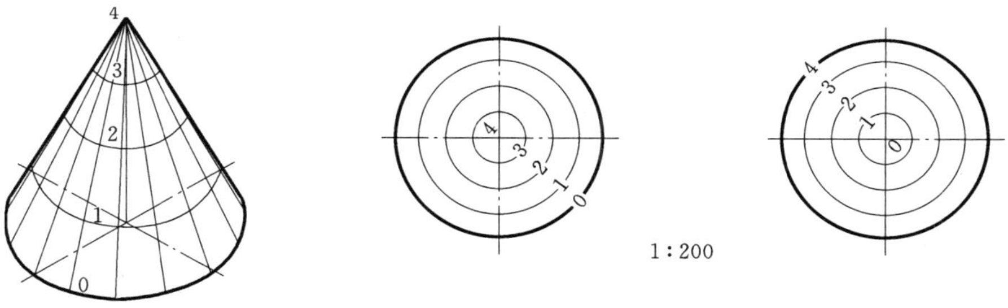

（a）空间分析　（b）正圆锥标高投影　（c）倒圆锥标高投影

图 9-15 正圆锥面的等高线和坡度线

正圆锥面上等高线的投影特征如下：

（1）等高线是一组同心圆。

（2）高差相等时等高线之间的水平距离相等。

（3）当圆锥面正立时，等高线越靠近圆心，其高程数值越大；当圆锥面倒立时，等高线越靠近圆心，其高程数值越小。

正圆锥面上的素线对水平面有相同的倾角，即各素线均为正圆锥面上的坡度线。因此，圆锥面上的示坡线应通过锥顶。

在土石方工程中，常将建筑物的侧面做成坡面，而在其转角处做成与侧面坡度相同的圆锥面，如图 9-16 所示。

如图 9-17 所示，已知圆锥平台的顶面高程为 2m，锥面坡度为 1∶2，求锥面上高程为 0 的等高线。求作方法是：由高程为 2m 的点顺着坡度线的方向按比例量取水平距离 $L=\Delta H\cdot l=2\times2\text{m}=4\text{m}$，得高程为 0 的点，再以此点到圆心的距离为半径画同心圆即得 0 的等高线，然后过圆心画出正圆锥面上的示坡线。

【例 9-6】 土坝与河岸常用圆锥护坡连接。如图 9-18（a）所示，各坡面坡度

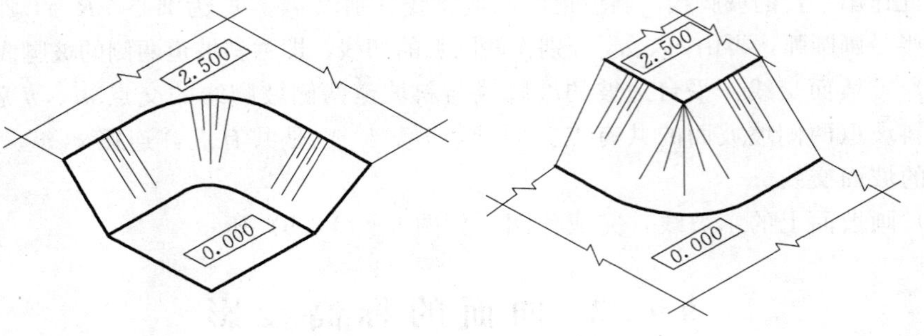

图 9-16　圆锥面应用实例

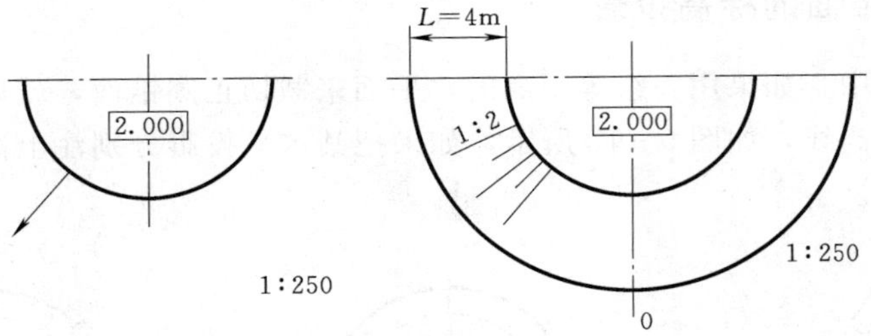

图 9-17　正圆锥面的表示法及等高线求作

已知，河底高程为 118.00m 的地面上，河岸、土坝、圆锥台顶面高程为 130.00m 的平台，完成连接处的标高投影。

分析：本题需求两类交线：①坡脚线，共有三条，其中两斜面与地面的交线是直线，圆锥面与地面的交线是圆曲线；②坡面交线，共有两条，它是两斜面与圆锥面的交线，都是非圆曲线，该曲线可由斜坡面与圆锥面上一系列同高程等高线的交点确定，如图 9-18（b）所示。

作图：

（1）求坡脚线，如图 9-18（c）所示。因河底面是水平面，所以坡脚线是各坡面上高程为 118.00m 的等高线，坝顶轮廓线是各坡面上高程为 130.00m 的等高线，两条等高线的水平距离为 $L=\Delta H\cdot l$，可得各坡面上水平距离 $L_1=\Delta H\cdot l_1=(130-118)\times1=12(\text{m})$，$L_2=\Delta H\cdot l_2=(130-118)\times1.5=18(\text{m})$，$L_3=\Delta H\cdot l_3=(130-118)\times2=24(\text{m})$，沿着坡面上坡度线的方向量取相应的水平距离，就可以作出各坡面的坡脚线。其中圆锥面的坡脚线是圆锥台顶圆的同心圆。

（2）求坡面交线。在各坡面上作出高程为 128.00、126.00、…一系列等高线，得相邻面上同高程等高线的一系列交点，即为坡面交线上的点，如图 9-18（c）所示，依次光滑连接各点，即得交线。画出各坡面的示坡线，加深完成作图，如图 9-18（d）所示。

二、地形面的标高投影

地形面是指不规则的自然地面，为了能简单而清楚地表达地形高低起伏，工程上常用等高线来表示。池塘的水面与岸边的交线就是一条等高线，如果水面不断下降，

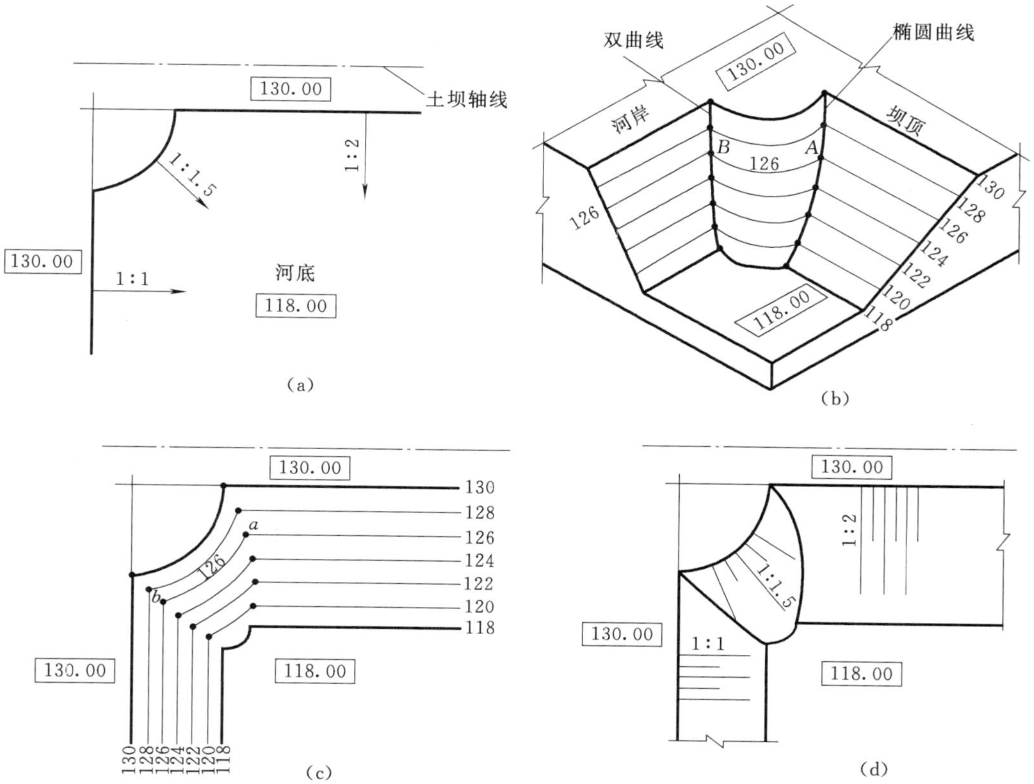

图 9-18 土坝与河岸连接处的标高投影

就可留下一系列等高线。因此，地形等高线就是水平面与地面的交线。

地形面可以用一组地形等高线来表示，即用一系列高差相等的水平面与地形面相交得到截交线，画出这些等高线的水平投影，并注明每条等高线的高程，标出绘图比例，就得到地形面的标高投影，即地形图，如图 9-19 所示。标准规定：每五条地形等高线中的第五条线称为计曲线（高程一般为 5m 或 10m 的倍数）。计曲线用中粗线绘制，其他等高线用细实线绘制。地形图上的高程数字应字头朝上。

地形等高线的投影特征如下：

（1）等高线是各点高程相等而不规则的曲线。

（2）一般情况下（除悬崖、峭壁等特殊地形外），相邻等高线不相交、不重合。

（3）在同一张地形标高投影图中，等高线越密表示该处坡越陡，等高线越疏表示该处坡越缓。

常见的特征地形等高线示例如图 9-20 所示。

三、地形断面图

用一铅垂面剖切地形面，画出剖切平面与地形面的交线和材料图例，即得地形断面图。

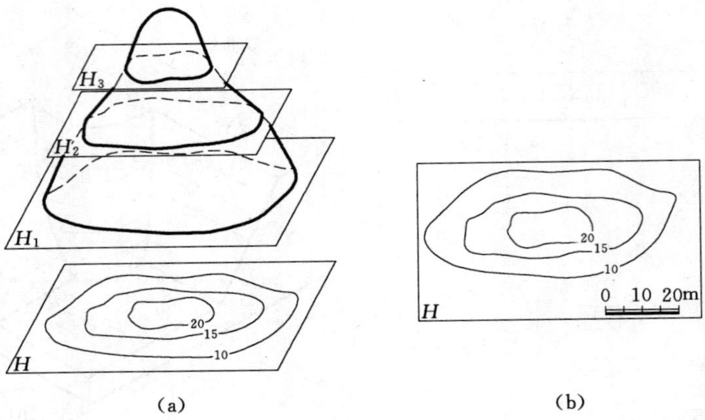

图 9-19　地形面的标高投影

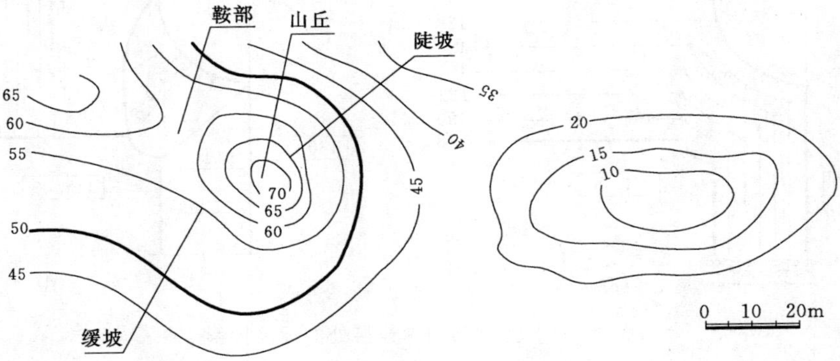

图 9-20　地形面的标高投影

【例 9-7】 已知地形断面图如图 9-21 所示，作出在地形图上 $A—A$ 处的地形断面图。

分析： 铅垂面在地形面上积聚成一直线，该直线为地形面的剖切线，用 $A—A$ 表示。剖切线与等高线有不同高程的交点，如图 9-21 所示，由此可以作出地形断面图。

作图：

（1）建立以高程为纵坐标、以 $A—A$ 剖切线为横坐标的直角坐标系，将地形图上各等高线高程标注在纵坐标轴上，并由各高程点作平行于横坐标轴的高程点。

（2）将剖切线 $A—A$ 与等高线的交点 1、2、3、4、…各点移至横坐标轴上。

（3）自 1、2、3、4、…各点作纵坐标轴的平行线与相应的高程线相交。

（4）徒手将各点光滑连接成曲线，再根据地质条件画上断面材料图例，如图 9-21 所示。

注意：

（1）有时为了充分显示地形面的起伏情况，允许采用纵横不同的比例。

（2）地形断面图布置在剖切线的铅垂方向上，有利于作图，也可画在其他位置。

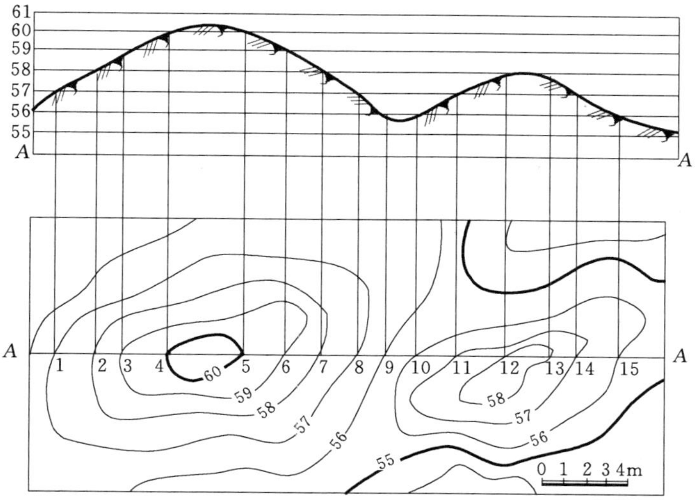

图 9-21 地形断面图

§9-3 工程建筑物的交线

建筑物的交线是指建筑物本身坡面间的交线以及坡面与地形面的交线（即坡脚线或开挖线）。由于建筑物表面可能为平面或曲面，而地面可能是水平面或不规则的地形面，虽然交线的形状不同，但求交线的方法仍然是等高线法，求相交两个面的共有点。如果所求交线为直线，只需求两个共有点相连即得；如果所求交线为曲线，则应求出至少三个共有点，然后依次光滑连接即得交线。作图前必须对交线的空间情况进行分析，然后逐条画出所求交线。

一、填方工程

【例 9-8】 在河道上修建一土坝，坝轴线位置如图 9-22（a）所示，坝顶宽 6m、高程 61m，上游边坡 1∶2.5，下游边坡由 1∶2 变为 1∶2.5，马道高程 52m、宽 4m，试作土坝的标高投影。

分析： 土坝为填方工程，如图 9-22（b）所示，坝顶、马道及上、下游坡面与地面都有交线，这些交线均为不规则曲面。要画出这些交线，必须求得土坝坡面上等高线与地面上同高程等高线的交点。然后把求出的一系列同高程等高线的交点依次光滑连接起来，即得土坝各坡面与地面的交线。

作图：

（1）作坝顶平面图，如图 9-22（c）所示，按比例在坝轴线两侧各量取 3m，画出坝顶边线，坝顶高程为 61m，用内插法在地形图上画出 61m 等高线，从而确定坝顶面的左、右边线。

注意： 坝顶面的左、右边线是高程为 61m 的不规则曲线，可徒手连接。

（2）求上游坡面的坡脚线。在上游坡面上作与地形面相应的等高线，根据上游坡

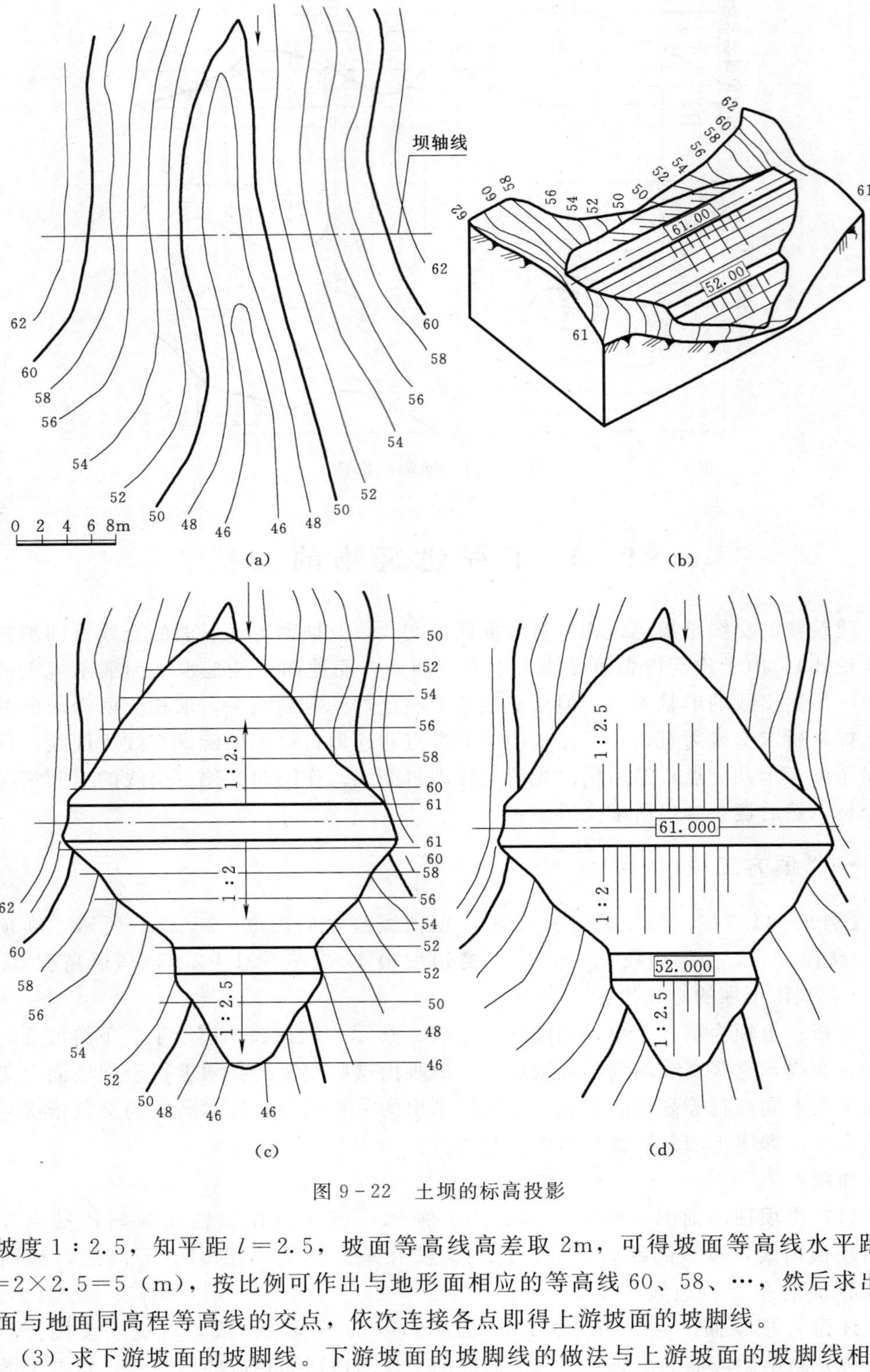

图 9 - 22　土坝的标高投影

面坡度 1 : 2.5，知平距 $l=2.5$，坡面等高线高差取 2m，可得坡面等高线水平距离 $L=2\times2.5=5$（m），按比例可作出与地形面相应的等高线 60、58、…，然后求出坝坡面与地面同高程等高线的交点，依次连接各点即得上游坡面的坡脚线。

（3）求下游坡面的坡脚线。下游坡面的坡脚线的做法与上游坡面的坡脚线相同，只因下游为变坡度坡面，马道以上按 1：2 坡度作坡面交线，等高线的水平距离为 $L=2\times2=4$（m）。当作出坡面上 52m 等高线（马道内边线）时，需要先确定 4m 马道，求得马道外边线，其高程仍为 52m，然后变坡度为 1：2.5，求下游坡脚线。

注意：河道最低处应顺势连接。

（4）画出上、下游坡面的示坡线，并注明坝顶、马道高程和各坡面的坡度，即完成作图。

二、挖方工程

【例 9-9】 在上坡上修一条道路，位置如图 9-23（a）所示，路宽 5m，高程 30m，开挖边坡 1：1，试作道路的标高投影图。

分析：由图 9-23（b）可以看出，路为挖方工程，需求开挖线，要画出这些线，

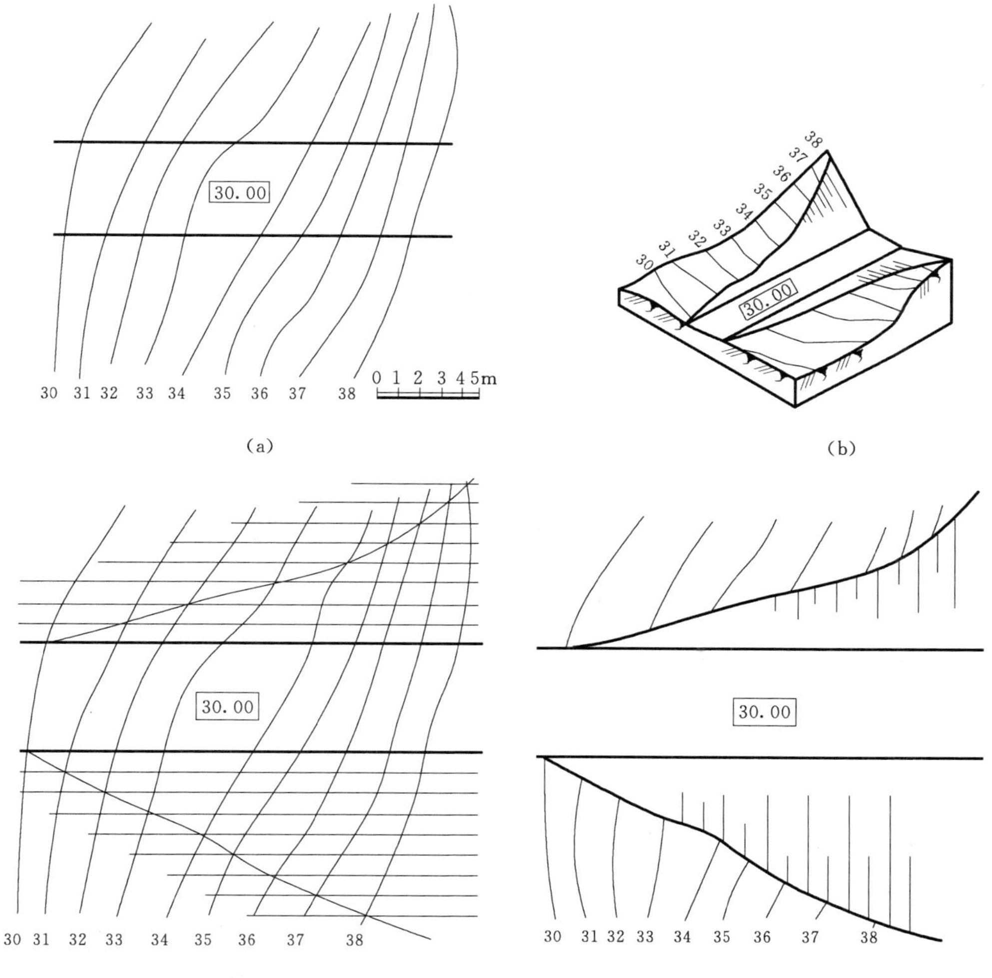

图 9-23 道路开挖的标高投影

必须求得坡面上等高线与地面上同高程等高线的交点。然后把这些交点依次连接，即得坡面与地面的交线，即开挖线。

作图：

（1）作坡面上的等高线，如图 9－23（c）所示，在路两侧分别作两组平行线（间距为高差 1m 时所求的平距）。

（2）求出坡面与地面上同高程等高线的交点。

（3）依次连接各点即得开挖线，如图 9－23（d）所示。

技能训练项目九

技能训练目标：掌握地形剖面图的做法，能根据土坝设计剖面在地形图上绘制其平面图。

技能训练内容：如图 9－24 所示，坝顶高程 78m，作坝轴线位置的地形剖面图，并绘制土坝的平面图。

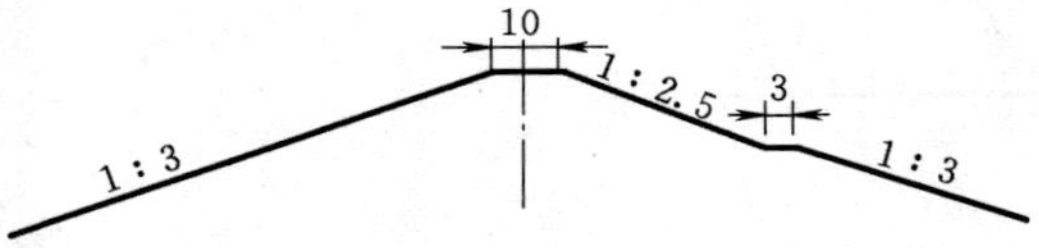

（a）土坝设计断面

（b）地形断面图

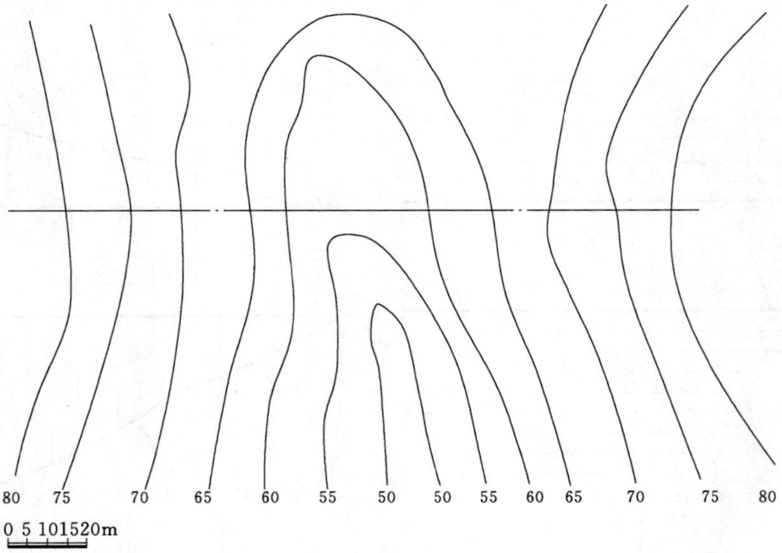

（c）土坝平面图

图 9－24　土坝平面图

技能训练要求：用 A4 图纸按标高投影原理绘制，图幅布置要合理，比例自定。

技能训练步骤：

1. 准备绘图工具，熟悉各个图形的要求。
2. 绘制图框及标题栏，确定绘图位置。
3. 用细实线画底稿并完成其标高投影图。
4. 加深图形。

复 习 思 考 题

1. 标高投影与三面投影的区别是什么？它有什么特点？
2. 什么是直线的坡度和平距？如何确定直线上的整数标高点？
3. 标高投影中，常用的平面表示方法有哪些？
4. 怎样作直线与地形面的交线？
5. 怎样作地形剖面图？

学习单元十　钢筋混凝土结构图

【学习目标与要求】

1. 具有阐述钢筋混凝土结构图的用途，钢筋的分类和符号的能力。
2. 具有阐述钢筋图内容的能力。
3. 具有识读和绘制简单钢筋图的能力。
4. 具有大国工匠精神。

用钢筋混凝土浇筑而成的梁、板、柱、基础等称为混凝土构件，用来表达钢筋混凝土构件结构的图样称为钢筋混凝土结构图，当钢筋混凝土结构图主要表达钢筋时，简称钢筋图。在土建工程中，很多结构都由钢筋混凝土构成，应了解钢筋混凝土结构图的有关知识。

§10－1　钢筋混凝土的基本知识

一、基本概念

1. 混凝土和钢筋混凝土

混凝土是由水泥、砂子、石子和水按一定比例拌和而成的，凝固后坚硬如石，受压性能好，但抗拉能力差，容易因受拉而开裂。为了解决这个矛盾，充分发挥混凝土的受压能力，常在混凝土受拉区域加入一定数量的钢筋，使两种材料黏结成一个整体，共同承受外力。这种配有钢筋的混凝土称为钢筋混凝土。

2. 钢筋弯钩

当构件中受力钢筋采用光圆钢筋时，为了增强钢筋与混凝土之间的黏结力，通常将钢筋的两端做成弯钩，避免钢筋在受拉时发生滑动，钢筋端部的弯钩通常有三种形式：半圆弯钩、直角弯钩和斜弯钩，如图 10－1 所示。如果采用螺纹钢筋，一般不需要弯钩。

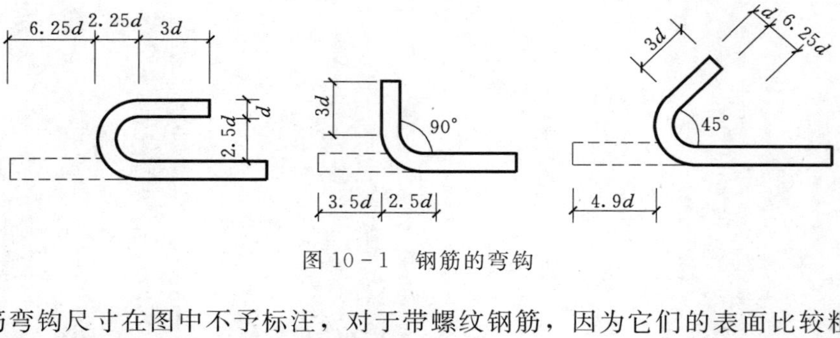

图 10－1　钢筋的弯钩

钢筋弯钩尺寸在图中不予标注，对于带螺纹钢筋，因为它们的表面比较粗糙，能与混凝土产生很强的黏结力，故两端一般不设弯钩。

3．钢筋的保护层

为了防止钢筋的锈蚀，增强钢筋与混凝土之间的黏结力及钢筋的防火能力，在钢筋混凝土构件中钢筋的外边缘至构件表面应留有一定厚度的混凝土，称为保护层。构件中纵向受力的普通钢筋及预应力钢筋，其混凝土保护层不应小于钢筋的公称直径，且应符合表10－1的规定。

表10－1　　纵向受力钢筋的混凝土保护层最小厚度　　单位：mm

环境类别		板、墙、壳			梁			柱		
		≤C20	C25～C45	≥C50	≤C20	C25～C45	≥C50	≤C20	C25～C45	≥C50
一		20	15	15	30	25	25	30	30	30
二	a	—	20	20	—	30	30	—	30	30
	b	—	25	20	—	35	30	—	35	30
三		—	30	25	—	40	35	—	40	35

注　1．基础中纵向受力钢筋的混凝土保护层厚度，有垫层时不应小于40mm，无垫层时不应小于70mm。
2．一类环境指室内正常环境；二类a环境指室内潮湿环境、非严寒和非寒冷地区的露天环境、与无侵蚀性的水或土壤直接接触的环境；二类b环境指严寒和寒冷地区的露天环境、与无侵蚀性的水或土壤直接接触的环境；三类环境指使用除冰盐的环境、严寒和寒冷地区、冬季水位变动的环境、滨海室外环境。

4．钢筋的图例

在结构施工图中，通常用单根的粗实线表示钢筋的立面，采用黑圆点表示钢筋的横断面。结构施工图中常见的钢筋图例见表10－2。

表10－2　　钢筋表示图例

名　　称	图　　例	说　　明
钢筋横断面		
无弯钩的钢筋端部	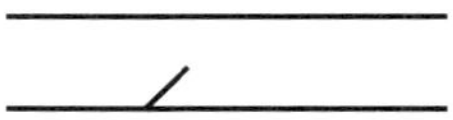	表示长短钢筋投影重叠时，可在短钢筋的端部用45°短画线表示
预应力钢筋横断面		
预应力钢筋或钢绞线		用粗双点长画线
无弯钩的钢筋搭接		
带半圆形弯钩的钢筋端部		
带半圆形弯钩的钢筋搭接		
带直弯钩的钢筋端部		
带直弯钩的钢筋搭接		
带丝扣的钢筋端部		
套管接头（花篮螺钉）		

二、钢筋的分类

根据在构件中所起的作用不同，钢筋分为五类，如图 10－2 所示。

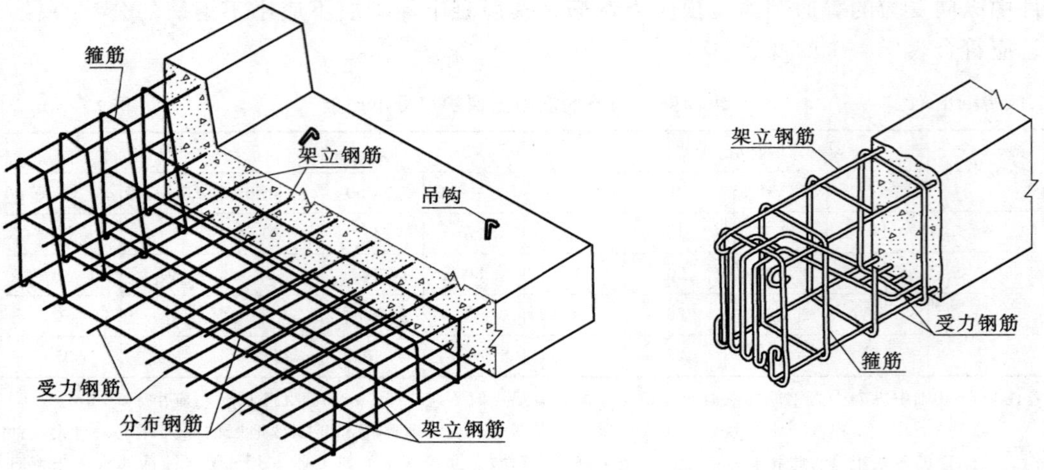

图 10－2　钢筋的分类

（1）受力钢筋。主要用来承受拉力，有时也承担压力和剪力。

（2）架立钢筋。主要用来固定受力钢筋和箍筋位置，一般用于箍筋混凝土梁中。

（3）分布钢筋。主要用于钢筋混凝土板中，与受力钢筋垂直布置，将所受外力均匀地传给受力钢筋，并固定受力钢筋的位置，使受力钢筋与分布钢筋组成一个共同受力的钢筋网。

（4）箍筋。多用于钢筋混凝土梁和柱中，主要用来固定受力钢筋的位置，承受部分拉力和剪力，使钢筋形成坚固的骨架。

（5）其他钢筋。如吊钩、锚筋及施工中常用的支撑等。

三、钢筋的符号

在钢筋混凝土结构设计规范中，对国产建筑常用钢筋，按其产品种类不同分别给予不同符号，供标注及识别之用，见表 10－3。

表 10－3　　**钢筋的种类和符号**

钢筋种类	符号	钢筋种类	符号
Ⅰ级钢筋（3 号钢）	Φ	冷拉Ⅰ级钢筋	Φ^{b}
Ⅱ级钢筋（16 锰）	Φ	冷拉Ⅱ级钢筋（3 号钢）	Φ^{b}
Ⅲ级钢筋（25 锰硅）	Φ	冷拉Ⅲ级钢筋（3 号钢）	Φ^{b}
Ⅳ级钢筋（44 锰 2 硅）	Φ	冷拉Ⅳ级钢筋（3 号钢）	Φ^{L}
Ⅴ级钢筋（热处理 44 锰 2 硅）	Φ^{t}	冷拉低碳钢丝（乙级）	Φ^{b}
5 号钢筋（5 号钢）	Φ		

§10-2　钢筋图的表达方法

一、基本规定

1. 线型规定

绘制钢筋图时，假设钢筋图为透明的，在轮廓线内将钢筋布置情况画出。为了突出钢筋的表达，标准规定：钢筋图内不画混凝土剖面材料符号，钢筋用粗实线绘制，钢筋的断面用小黑点表示，构件的轮廓用细实线绘制，钢筋常见的表示方法见表10-2。

2. 钢筋编号

为了区分各种类型和不同直径的钢筋，钢筋必须编号。标准规定：每类钢筋（即形式、规格、长度相同的钢筋）无论根数多少只编一个号；编号用阿拉伯数字写在圆内，圆的直径为6mm，圆和引出线均为细实线；编号顺序自上而下、自左至右，先主筋后分布筋。

3. 钢筋图的尺寸标注

在钢筋布置图中，钢筋的标注应包括钢筋的编号、数量、直径、间距代号、间距及所在位置，如图10-3所示。

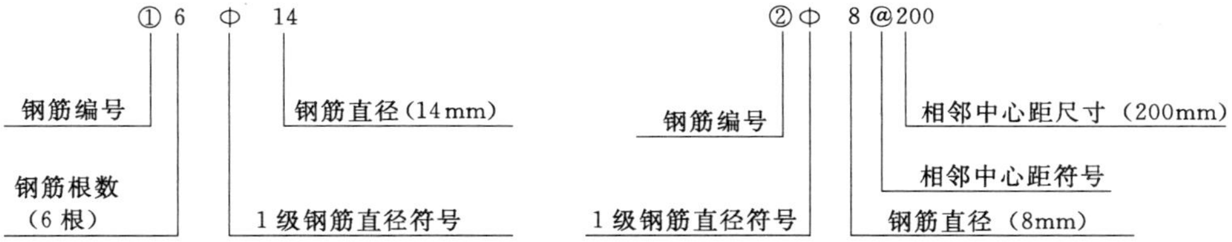

图10-3　钢筋的标注

二、钢筋图的内容

钢筋图包括钢筋布置图、钢筋成形图、钢筋表等内容。

1. 钢筋布置图

钢筋布置图主要用来表明构件内部钢筋的分布情况，一般选用视图、断面图综合表达。图10-4所示钢筋混凝土梁是用立面图和断面图来表达钢筋的布置。

2. 钢筋成形图

钢筋成形图用来表达构件中每种钢筋加工成形后的形状和尺寸。为了简化作图，钢筋成形图常画在钢筋表中，如图10-4所示。在图上直接注出钢筋各部分的实际尺寸，并注明钢筋的编号、根数、直径及单根钢筋的下料长度（即总长度），它是钢筋下料和加工的依据。

3. 钢筋表

钢筋表就是将构件中每种钢筋的编号、形式、规格、根数、单根长、总长度、重量和备注等内容列成表格的形式，其是备料、加工以及作材料预算的依据，如图10-4中

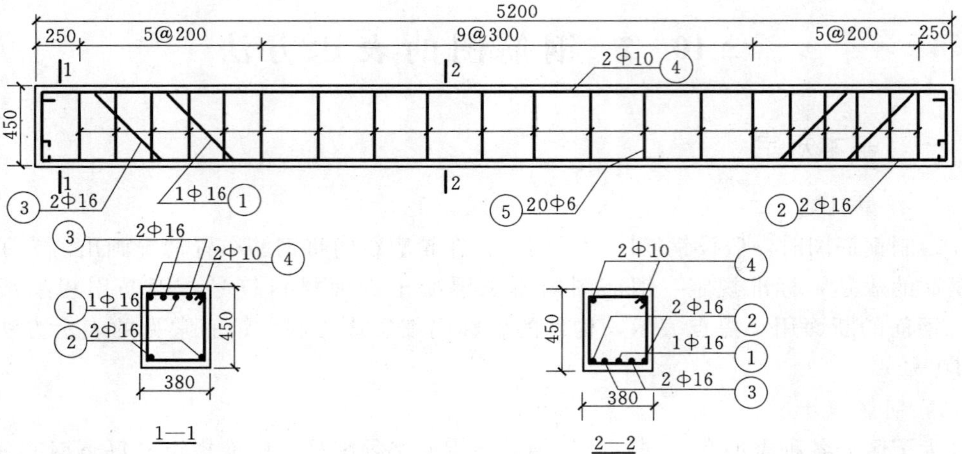

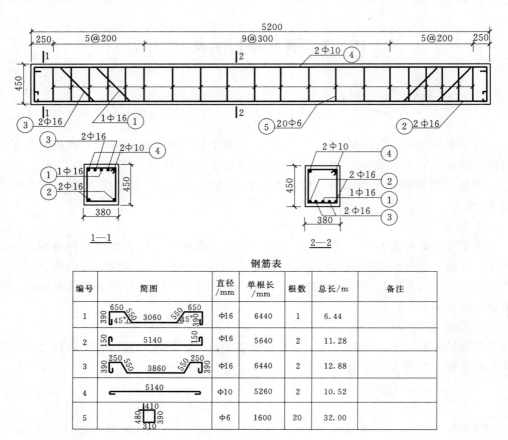

钢筋表

编号	简图	直径/mm	单根长/mm	根数	总长/m	备注
1	390 650 550 45° 3060 550 45° 650 390	Φ16	6440	1	6.44	
2	150 5140 150	Φ16	5640	2	11.28	
3	390 250 550 3860 550 250 390	Φ16	6440	2	12.88	
4	5140	Φ10	5260	2	10.52	
5	410 480 390 310	Φ6	1600	20	32.00	

图 10－4　混凝土梁结构图

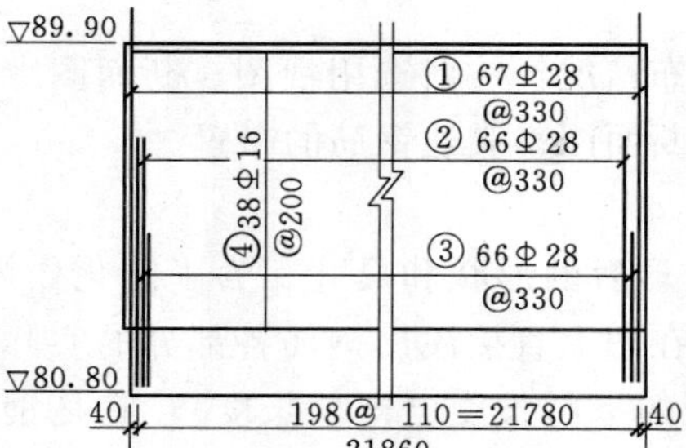

立墙外侧配筋图

(a)

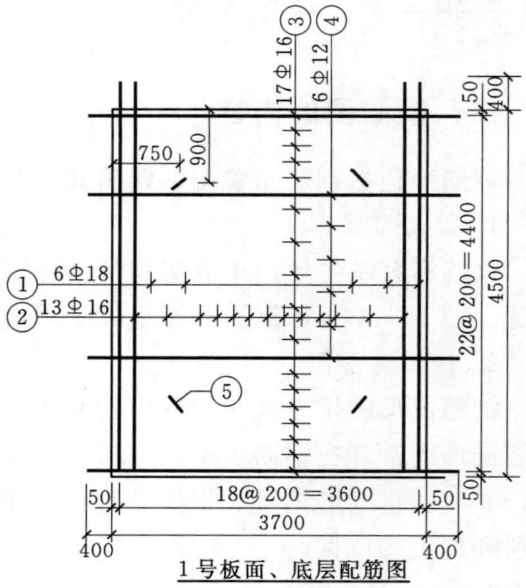

1号板面、底层配筋图

(b)

图 10－5　钢筋图的简化画法

的钢筋表。也可将构件中每一种钢筋的单位重和总重单列为钢筋材料表。

三、钢筋图的简化画法

（1）对于型号、规格、长度、间距相同的钢筋，可以只画出第一根和最后一根，用标注的方法表明其根数、规格、长度、间距，如图10-5（a）所示。

（2）对于型号、规格、长度相同，但间距不同，且为相互间隔排列时，可分别画出每组的第一根和最后一根的全长，中间用短粗线表示其位置，并用标注的方法表明其根数、规格、直径、间距，如图10-5（b）所示。

（3）钢筋的形式和规格相同，而长度呈有规律变化时，这组钢筋允许只编一个号，而在钢筋表中注明变化规律，如图10-6和表10-4所示。

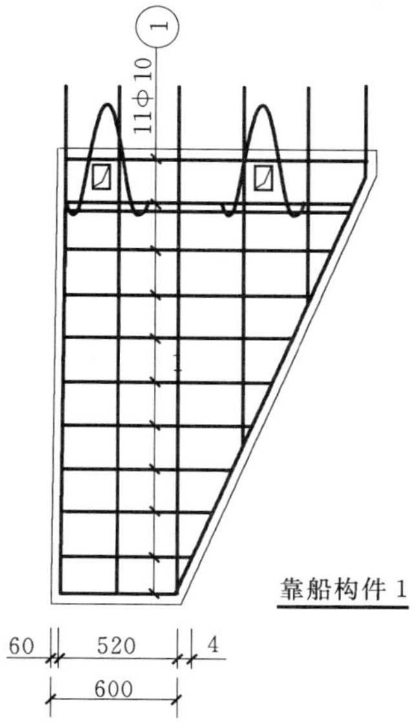

图10-6 长度规则变化钢筋图的简化画法

（4）当若干构件的断面形状、大小和钢筋布置方法均相同，仅钢筋编号不同时，可采用图10-7所示的画法，并在钢筋表中注明各不同编号的钢筋形式、规格和长度。

表10-4　　钢　筋　表

构件	编号	简　图	规格	根数	单根长/mm	总长/m	备　注
靠船构件	1	360 520+$n\times\Delta$	ϕ10	11	1910～3310	28.710	
	…	…	…	…	…	…	

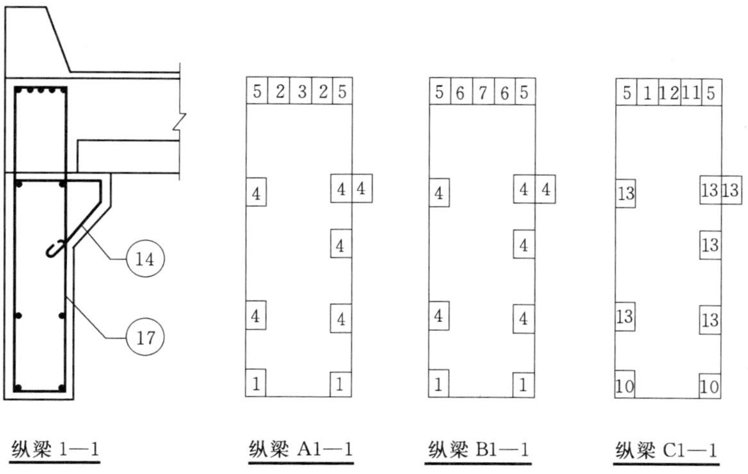

图10-7 钢筋编号不同的简化画法

钢筋断面图的绘制

钢筋图的标注

钢筋图的绘制

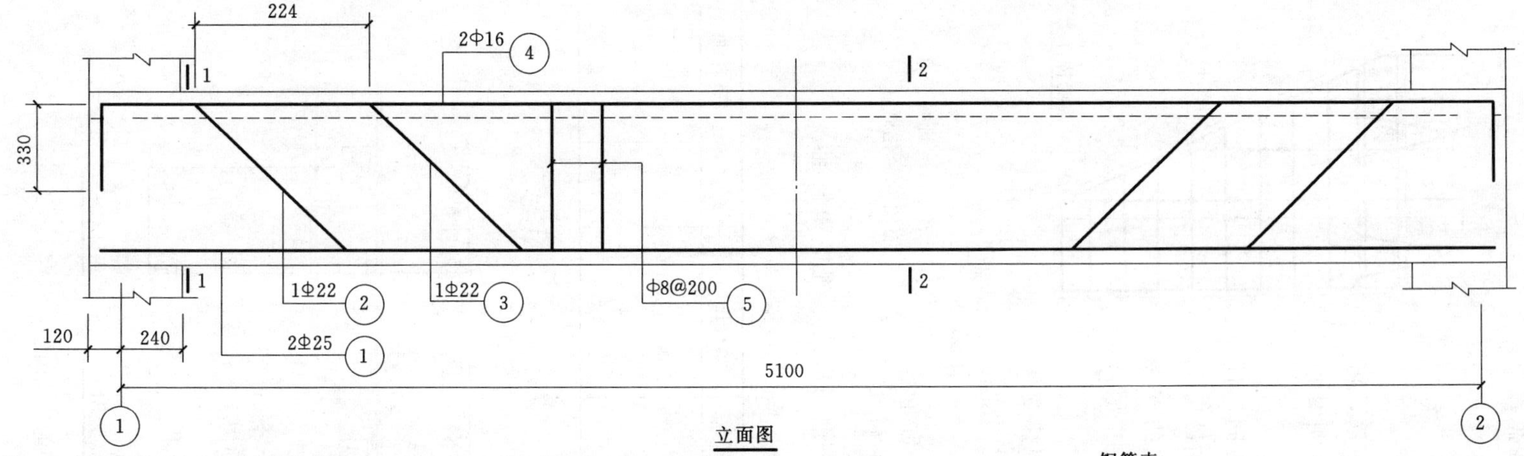

立面图

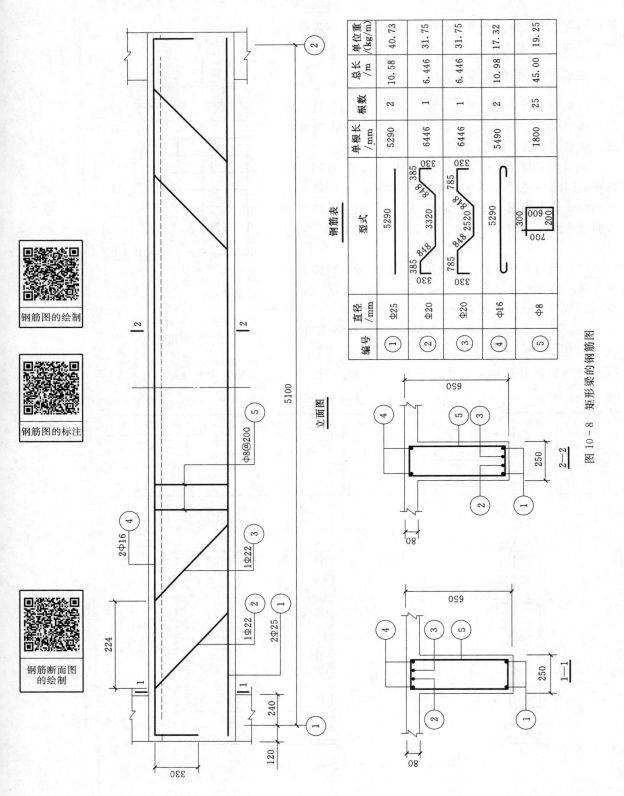

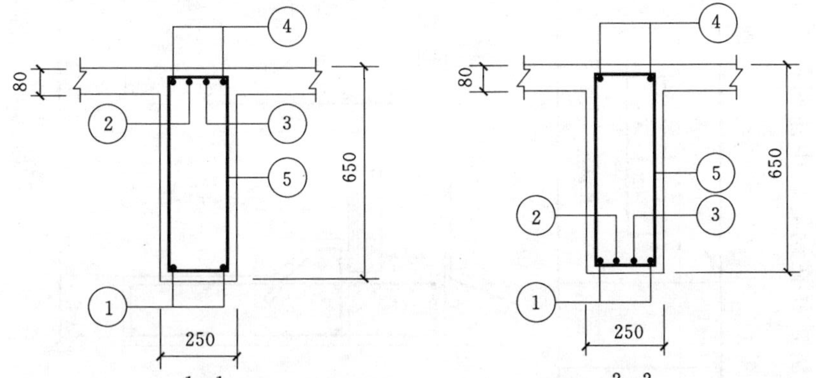

钢筋表

编号	直径/mm	型式	单根长/mm	根数	总长/m	单位重/(kg/m)
①	Φ25	5290	5290	2	10.58	40.73
②	Φ20	330 385 848 3320 848 385 330	6446	1	6.446	31.75
③	Φ20	330 785 848 2520 848 785 330	6446	1	6.446	31.75
④	Φ16	5290	5490	2	10.98	17.32
⑤	Φ8	300 700 600 200	1800	25	45.00	19.25

图 10-8　矩形梁的钢筋图

§10-3 钢筋图的识读

识读钢筋图的目的是弄清楚构件内部钢筋的布置情况，以便进行钢筋的断料、加工和绑扎成形。读图时必须注意图上的标题栏和有关说明，先弄清楚构件的外形，然后按钢筋的编号次序，逐图看懂钢筋的位置、形状、种类、直径、数量和长度。读图时要把视图、断面图、钢筋编号和钢筋表配合起来看。

【例 10-1】 识读图 10-8 所示矩形梁的钢筋图。

分析：

(1) 分析视图、概括了解。梁的外形及钢筋布置由立面图和 1—1、1—2 断面图来表达，从图中可知表达的是一矩形梁，其构件外形主要尺寸为：梁长 5340mm，梁宽 250mm，梁高 650mm。

(2) 结合视图，详细分析钢筋。由 2—2 断面图可知，在 2—2 断面处梁的底部有四根受力钢筋，两侧为①号钢筋，直径为 25mm。中间分别为②号和③号钢筋各一根，其直径为 22mm。梁的两角各有一根④号架立钢筋，直径为 16mm。由 1—1 断面图可知，在 1—1 断面处梁的底部只有两根钢筋，而顶部有四根钢筋。对照正立面图可知，2—2 断面图中底部②、③号的钢筋分别在梁的两端向上弯起，由于 1—1 断面图的剖切位置在梁端，所以底部是两根而顶部是四根。正立面图上画的⑤号钢筋表示箍筋，箍筋直径为 8mm，共 25 根，箍筋间距为 200mm，各种钢筋形式从钢筋表中可以看出。

(3) 检查核对。将钢筋布置图中所表达的各种钢筋的形状、直径、根数、单根长与钢筋成形图，在钢筋表中逐个核对是否相符。

技能训练项目十

技能训练目标： 掌握绘制钢筋图的方法和尺寸标注。

技能训练内容： 抄绘钢筋混凝土梁图（图 10-9）。

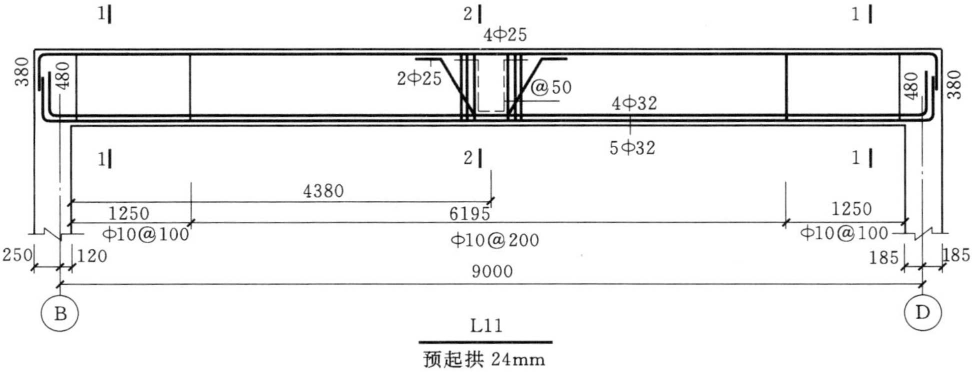

图 10-9（一） 钢筋混凝土梁识读

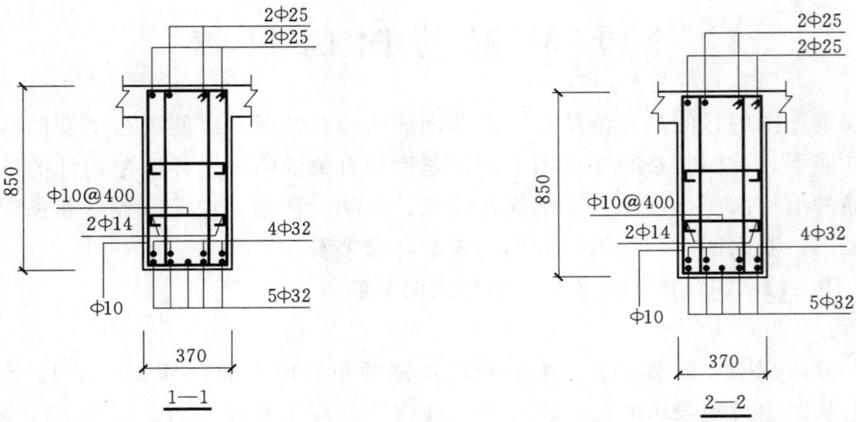

图 10-9（二）　钢筋混凝土梁识读

技能训练要求：用 A4 的图幅抄绘，要求图线和尺寸标注符合建筑制图标准，比例自选。

技能训练步骤：

1. 确定形体的外轮廓线。
2. 画主要钢筋骨架结构。
3. 标注尺寸并填写标题栏。

复习思考题

1. 钢筋的作用是什么？钢筋可以分为哪几类？
2. 钢筋弯钩有哪几种形式？
3. 钢筋图包括哪些内容？

学习单元十一　房 屋 建 筑 图

【学习目标与要求】

1. 具有阐述房屋的基本组成及房屋建筑图的基本分类的能力。
2. 具有识读建筑施工图的能力。
3. 具有绘制建筑图的能力。

§11－1　概　　述

一、房屋建筑图的分类和组成

根据使用性质不同，房屋可分为生产性建筑和非生产性建筑。生产性建筑有工业建筑（如各种厂房、仓库等）、农业建筑（如农机站、粮仓等）。非生产性建筑即民用建筑，包括居住建筑（如别墅、公寓等）、公共建筑（如学校、医院等）。不论哪种建筑，虽然它们的使用要求、空间组合、外形等各不相同，但主要组成部分一般都有基础、墙、柱、楼板、地面、屋顶、楼梯、门窗等。如图 11－1 所示为一幢三层职工住宅楼的轴测剖视图，它是由承重砖墙和钢筋混凝土楼板、屋顶等组成的混合结构。基础承受建筑物的全部荷载；内、外墙起承重、维护（隔风、雨，保温等作用）和分隔作用；楼板起分隔层和承重作用；楼梯是垂直交通工具；门、窗起采光、通风等作用。此外，还有台阶、平台、阳台等。

二、房屋建筑图的内容和分类

将一幢房屋的全貌及各细部，按正投影原理及建筑图的有关规定，准确而详尽地在图纸上表达出来，就是房屋建筑图。表达一幢房屋的图纸有许多张，根据其表达内容及作用不同，一般可分为建筑施工图、结构施工图和设备施工图。

房屋建筑图的设计一般分为初步设计和施工设计两个阶段进行。对于复杂的建筑，初步设计后，需经技术设计再进行施工设计。初步设计阶段提出设计方案，画出初步设计图，它是用来研究设计方案，进行审批的图样，要求表达详尽、尺寸齐全。

一套完整的房屋施工图包括下列内容：

1. 首页图

首页图包括图纸目录及工程总说明，如工程设计依据、标准等。

2. 建筑施工图（简称建施）

建筑施工图是施工设计阶段的成果，是直接用来指导施工建造的图样，要求表达详尽、尺寸齐全。建筑施工图主要表达建筑物的内部布置、外部形状以及构造、装修、施工要求等，基本图纸有首页图（包括图纸目录及工程说明，如工程设计的依据、设计标准、施工要求等）、总平面图、平面图、立面图、剖视图、断面图、构造

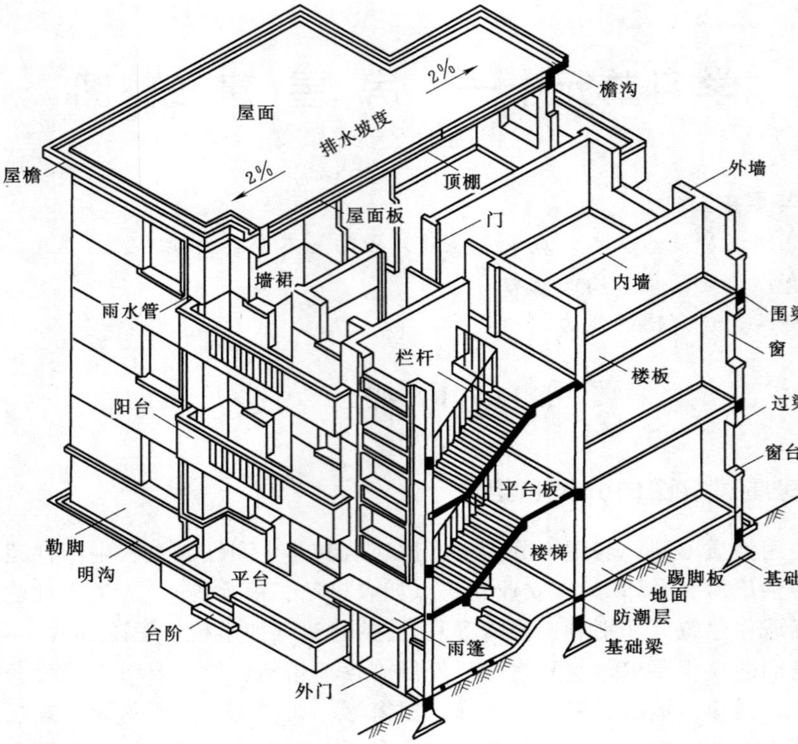

图 11-1　房屋建筑图的分类和组成

详图（如墙身详图、楼梯详图等）。

3. 结构施工图（简称结施）

结构施工图是根据建筑的要求，经过结构选型和构件布置以及力学计算，确定建筑各承重构件的形状、材料、大小和内部构造等，把这些构件的位置、形状、大小和连接方式绘制成图样，指导施工。

房屋的各承重构件（如基础、梁、板、柱等相互支承，连成整体，构件成了房屋的承重系统）的布置、结构、构造等内容都由结构施工图来表达。房屋的承重结构系统称为“建筑结构”，简称“结构”，而组成这个系统的各个构件称为“结构构件”。

结构施工图主要用来作为施工放线、开挖基槽、支模板、绑扎钢筋、设置预埋件、浇筑混凝土，安装梁、板、柱等构件，以及编制预算和施工组织等的依据。它不但表达结构设计的内容，还反映其他专业（如建筑、给排水、暖通、电气等）对结构的要求。

结构施工图一般包括基础图、上部结构的布置图和结构详图。

4. 设备施工图（简称设施）

设备施工图主要表达给水、排水、采暖、通风、电气等设备的布置、构造、安装要求等，是建筑物的重要组成部分。设备施工图包括各设备的平面布置图、系统图和详图。

建筑施工图是房屋建筑中最基本的图样，本章主要介绍建筑施工图。

三、房屋建筑图有关标准规定

为了保证绘图质量、提高效率、表达统一，绘制和阅读房屋施工图应依据正投影原理及视图、剖视图、断面图的基本图示方法，遵守《房屋建筑制图统一标准》（GB/T 50001—2010）；在绘制和阅读总平面图时，应遵守《总图制图标准》（GB/T 50103—2010）；在绘制和阅读平面图、立面图、详图时，应遵守《建筑制图标准》（GB/T 50104—2010）；在绘制和阅读结构施工图时，应遵守《建筑结构制图标准》（GB/T 50105—2010）；在绘制和阅读给排水施工图时，应遵守《建筑给水排水制图标准》（GB/T 50106—2010）。现就简要说明有关规定的主要内容和表示方法。

1. 图线

建筑专业制图采用各种线型、线宽，应符合《建筑制图标准》中的规定。

2. 比例

建筑专业制图选用的比例，应符合《建筑制图标准》中的有关规定。

3. 常用图例

由于房屋的平面图、立面图、剖视图所采用比例较小，许多复杂的构造和配件可用简化图形或规定的符号代替，常用图例见表 11 - 1，其他图例可参阅《建筑制图标准》。

表 11 - 1　　**建　筑　图　例**

名　称	图　例	名　称	图　例
单扇门	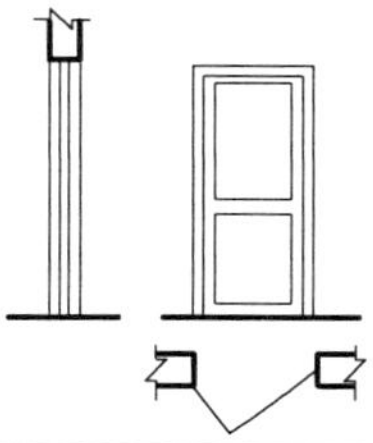	单层外开平开窗	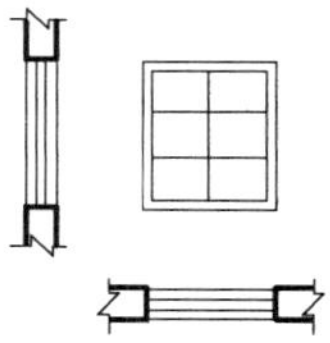
双扇门	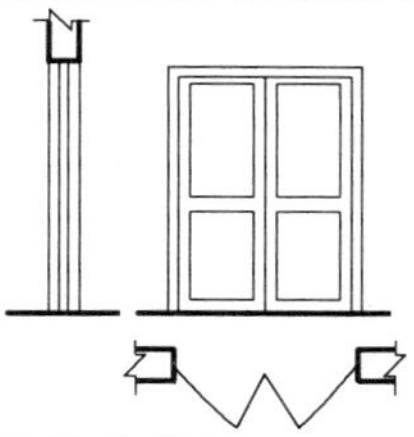	左右推拉窗	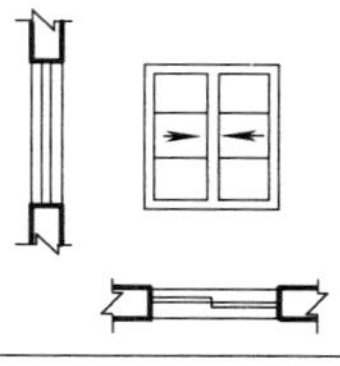
		底层楼梯	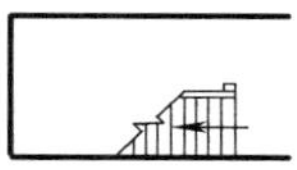
双扇双面弹簧门	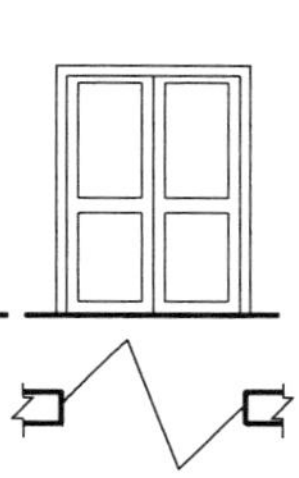	中间层楼梯	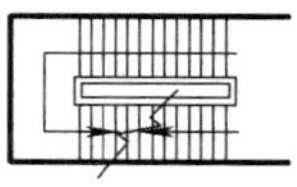
		顶层楼梯	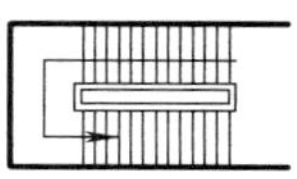

4. 高程的表示方法

高程常用标高符号表示，其具体表达方式如图 11－2 所示。

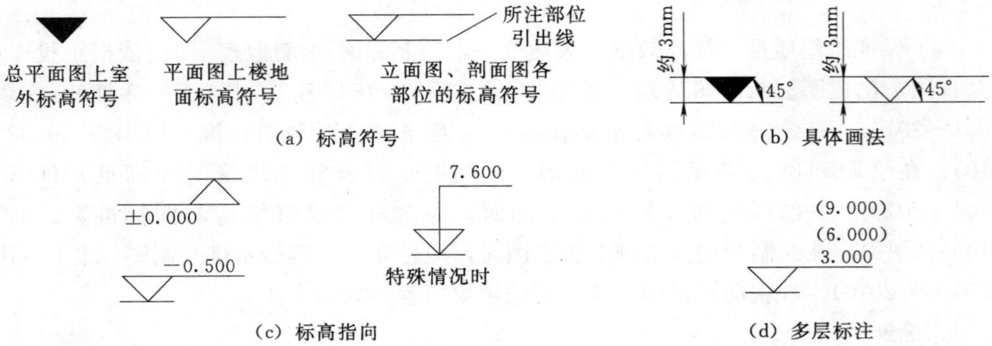

图 11－2　标高符号

5. 详图索引符号与详图符号

在建筑图中，对某些局部或构件，常要画出详图，为了方便施工时查阅，用索引符号加以标明，并在详图上注明详图符号。详图索引符号与详图符号如图 11－3 所示。

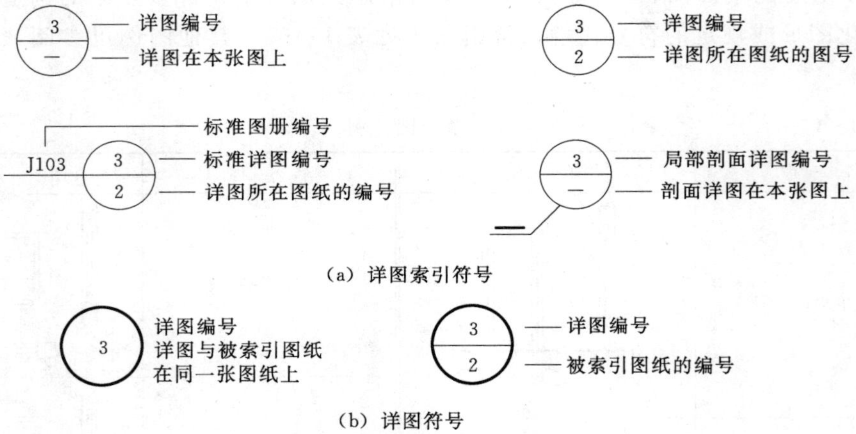

图 11－3　详图索引符号与详图符号

§11－2　建筑施工图

建筑施工图是表达建筑物的总体布局、外部造型、内部布置、细部构造、内外装饰以及施工要求的图样。建筑施工图主要用来作为施工放线、砌墙、安装门窗、室内外装修以及编制预算和施工组织计划等的依据，一般包括总平面图、建筑平面图、建筑立面图、建筑剖视图和建筑详图。

一、总平面图

总平面图是用水平投影和相应的图例，画出拟建房屋所在地的总体布局与原有建筑物、道路的位置关系，以及该地区的地形地貌、朝向等，如图 11-4 所示，它是施工定位、土方施工及施工总平面设计的重要依据。

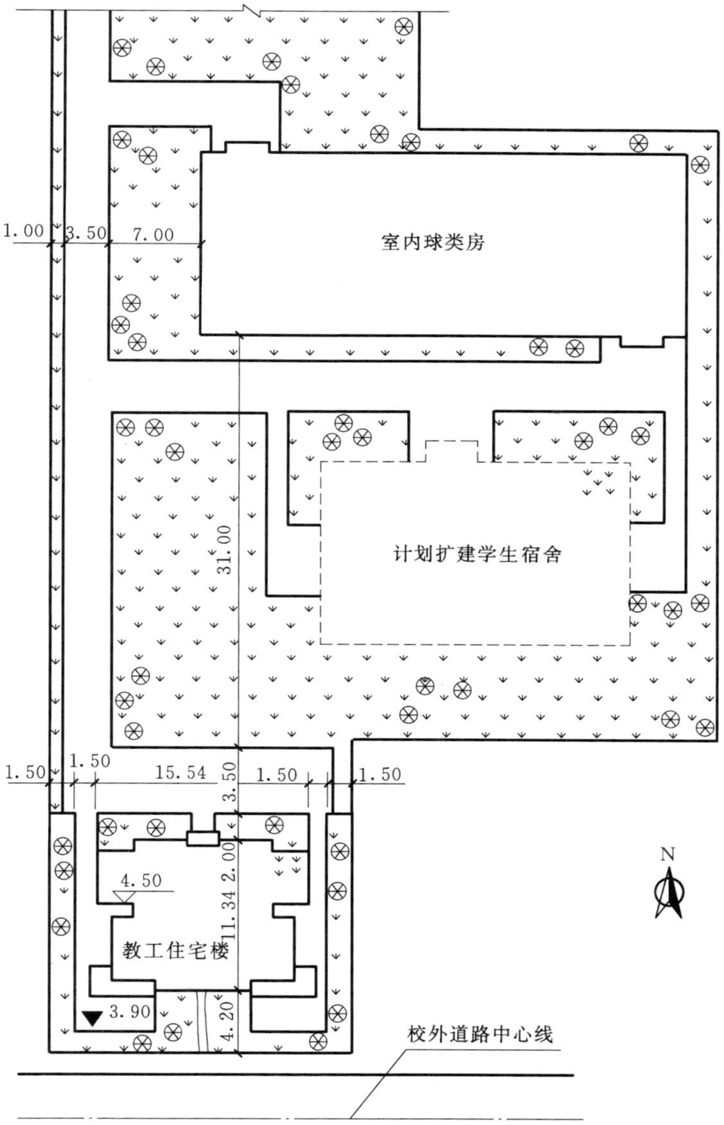

图 11-4　总平面图

总平面图用图例以表明新建区、扩建区和改建区的总体布置，表明各建筑物和构筑物的位置、道路、广场、室外场地和绿化等的布置情况，以及各个建筑物的层数等，一般应该画出所采用的主要图例及其名称，见表 11-2。

在总平面图中，除图例外，通常还需画出风向频率玫瑰图形以及指北针图形，用来表示该地区的常年风向频率和建筑物、构筑物等的方向，有时也可以只画出单独的指北针。

表 11－2　　总平面图常用图例

名　称	图　例	名　称	图　例
新建建筑物	 右上角用点数或数字表示层数	原有道路	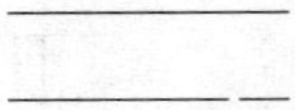
原有建筑物	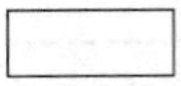	台阶	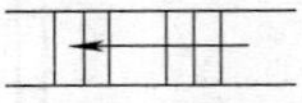 箭头表示向上
拆除的建筑物	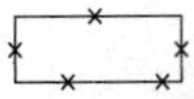	填挖边坡	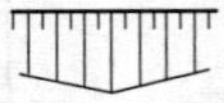
新建道路	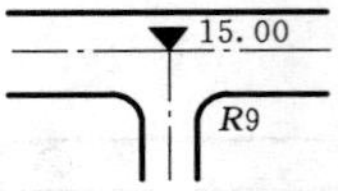	围墙及大门	
		阔叶灌木	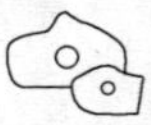

在总平面图中，常标出新建房屋的总长、总宽和定位尺寸，以及室内底层地面和室外地面的绝对标高，尺寸和标高都以米为单位，注写到小数点以后两位数字。

二、建筑平面图

将房屋切开，移去剖切平面上方部分的房屋，将留下的部分向水平投影面作正投影所得到的图样，简称平面图，如图 11－5 和图 11－6 所示。它主要用来表示房屋的平面布置情况，在施工过程中，是进行放线、砌墙和安装门、窗等工作的依据。

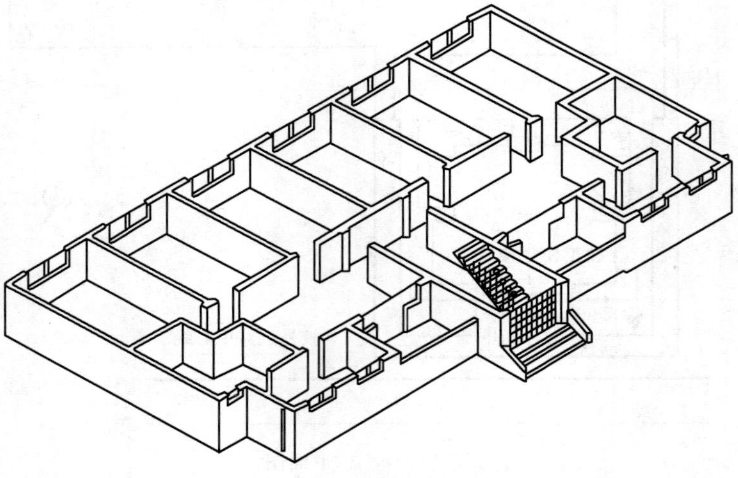

图 11－5　底层平面图的形成

一般而言，建筑物有几层就应画几个平面图，并在图的下方正中标注相应的图名，如底层平面图（也称首层或一层平面图）、二层平面图等，并在图名下方画一粗实线。此外，还应有屋顶平面图，即房屋顶的水平投影（简单的房屋可不画）。当某些楼层平面图的布置相同时，相同的楼层可共用一个平面图表示，称为标准层平面图。若房屋平面布置左右对称，可将不同的两层平面图画在一起，左边画出某层的左

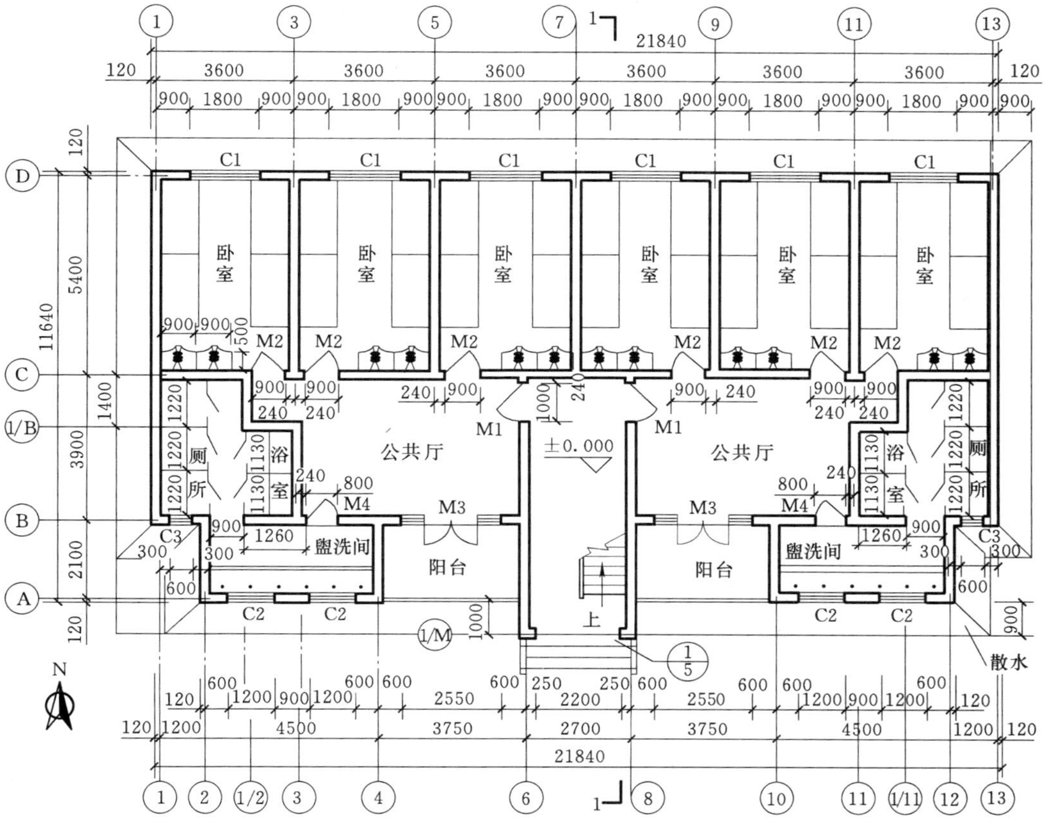

底层平面图 1∶200

图 11-6 底层平面图

半层，右边画出另一层的右半边，中间以细点画线分界，画上对称符号，并在该图下方分别注写图名。在房屋的平面图上，为了便于施工和查阅图样，一般应对承重墙或柱的轴线进行编号。编号的方法是把承重墙或柱的中心线引出，在其端部用细线画一直径约 8mm 的圆圈，并在圈内进行编号。《建筑制图标准》规定，横向的编号采用阿拉伯数字 1、2、3、…由左向右依次注写，竖向的编号采用大写英文字母 A、B、C、…由下向上顺序注写，但英文字母的 I、O、Z 不得为轴线编号，以免与数字 1、0、2 相混淆。

建筑图上的尺寸单位，除标高以米为单位外，其余一律以毫米为单位。

在底层平面图上，为了便于施工，外墙通常标注三道尺寸：最外一道尺寸是表示房屋总长和总宽的尺寸，用以计算房屋的占地面积等；第二道尺寸是墙、柱轴线间的尺寸，用以说明房间的开间和进深；第三道尺寸是表示外墙的细部尺寸，用来表示门窗洞的宽度、位置等。

室内通常注有墙身厚度及房间的净长和净宽、内门的宽度和位置，以及它的细部尺寸，此外，还应注出室内外地面的高程（底层房间内地面高程定为±0.000）。

其他各层的标注方法与底层平面图的标注方法大致相同，这里不再过多阐述。

三、建筑立面图

建筑立面图是在与房屋立面相平行的投影面上所作的正投影，简称立面图。它主要用来表达建筑物的体型和外貌，并标名外墙面的装饰要求。房屋有多个立面，通常把房屋主要入口的立面图称为正立面图。

有定位轴线时，一般根据两端定位轴线号标注立面图名称，如①～⑩等形式，如图 11－7 和图 11－8 所示。无定位轴线的，可按平面图的方向（房屋的朝向）确定名称，如东、南、西、北立面图。

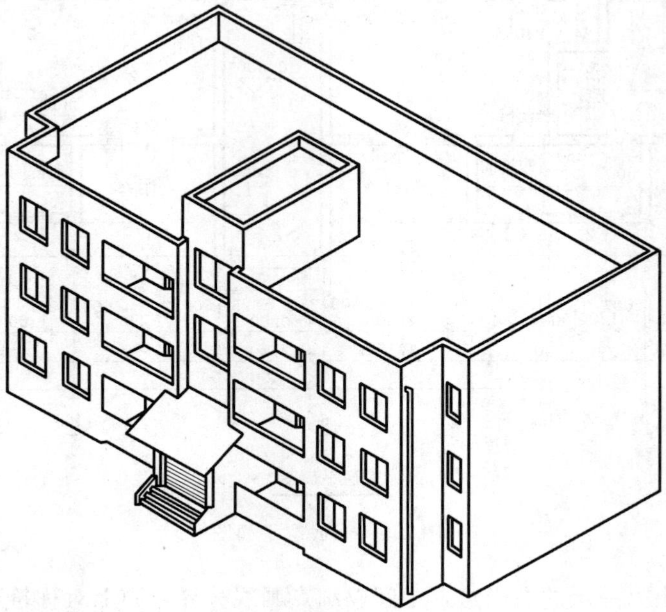

图 11－7　房屋立面图的形成

在立面图上，一般只注写相对标高，不注写大小尺寸。通常要注出室外地坪、台阶、窗台、门窗顶、阳台、雨篷、檐口以及屋顶等高程，如图 11－8 所示。

四、建筑剖视图

为了清楚表达建筑物的内部情况，各房间的净空高度，各部分的竖向联系、高度及材料等，假想用一平行于房屋某墙面的铅垂剖切面将房屋从屋顶到基础全部剖开，如图 11－9 所示。把需要留下的部分投射到与剖切平面平行的投影面上，得到建筑剖视图，简称剖视图，如图 11－10 所示。

剖视图的数量应根据房屋的复杂程度和施工需要确定，剖切平面可平行于房屋的宽度方向，形成横剖；也可平行于房屋的长度方向，形成纵剖。若一个剖切平面不能满足要求，可作阶梯剖。在剖视图下方正中部位注写图名，图名的编号应与平面图中所标注的剖切位置符号一致，如 1—1 剖视图、2—2 剖视图等。

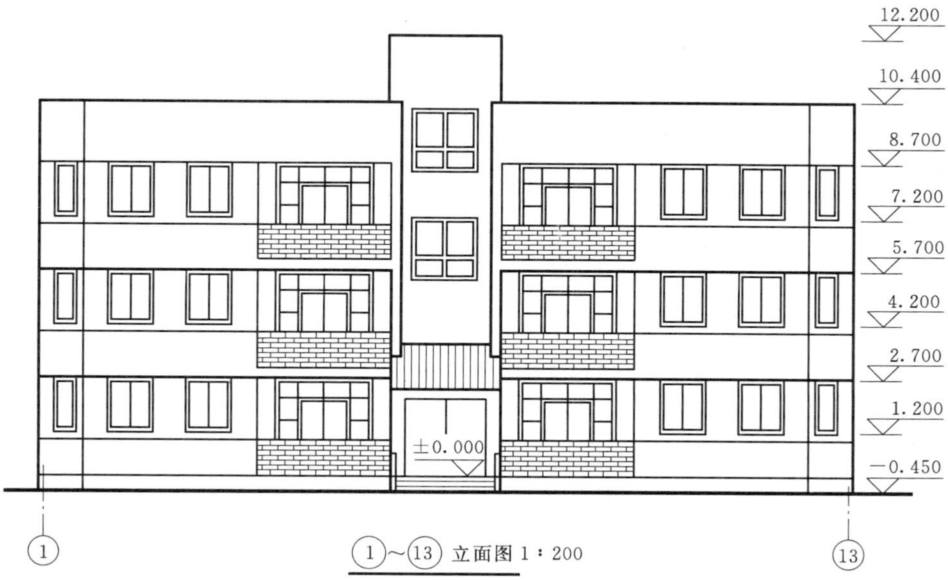

图 11-8 房屋立面图

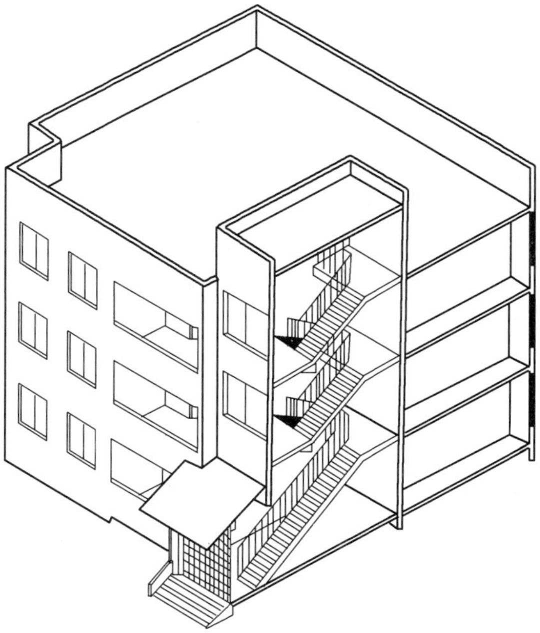

图 11-9 建筑剖视图的形成

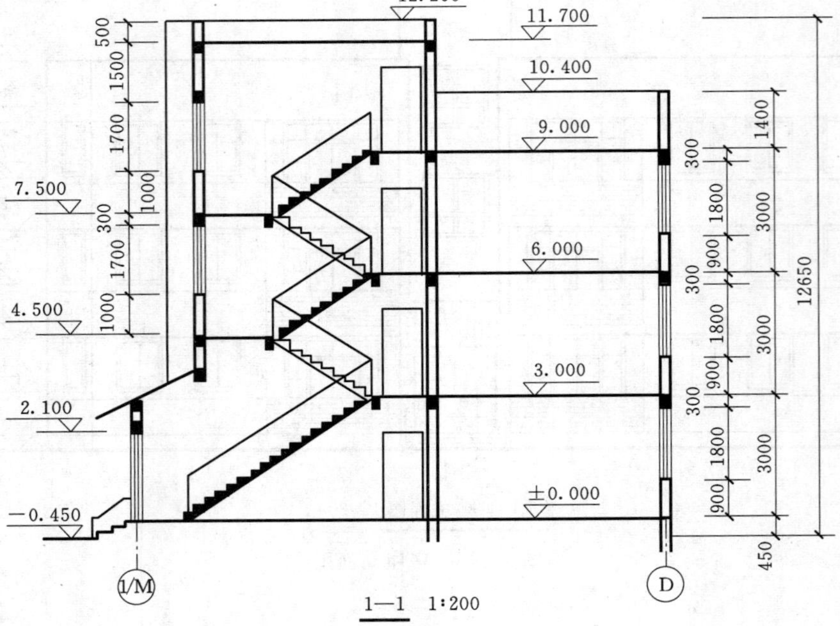

图 11－10　建筑剖视图

技能训练项目十一

技能训练目标： 掌握绘制房屋建筑图的方法和尺寸标注。

技能训练内容： 抄绘图 11－11 所示底层平面图和图 11－12 所示立面图。

技能训练要求： 用 A3 的图幅抄绘，要求图线和尺寸标注符合《建筑制图标准》，比例自选。

技能训练步骤：

1. 确定墙体轴线位置。
2. 画主要轮廓线和细部结构。
3. 标注尺寸并填写标题栏。

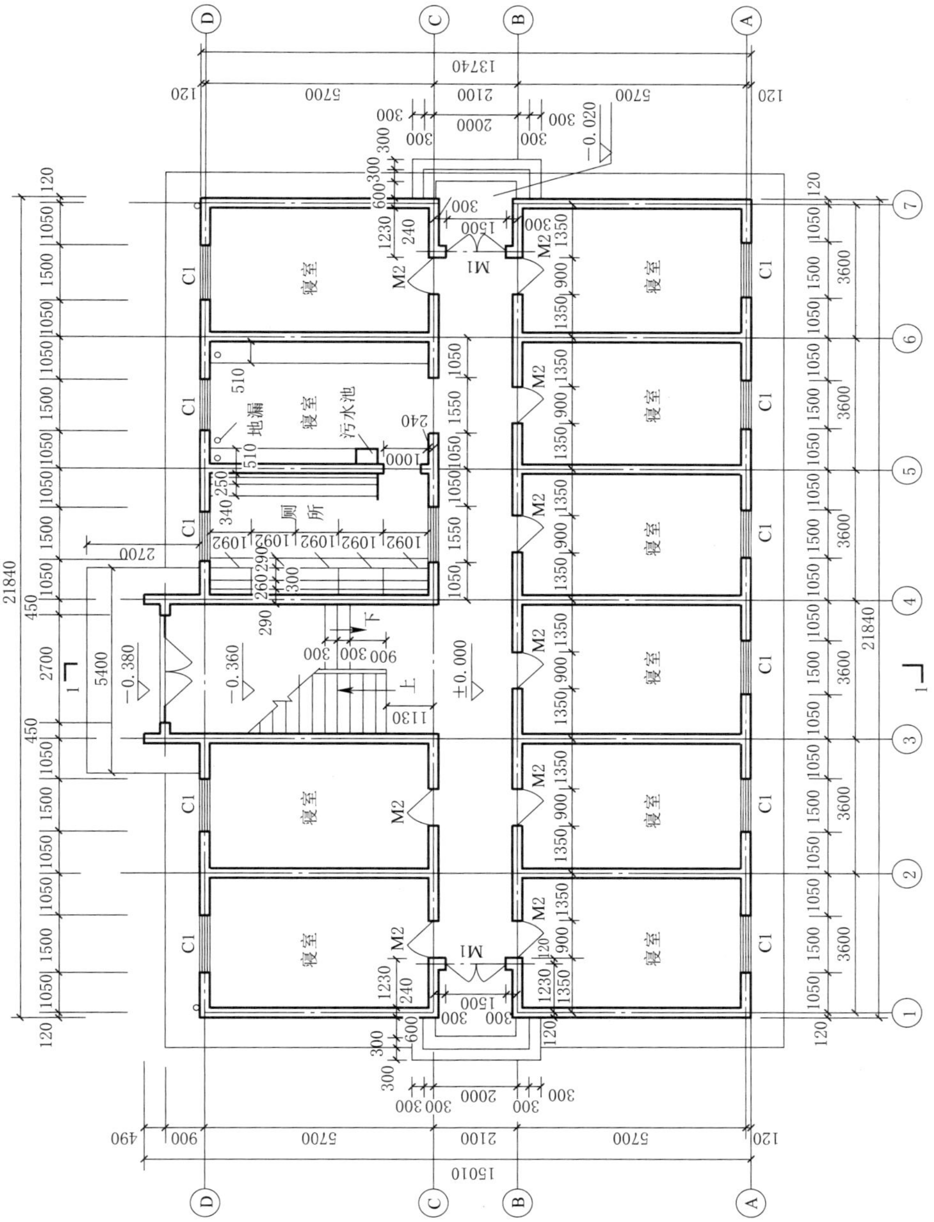

图 11-11　底层平面图

建筑平面图绘制 A

建筑平面图单个房间绘制 B

单个房间的尺寸标注 B

建筑平面图文字及定位轴线标注 B

建筑立面图 B

建筑立面图
窗户绘制

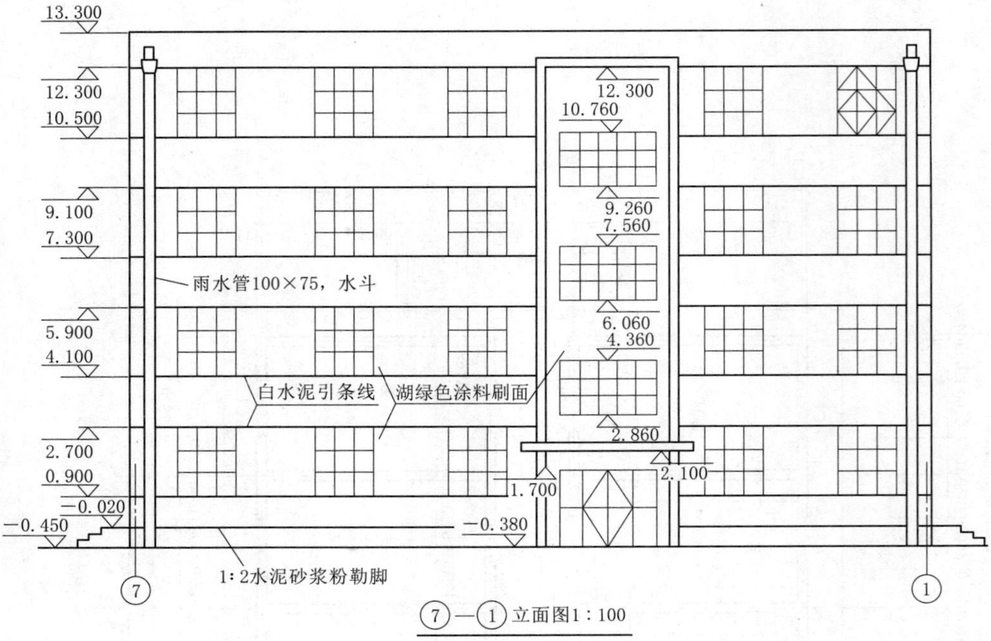

图 11-12　立面图

复 习 思 考 题

1. 房屋建筑图的种类有哪些？
2. 建筑施工图包括哪些内容？
3. 如何阅读建筑施工图？

学习单元十二　水 利 工 程 图

【学习目标与要求】

1. 具有阐述水工图的特点和分类的能力。
2. 具有阐述水工建筑物中常见曲面的形成及其表示方法的能力。
3. 具有识读与绘制水工图的能力。
4. 具有大国工匠精神。

§12－1　概　　述

为了充分利用水资源，需要修建一系列建筑物来控制水流和泥沙，这些与水有密切关系的建筑物称为水工建筑物，表达水利水电建筑物的工程图样称为水利工程图，简称水工图，它是反映设计思想、指导施工的重要技术资料。本章将结合水利工程的实际，研究如何运用这些基本原理和图示方法来绘制和识读水工图。

一、水工图的分类

工程的兴建一般需要经过五个阶段：勘测、规划、设计、施工、竣工验收。各个阶段都需绘制相应的图样，每一阶段对图样都有具体的图示内容和表达方法。水利工程图是根据兴建水利工程经过的不同阶段和设计内容来分类的，下面分别介绍各阶段图样。

1. 勘测图

勘探测量阶段绘制的图样称为勘测图，包括地质图和地形图。勘测阶段的地质图、地形图以及相关的地质、地形报告和有关的技术文件由勘探和测量人员提供，是水工设计最原始的资料。水利工程技术人员利用这些图纸和资料来编制有关的技术文件。勘测图样常用专用图例和地质符号表达，并根据图形的特点允许一张图上用两种比例表示。

2. 规划图

规划图是表达水利资源综合开发、计划兴建各建筑物的类别及位置的示意性图样。按照水利工程的范围大小，规划图有流域规划图、水利资源综合利用规划图、灌区规划图、行政区域规划图等。规划图是以勘测阶段的地形为基础的，采用符号图例示意的方式表明整个工程布局、位置和受益面积等内容的图样。

规划图有以下特点：

（1）规划图为平面图，图中各建筑物按制图标准规定的“水工建筑物平面图例”绘制，无须表达建筑物的结构形状。表 12－1 中列出了水工建筑物常用平面图例。

（2）规划图涉及面广，表示范围大，因此常用缩小比例，一般为 1∶2000～1∶10000。

阅读规划图，首先根据指北针辨明方向，看清各主要建筑物的类别及布局。如图 12－1 所示的某灌区规划图表明，该灌区内水库、塘堰、总干渠和分干渠的位置均在图中做了示意性表达。

表 12－1　　水工建筑物常用平面图例

序号	名称		图例	序号	名称	图例
1	水库	大型	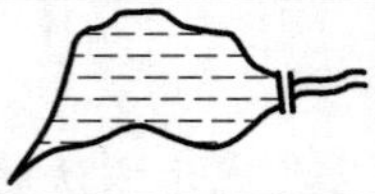	11	隧洞	
		小型		12	渡槽	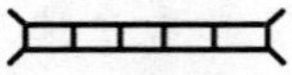
2	混凝土坝			13	虹吸	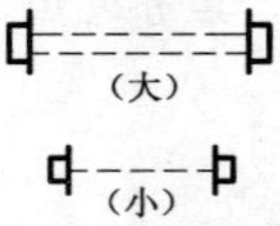
3	土石坝		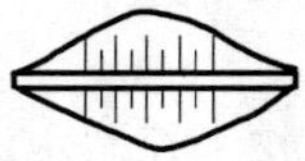	14	涵洞（管）	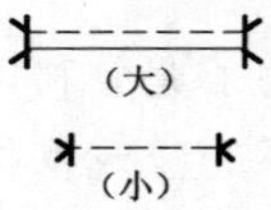
4	溢洪道					
5	水闸			15	跌水	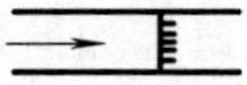
6	水电站	大比例尺	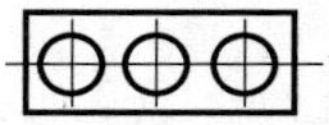	16	斗门	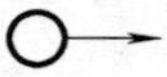
		小比例尺		17	灌区	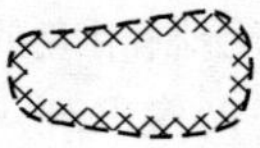
7	船闸		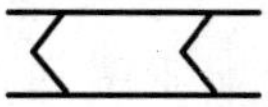	18	分（蓄）洪区	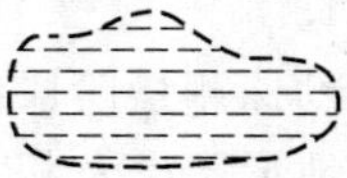
8	泵站			19	护岸	
9	水文站			20	堤	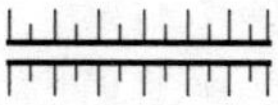
10	水位站			21	渠	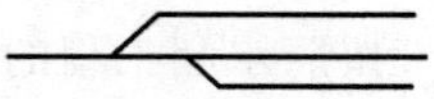

3. 枢纽布置图

在水利工程中，为了达到兴利除弊、综合利用之目的兴建的几个建筑物的综合体，称为水利枢纽。将水利枢纽中各主要建筑物的平面形状和位置画在地形图上，这样的工程图样称为枢纽布置图。如图 12－2 所示为我国大型水利枢纽葛洲坝水利工程全貌。该枢纽主要由拦河坝、水电站、船闸、泄水闸、冲刷闸等建筑物组成。

（1）拦河坝：挡水建筑物，用以拦截河流，抬高上游水位，形成水库和水位

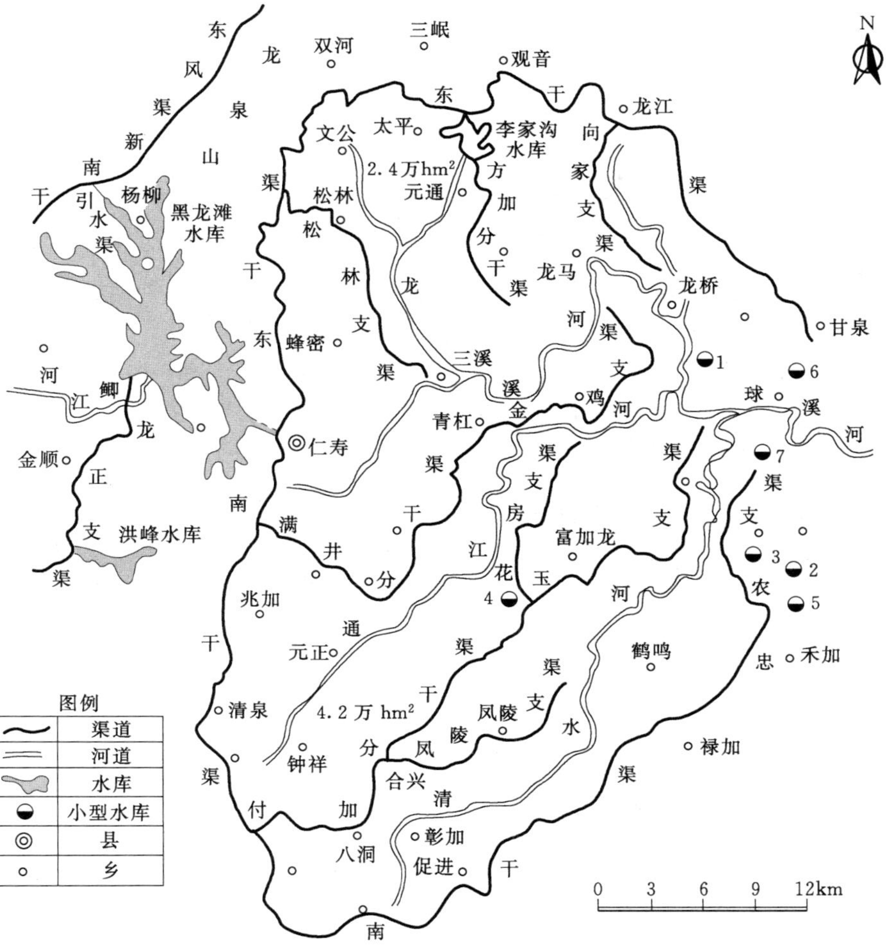

图12-1 某灌区规划示意图

落差。

(2) 水电站：利用上、下水位落差及流量进行发电的建筑物。

(3) 船闸：用以克服水位差产生的通航障碍的建筑物。

(4) 泄水闸：用以排放上游水流，进行水位和流量调节的建筑物。

(5) 冲刷闸：用以排放水库泥沙的建筑物。

枢纽布置图包括以下内容：

(1) 枢纽所在地的地形、河流、水流方向和地理方位。

(2) 枢纽中主要建筑物的平面形状及各建筑物之间的位置关系。

(3) 建筑物与地面相交情况及填挖方坡边线。

(4) 建筑物的主要高程及其他主要尺寸。

枢纽布置图有以下特点：

(1) 枢纽平面布置图必须画在地形图上。在一般情况下，枢纽平面布置图画在立面图的下方，有时也可以画在立面图的上方或单独画在一张图纸上。

图 12-2 葛洲坝水利工程全貌

（2）为了使图形主次分明，结构上的次要轮廓线和细部结构一般省略不画，或采用示意图表示这些构造的位置、种类和作用。

（3）图中尺寸一般只标注建筑物的外形轮廓尺寸及定位尺寸、主要部位的高程、填挖方坡度。

4. 建筑物结构图

表达建筑物形状、大小、结构及建筑材料的工程图样称为建筑结构图。图 12-3 所示为进水闸结构，它和枢纽布置图都是设计阶段绘制的图样。

建筑结构图通常包括以下内容：

（1）建筑物的结构、形状、尺寸及材料。

（2）建筑物的细部构造。

（3）工程地质情况及建筑物与地基的连接方式。

（4）建筑物的工作情况，如特征水位、水面曲线等。

（5）附属设备的位置。

（6）建筑物的工作条件，如上、下游各种设计水位，水面曲线等。

5. 施工图

按照设计要求绘制的指导施工的图样称为施工图。施工图主要表达施工程序、施工组织、施工方法等内容。常用施工图有施工场地布置图、基础开挖图、混凝土分期分块浇筑图、坝体温控布置图、钢筋图等。

6. 竣工图

竣工图是指工程验收时根据建筑物建成后的实际情况所绘制的建筑物图样。水利工程施工过程中，由于受气候、地理、水文、地质、国家政策等各种因素影响较大，

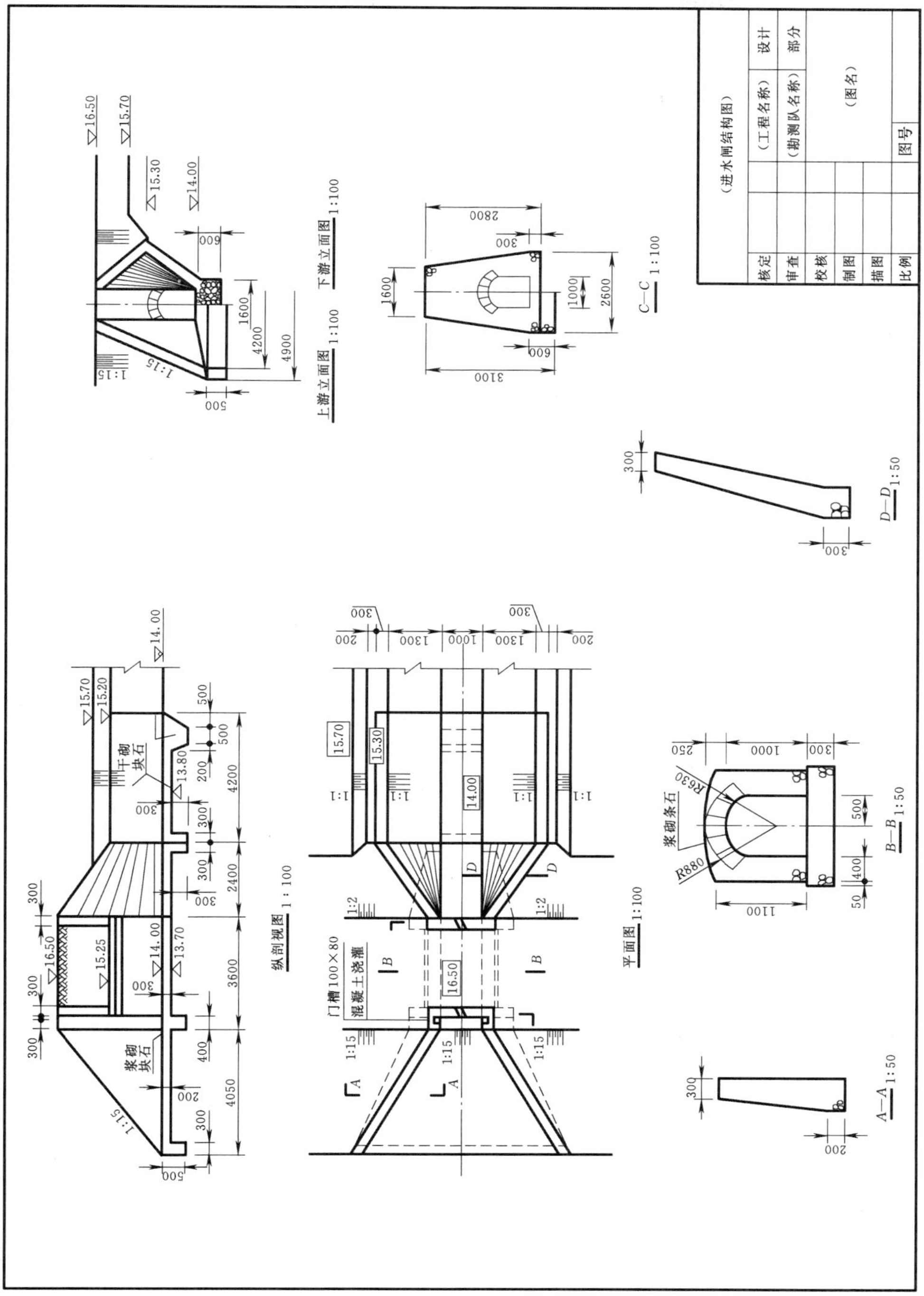
（进水闸结构图）
（工程名称） 设计
（勘测队名称） 部分
（图名）
图号
核定
审查
校核
制图
描图
比例
上游立面图 1:100
下游立面图 1:100
C—C 1:100
D—D 1:50
纵剖视图 1:100
平面图 1:100
B—B 1:50
A—A 1:50
干砌块石
浆砌块石
浆砌条石
门槽 100×80
混凝土浇灌

图 12－3 进水闸结构图

原设计图纸随着施工的进展对建筑物的结构进行局部调整和修改是难免的，竣工后建筑物的实际结构与建筑物设计结构图存在差异。因此，应按竣工后建筑物的实际结构绘制竣工图，供存档和工程管理用。

水工图的分类及表达内容总结归纳见表 12-2。

表 12-2　水工图的分类及表达内容

工程阶段	水工图分类	图形名称	表达内容
勘测	1. 地形图	（1）地形平面图。 （2）地形剖面图	地形等高线、地貌、地面建筑物、道路河流、方位等。 地形某一剖面上的地面覆盖层、岩石分布情况
	2. 地质图	（1）地质平面图。 （2）地质剖面图。 （3）地质柱状图	表达岩层年代、节理、断层、岩溶、岩石走向、倾角、褶皱、矿藏资源，以及岩石的上下结构及各种岩层埋深等
规划	规划图	（1）流域规划图。 （2）水资源综合利用规划图。 （3）灌区、地区规划图	绘制在地形图上，除原有地形图内容外，要用图例、符号以及示意的方法标明整个工程的布局，各个工程的位置，灌溉受益面积等项内容
设计	1. 枢纽布置图（初步设计阶段）	（1）枢纽平面图。 （2）枢纽立面图	建筑物所在地形、河流、铁路、公路、居民点、地理位置等主要地形地貌，枢纽的组成，主要建筑物的相对位置、建筑物与地面交线，主要高程、建筑物主要尺寸等。在枢纽布置图中，一些结构复杂面另有详图表示的建筑物和设备，用示意图表达
	2. 建筑结构图（技术设计阶段）	（1）结构平面图、立面图。 （2）结构剖面图、剖视图。 （3）配筋图	用于表达具体建筑物的形状、大小、结构、材料、建筑物之间的连接关系、连接方式、附属设备位置、建筑物水流运行条件等。对钢筋的布置、直径、形状、长度等均应详细表达
	3. 细部结构图	详图（大样图）	采用较大比例来表达结构图上不能表示清楚的部位和结构
施工	1. 施工组织图 2. 施工详图	（1）施工总平面布置图。 （2）坝体分块浇筑图。 （3）基础开挖图等	施工组织图应表达料场布置、施工、流程、截流、导流、生活区、交通、基础开挖、混凝土分块、分期、温控、施工组织、施工细节等
竣工	竣工图	竣工图	在建筑物施工中，由于受各种因素的影响，图纸设计变更后，在原来图纸基础上修改已建成的工程形体及结构图

二、水工图的特点

1. 选用的比例小

水工建筑物形体庞大，画图时常用小比例尺，各类水工图常用比例见表 12-3。

表 12-3　水工图常用比例

图类	比例
枢纽总布置图、施工总平面布置图	1∶5000、1∶2000、1∶1000、1∶500、1∶200

续表

图　类	比　例
主要建筑物布置图	1∶2000、1∶1000、1∶500、1∶200、1∶100
基础开挖图、基础处理图	1∶1000、1∶500、1∶200、1∶100、1∶50
结构图	1∶500、1∶200、1∶100、1∶50
钢筋图	1∶100、1∶50、1∶20
细部结构图	1∶50、1∶20、1∶10、1∶5

特殊情况下，允许在同一个视图中的铅垂和水平两个方向采用不同的比例。

2. 详图多

因画图所采用的比例尺小，细部构造不易表达清楚。为了弥补以上缺陷，水工图中常采用较多的详图来表达建筑物的细部构造。

3. 剖面图多

为了表达建筑物各部分的剖面形状及建筑材料，便于施工放样，水工图中剖面图（特别是移出剖面）应用较多。

4. 考虑水和土的影响

任何一个水工建筑物都是和水、土紧密联系的，绘制水工图应考虑水流方向，并注意对建筑物埋在地下部分的表达。

5. 粗实线的应用

水工图中的粗实线，除用于可见轮廓线外，对于建筑物的施工缝、沉降缝、温度缝、防震缝等也应以粗实线绘制。

三、水工建筑物中常见结构及其作用

在水工建筑物中常设置以下结构。

1. 上、下游翼墙

过水建筑物如水闸、船闸等的进出口处两侧的导水墙称为翼墙。图 12-4 所示为涵洞进水闸纵向（沿纵轴线方向）剖开后的轴测图，其上游翼墙的作用是引导水流平顺地进入闸室，下游翼墙的作用则是将出闸的水流均匀地扩散，使水流平稳、减少冲

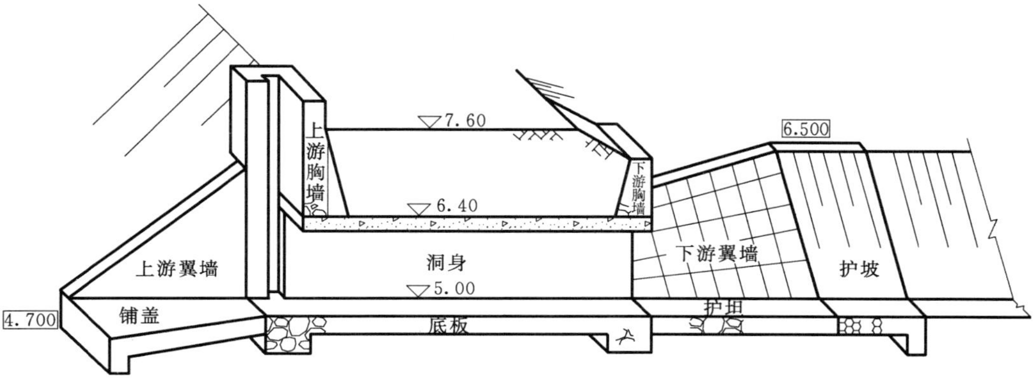

图 12-4　涵洞进水闸纵向剖开轴测图

刷。常见的有圆弧式翼墙（如图中的上游翼墙）、扭曲面式翼墙（如图中的下游翼墙）和斜墙式翼墙（又称八字墙）。

2. 铺盖

铺盖是铺设在上游河床之上的一层防冲、防渗保护层，它紧靠闸室或坝体，如图 12－4 所示。其作用是减少渗透，保护上游河床，提高闸、坝的稳定性。

3. 护坦及消力池

经闸、坝流下的水带有很大的冲击力，为防止冲刷下游河床，保证闸、坝的安全，在紧接闸、坝的下游河床上，常用钢筋混凝土做成消力池，水流至池中，产生翻滚，消耗大部分能量。消力池的底板称护坦，上设排水孔，用以排出闸、坝基础的渗水，降低底板所承受的渗透压力。

4. 海漫及防冲槽（或防冲齿坎）

经消力池流出的水仍有一定的能量，因此常在消力池后的河床上再铺设一段块石护底，用以保护河床，继续消除水流能量，这种结构称海漫。海漫末端设干砌石防冲槽或防冲齿坎，以保护紧接海漫段的河床免受冲刷破坏。

5. 廊道

廊道是在混凝土坝或船闸闸首中，为了灌浆、排水、输水、观测、检查及交通等的要求而设置的结构，如图 12－5 所示。

6. 分缝

对于较长或大体积的混凝土建筑物，为防止因温度变化或地基不均匀沉陷而引起的断裂现象，一般需要人为地设置结构分缝（伸缩缝或沉陷缝）。如图 12－6 所示为

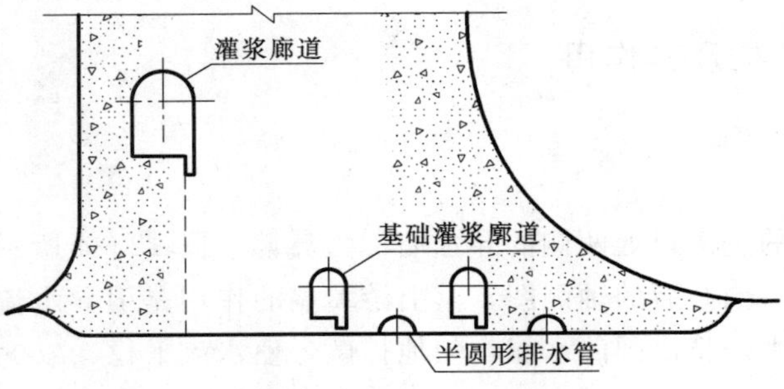

图 12－5　廊道断面图

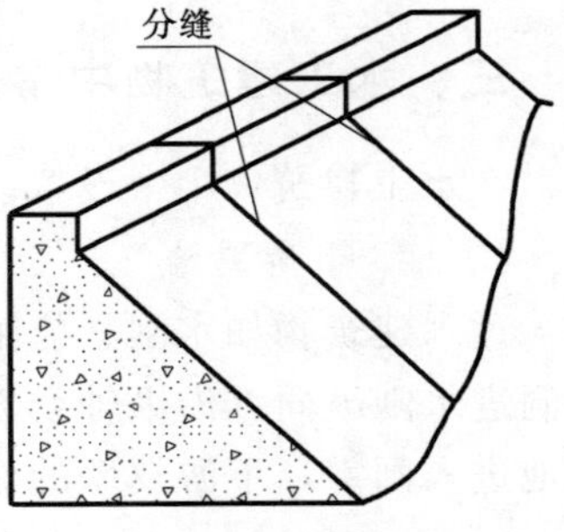

图 12－6　坝体分缝

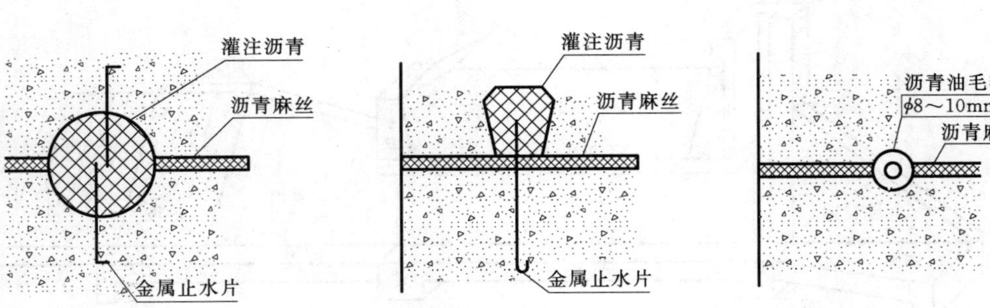

图 12－7　止水结构断面

混凝土大坝的分缝。

7. 分缝中的止水

为防止水流的渗透，在水工建筑物的分缝中应设置止水结构，其材料一般为金属止水片、油毛毡、沥青、麻丝和沥青芦席等，如图12-7所示为几种止水结构的断面。

§12-2　水工图的表达方法

绘制水利工程图样时，应首先考虑便于读图。根据建筑物的结构特点，选用适当的表达方法。前面介绍的六个基本视图中，水工图上常用的是三视图，即主视图、俯视图和侧视图。俯视图一般称为平面图，主视图和侧视图一般称为立面图。由于水工建筑物许多部分被土层覆盖，而且细部结构也较复杂，所以剖视图、断面图应用较多。

一、基本表达方法

1. 平面图

（1）形成：平面图是由建筑物上方向下作正投影所得，即前述“俯视图”。

（2）作用：平面图是表达建筑物的平面形状及布置，表明建筑物的平面尺寸（长、宽）及平面高程、剖视图（断面图）的剖切位置及投影方向。

2. 剖视图

（1）形成：平行于建筑物轴线或顺河流方向剖切所得，也可称为“纵剖视图”，如图12-3中的“纵剖视图”。

（2）作用：剖视图表达建筑物的内容结构形状及位置关系，表达建筑物的高度尺寸及特征水位，表达地形、地质情况及建筑材料。

在绘制平面图及剖视图时，按规定，图样中一般应使水流方向为自上而下（适用于挡水建筑物，如挡水坝等）或从左向右（适用于过水建筑物，如水闸等）。对于河流，规定视向顺水流方向时，左边称左岸，右边称右岸。

3. 立面图

（1）形成：如前所述，主视图、左视图、右视图、后视图可称为立面图或立视图。当视向与水流方向有关时，视向顺水流方向所得立面图，可称为上游立面（立视）图；反之，视向逆水流方向时，可称为下游立面（立视）图。就水闸而言，上游立面图相当于左视图，下游立面图相当于右视图。

（2）作用：立面图主要表达建筑物的立面外形。

4. 剖面图

（1）形成：水工图中多采用移出剖面，目的是不影响原图的清晰表达。

（2）作用：剖面图主要表达建筑物组成部分的断面形状及建筑材料。

5. 详图

（1）形成：将建筑物的部分结构用大于原图所采用的比例画出的图形，称为详图，如图12-8所示。

（2）画法：详图可画为视图、剖视图、剖面图，与原图的表达方式无关。

（3）标注：在原图的被放大部分处用细实线画小圆圈，并标注字母。详图用相同的字母标注其图名，并注写比例，如图 12－8 所示。

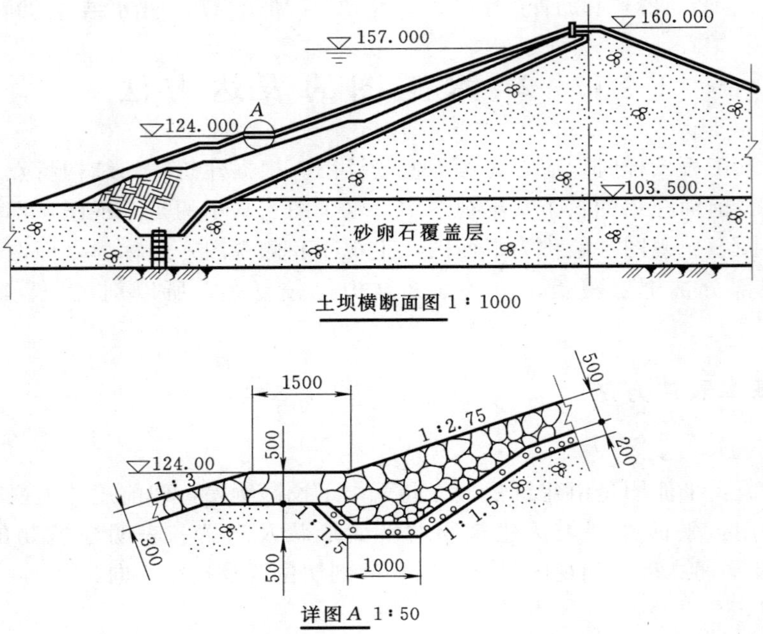

图 12－8　土坝结构详图

二、视图的配置

为了便于读图，水工图中各视图应尽可能按投影关系配置。有时为了合理利用图纸，将某些视图配置在图幅内适当的地方也是允许的。大型水工建筑物的视图较大，可以将某一视图单独画在一张图纸上。

三、视图名称及比例的标注

水工图中各视图的图名应分别注写在对应图形上方，并在图名下方画一粗横线。当整张图纸中只采用一种比例时，比例应注写在标题栏中，否则和视图名称一起按图如下形式注写：

平面图　1∶200　或　平面图
1∶200

按以上形式注写时，比例字高应比图名的字高小一号或二号。

当一个视图中的铅垂和水平两个方向采用不同比例时，应分别标注纵横比例，如图 12－9 所示。

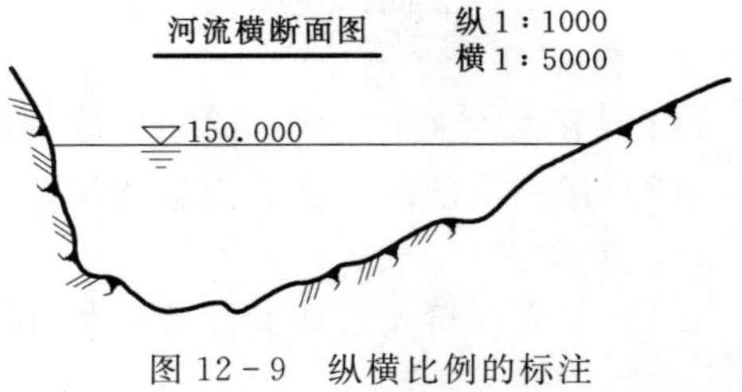

图 12－9　纵横比例的标注

四、水流方向符号及指北针

图样中表示水流方向的箭头符号，有图 12－10 所示的三种可供选用。平面图中的指北针有如图 12－11 所示的三种可供选用，其位置一般在平面图的左上角或右上角。

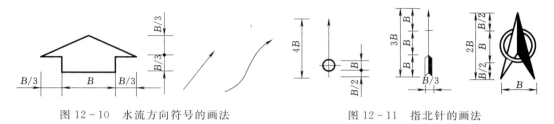

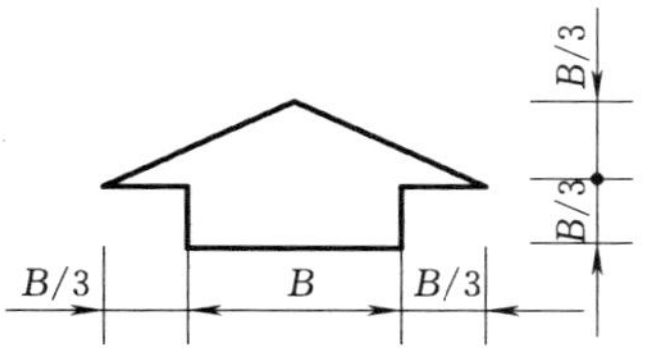

图 12－10　水流方向符号的画法

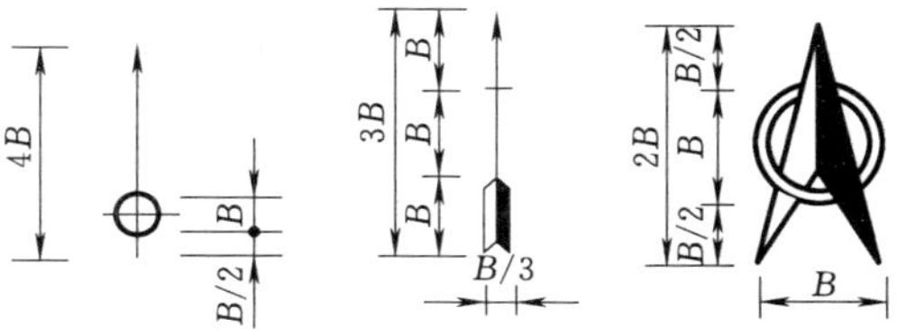

图 12－11　指北针的画法

五、文字说明

水工图中可有必要的文字说明，文字应简明扼要，正确表达设计意图，其位置宜放在图纸的右下方或适当的位置。

六、其他表达方式

1. 展开表示法

当构件或建筑物的轴线（或中心线）为曲线时，可以将曲线展开成直线后，绘制成视图、剖视图或剖面图。这时应在图名后注写“展开”二字，或写成“展视图”。如图 12－12 所示渠道，其剖视图是采用与渠道中心线重合的柱状剖切面剖切后展开而得。展开的方法是：先把柱面后面的建筑物投射到柱面上，投影方向一般为径向（投射线与柱面正交），对于其中的进水闸，投射线平行于闸的轴线，以便真实反映闸墩及闸孔的宽度，然后将柱面展开成平面，即得 A—A（展开）剖视图。

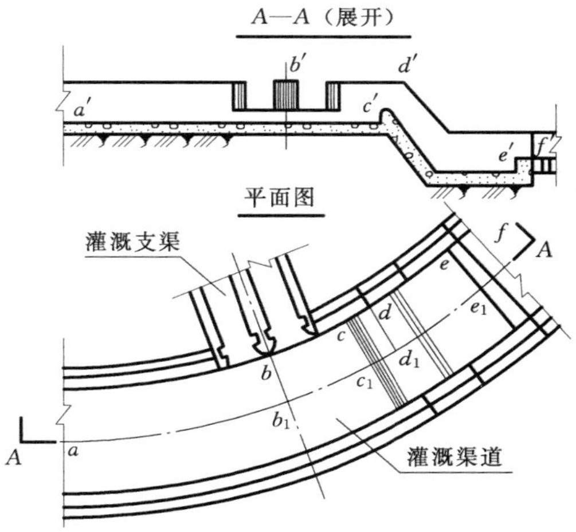

图 12－12　展开表示法

2. 省略表示法

当图形对称时，可以只画对称的一半，但须在对称线上加注对称符号，如图 12－13 所示。对称符号为对称线两端与之垂直的平行线（细实线）各两条。

3. 简化表示法

对于构造相同且均布的孔洞，如图 12－14 所示的消力池底板上的排水孔，在反映其分布情况的视图中，可按其外形画出少数孔洞，其余的用符号“＋”表示出它们的中心位置。图样中的某些设备（如闸门启闭机、发电机水轮机调速器、桥式起重机）可以简化绘制。

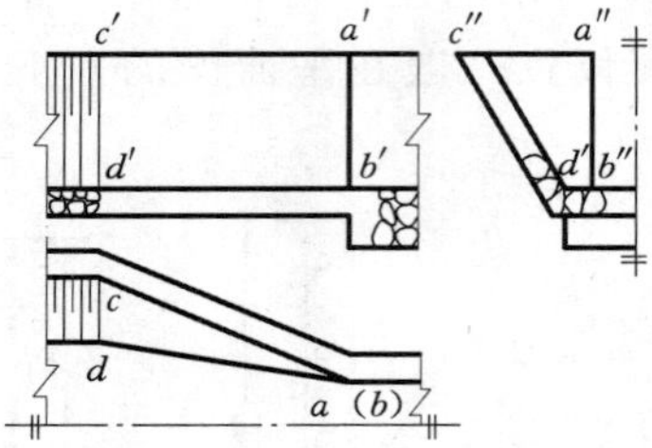

图 12-13　对称图形的省略表示法

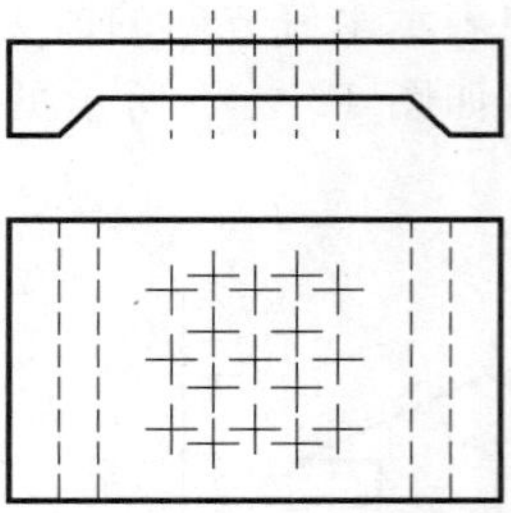

图 12-14　底板排水孔布置图（简化表示法）

4. 合成视图

对称或基本对称的图形，可将两个视向相反的视图或剖视图或断面图各画一半，并以对称线为界合成一个视图，这样形成的图形称为合成视图。

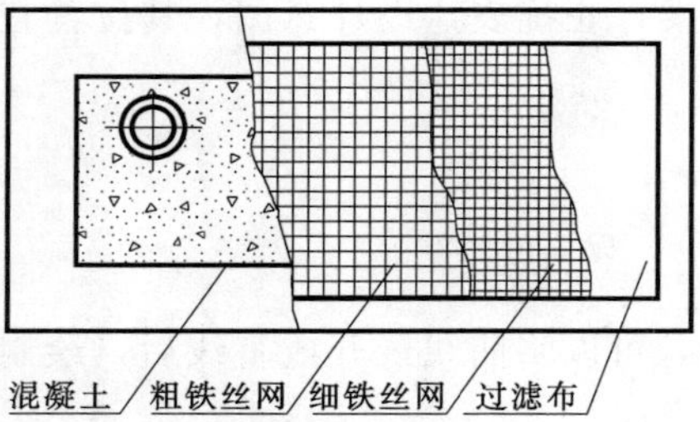

图 12-15　分层表示法

5. 拆卸表示法

当视图或剖视图中所要表达的结构被另外的次要结构或附属设备遮挡时，可假想将其拆卸或掀掉，然后再进行投影，这种画法称为拆卸表示法。

6. 分层表示法

当结构有层次时，可按其构造层次分层绘制，相邻层用波浪线分界，并可用文字注写各层结构的名称，如图 12-15 所示。分层画法可理解为分层局部剖切的局部剖视图。

7. 连接表示法

当结构物比较长但又必须画出全长时，由于图纸幅面的限制，允许采用连接表示法，将图形分成两段绘制，并用连接符号和标注相同字母的方法表示图形的连接关系，如图 12-16 所示。

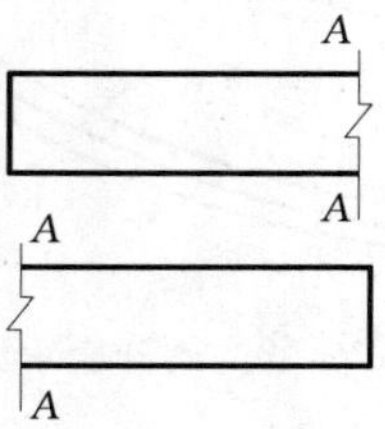

图 12-16　连接表示法

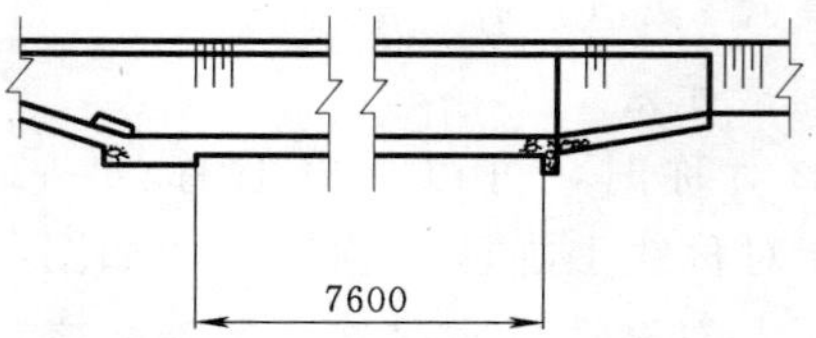

图 12-17　断开表示法

8. 断开表示法

对于较长的构件或建筑物，当沿长度方向的形状不变或按一定的规律变化时，可以断开绘制，这种表示法称为断开表示法，如图 12-17 所示渠道断开表示法。必须注意连接表示法与断开表示法的区别。

注意：对于原来倾斜的直线，当采用断开画法后要相互平行，且按全长尺寸标注。

9. 不剖表示法

对于构件支撑板、薄壁和实心的轴、柱、梁、杆等，当剖切平面平行其轴线或中心线时，这些结构按不剖绘制，用粗实线将它与其相邻部分分开，如图 12-18（a）中 $A—A$ 剖视图中的闸墩和图 12-18（b）中 $B—B$ 剖面图中的支撑板。

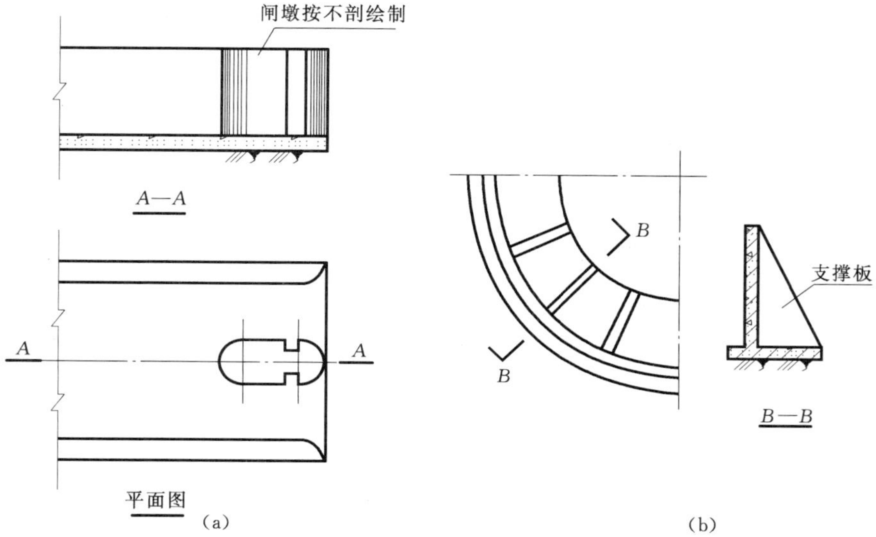

图 12-18 不剖表示法

10. 缝线的表示法

在绘制手工图时，为了清晰地表达建筑物中的各种缝线，如伸缩缝、沉降缝、施工缝和材料分界缝等，无论缝的两边是否在同一平面内，这些缝线都用粗实线绘制，如图 12-19 所示。

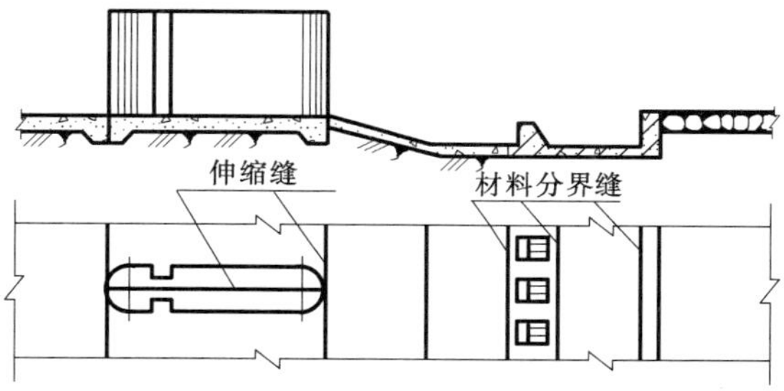

图 12-19 缝线的表示法

七、水工建筑物中常见曲面的画法

水工建筑物中常见的曲面有柱面、锥面、渐变面和扭面等。为了使图样表达得更清楚，还须在其表面画出若干条素线或示坡线，以增强立体感，便于读图。

1. 柱面

在水工图中，常在柱面反映其轴线实长的视图中用细实线绘制若干条素线。图 12-20（a）表示正圆柱面素线的绘制原理。实际绘图时，可不必采用等分圆弧按投影规律绘制，而是按素线投影特点绘制，即越靠近轮廓素线越密，越靠近轴线越稀。图 12-20（b）、（c）所示为柱面的应用实例。

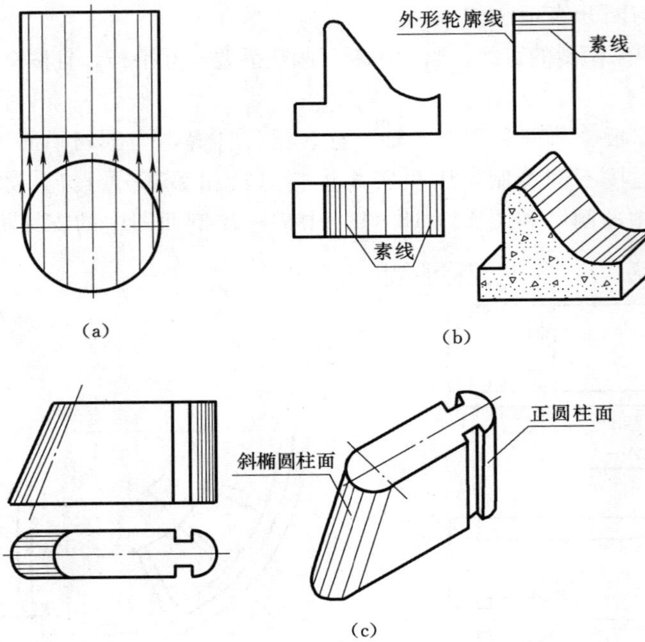

图 12－20 柱面的画法

2. 锥面

对于锥面，有两种画法：①在反映其轴线实长的视图中用细实线绘制若干条有疏密之分的直素线，在反映锥底圆弧实形的视图中画出若干条均匀的直素线，如图 12－21（a）所示；②在锥面的各视图中画出若干条示坡线，如图 12－21（b）所示。图 12－21（c）所示为斜椭圆锥面的应用实例。

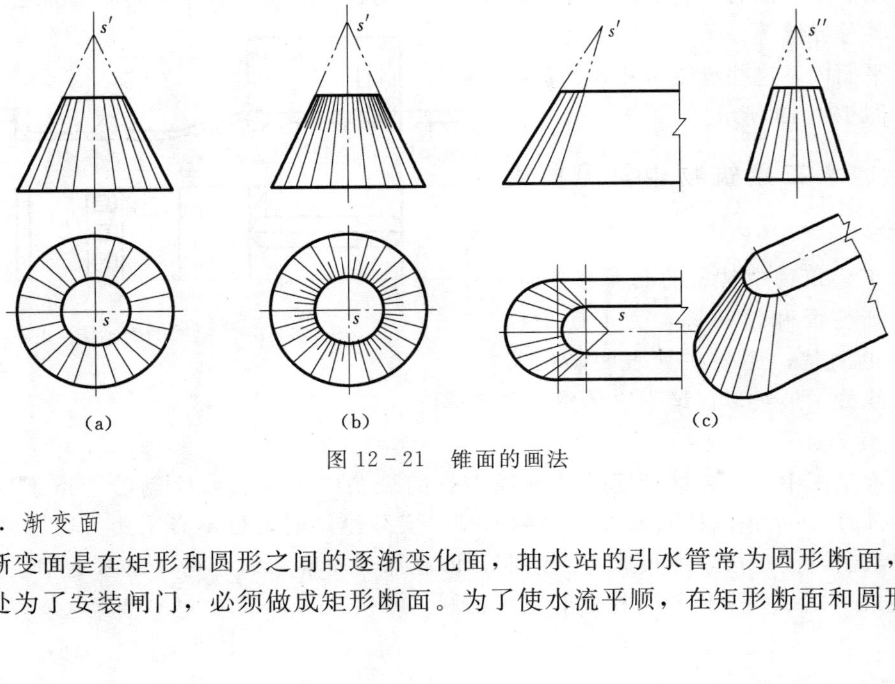

图 12－21 锥面的画法

3. 渐变面

渐变面是在矩形和圆形之间的逐渐变化面，抽水站的引水管常为圆形断面，但其进口处为了安装闸门，必须做成矩形断面。为了使水流平顺，在矩形断面和圆形断面之间须用渐变面过渡。

（1）渐变面的组成。渐变面是由四个三角形和四个部分斜椭圆锥面相切而成的组合面，如图 12-22（a）所示。矩形的四个顶点就是四个斜椭圆锥的顶点，圆周的四段圆弧就是斜椭圆锥面的底圆，圆心 O 与锥顶的连线即为四个部分斜椭圆锥的圆心连线。

（2）渐变面的表示。如图 12-22（b）所示：①用粗实线画出渐变面的轮廓形状；②用细实线画出平面与斜椭圆锥面的分界线（切线），其主视图和俯视图均与斜椭圆锥的圆心连线的同面投影重合；③锥面的部分画出素线。

（3）渐变面的断面。为了施工放样，须绘制渐变面任意位置的断面。如图 12-22（c）所示主视图中 $A—A$ 剖切位置线表示用一个侧平面剖切渐变面，其断面高为 H，宽为 B，由此可作出矩形。因为剖切面截断四个斜椭圆锥，所以断面图的四个角不是直角而是圆弧。圆弧的圆心为剖切平面与斜椭圆锥圆心连线的交点，半径可从主视图（或俯视图）中量取，画出四个圆弧，便得渐变面的断面，即四个角为圆角的矩形。

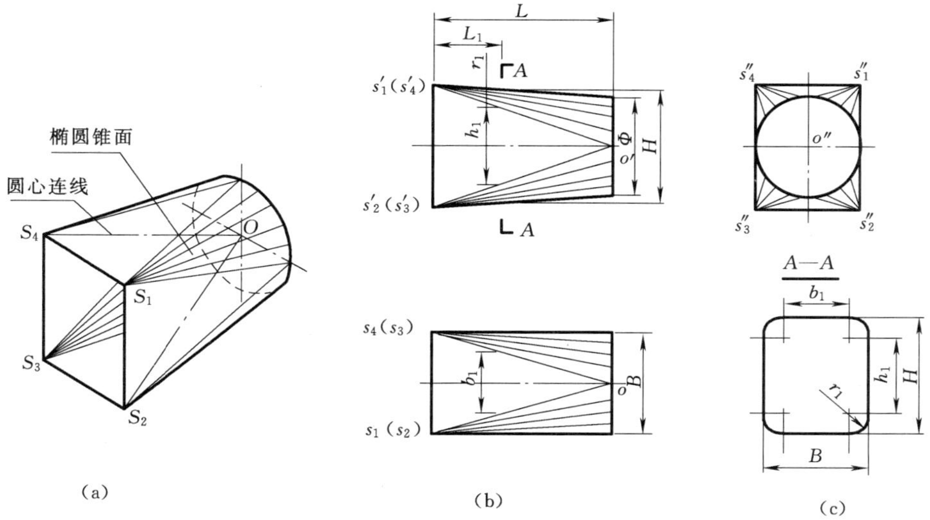

图 12-22 渐变面的表示法

4. 扭面

常见渠道的断面为梯形，而水工建筑物（如水闸、渡槽）的过水断面为矩形，为使水流平顺，在渠道的倾斜面和水工建筑物的铅垂面之间须用一个过渡面来连接，这个过渡面一般采用扭面。扭面所在部分的实体称为扭面过渡段，如图 12-23（a）所示。

（1）扭面的形成。将图 12-23（a）中的内扭面 $ABCD$ 置于三面投影体系中，如图 12-23（b）所示，扭面 $ABCD$ 可看作由直母线 AB 沿交叉二直线 AD（侧平线）和 BC（铅垂线）运动，并始终平行于导平面（H 面）而形成；也可把图中的 AD 看作直母线，沿交叉二直线 AB（水平线）和 CD（侧垂线）运动，并始终平行于导平面（W 面）而形成。

在扭面形成的过程中，母线运动时的任一位置称为扭面的素线。同一扭面可以有两种方式形成，也就有两组素线。即如图 12-23（b）所示，一组为水平线（Ⅰ—Ⅰ、Ⅱ—Ⅱ、…），另一组为（$Ⅰ_1$—$Ⅰ_1$、$Ⅱ_1$—$Ⅱ_1$、…）。

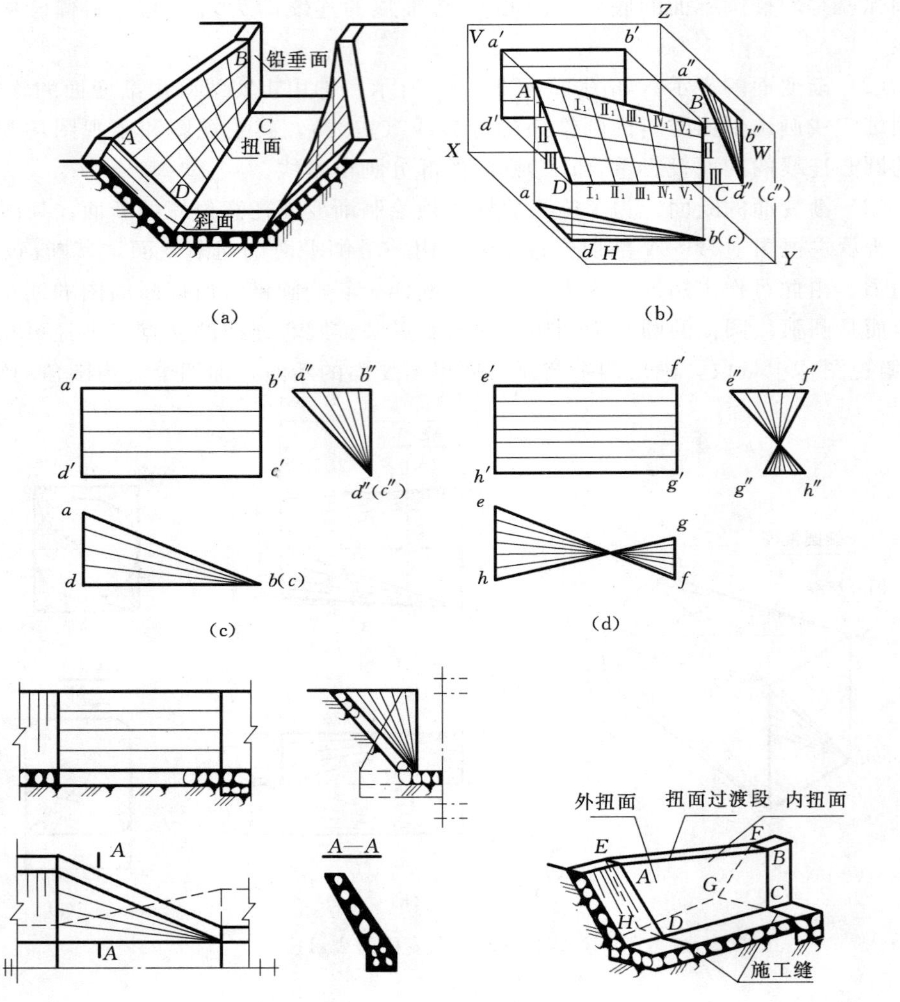

图 12-23　扭面的画法

（2）扭面的表示。扭面可用素线法来表示。素线的做法：因扭面的导线为交叉直线，可先等分两端的导线，然后用细实线连接对应的等分点，即可得到扭面上的一系列直素线。

1）内扭面。

a. 投影。扭面的投影是扭面四个顶点同面投影的连线。如图 12-23（c）所示，主视图为矩形，俯视图为三角形，侧视图为三角形。

注意：扭面是曲面，其三面投影之间不存在类似形关系。

b. 素线。标准规定，在扭面的投影图上须用细实线画出扭面素线的投影，即等分两端的导线，用直线连接对应的等分点，形成素线的投影。图 12-23（c）中，主视图和俯视图为一组对应的直素线（水平线），侧视图为另一组直素线（侧平线）。

2）外扭面。如图 12-23（f）中扭面过渡段的背水面 *EFGH* 为一光滑过渡的曲面，这个曲面称为外扭面。图 12-23（d）为外扭面 *EFGH* 的投影。主视图上是和内扭面完全相同的矩形，俯视图和侧视图均为对顶三角形，各投影图中仍需画出扭面素线。

掌握内、外扭面的画法后，不难画出扭面过渡段的三视图，如图 12-23（e）所示，内、外扭面的主视图重合，俯、左视图中的虚线表示埋在土下的不可见轮廓线。为了减少图线交叉，图中未画出外扭面的素线，使得表达更为清晰。

为了施工放样，同样需要画出扭面过渡段的断面图，作断面图时，剖切平面应与扭面形成过程中的导平面平行，如断面图中 *A*—*A* 剖切平面平行于 *W* 面，以便作图，断面图中所需的尺寸（宽、高）可根据剖切位置按投影规律量得，所画的 *A*—*A* 断面图如图 12-23（e）所示。

§12-3 水工图的尺寸标注

尺寸标注的基本规则和方法，在前面有关章节已作了详细的介绍，本节根据水工图的特点，介绍水工图尺寸基准的确定和常用尺寸的注法。

一、高度尺寸

高度尺寸由标高符号和标高数字两部分组成。

1. 标高符号

（1）在立面图和铅垂方向的剖视图、断面图中，标高符号一般采用如图 12-24 主视图所示的符号（为 45°等腰直角三角形），用细实线绘制，高度为 3mm，标高符号可向下指，也可向上指，但尖端必须与被标注高度的轮廓线或引出线接触，标高数字一律写在标高符号的右边。

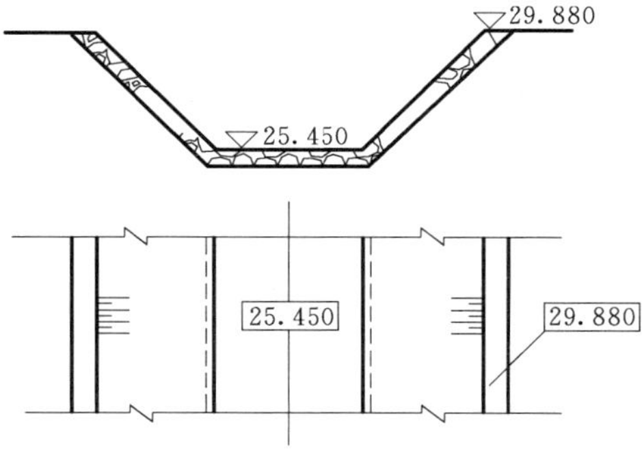

图 12-24 标高的注法

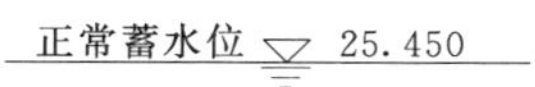

图 12-25 水位注法

(2) 在平面图中，标高符号是采用细实线绘制的矩形线框，标高数字写在其中，如图 12-25 水平图所示。

2. 标高数字

(1) 单位：标高数字以米为单位，注写到小数点以后第三位，在总布置图中，可注写到小数点后第二位。

(2) 形式：零点标高注写成±0.000 或±0.00；正数标高数字前一律不加"+"号；负数标高数字前必须加注"-"号，如-2.115、-8.887 等。

3. 水面标高（简称水位）

(1) 水位符号：水面标高的注法与立面图中标高注法类似，不同之处是需在水面线以下绘制三条渐短的细实线，如图 12-25 所示。

(2) 特征水位：特征水位应在标注水位的基础上加注特征水位名称，如图 12-25 所示的"正常蓄水位"。

4. 高度尺寸的标注

由于水工建筑物的体积大，在施工时常以水准测量来确定水工建筑物的高度。所以，在水工图中，对于较大或重要的面标注高程，其他高度以此为基准直接标注高度尺寸。

5. 高程的基准

高程的基准与测量的基准一致，采用统一规定的青岛黄海海平面为基准。有时为了施工方便，也采用某工程临时控制点、建筑物的底面、较重要的面为基准或辅助基准。

二、水平尺寸

1. 水平尺寸的标注

对于长度和宽度差别不大的建筑物，选定水平方向的基准面后，可按组合体、剖视图、剖面图的规定标注尺寸。对河道、渠道、隧洞、坝等长形建筑物，沿轴线长度用"桩号"的方法标注水平尺寸，标注形式为：km±m，km 为千米数，m 为米数。例如："0+035"表示该点距起点之后 35m，"0-300"表示该点距起点之前 300m。"0+000，为起点桩号。桩号数字一般垂直于轴线方向注写，且标注在轴线的同一侧，当轴线为折线时，转折处的桩号数字应重复标注。当同一图中几种建筑物均采用"桩号"标注时，可在桩号数字之前加注文字以示区别。如图 12-26 所示为某隧洞桩号的标注。

2. 水平尺寸的基准

水平尺寸的基准一般以建筑物对称线、轴线为基准，不对称时仍以水平方向较重要的面为基准，河道、渠道、隧洞、坝等以建筑物的进口即轴线的始点为起点桩号。

三、曲线尺寸

水工图中常见的曲线是连接圆弧和非圆曲线，它们的尺寸标注如图 12-27 所示。

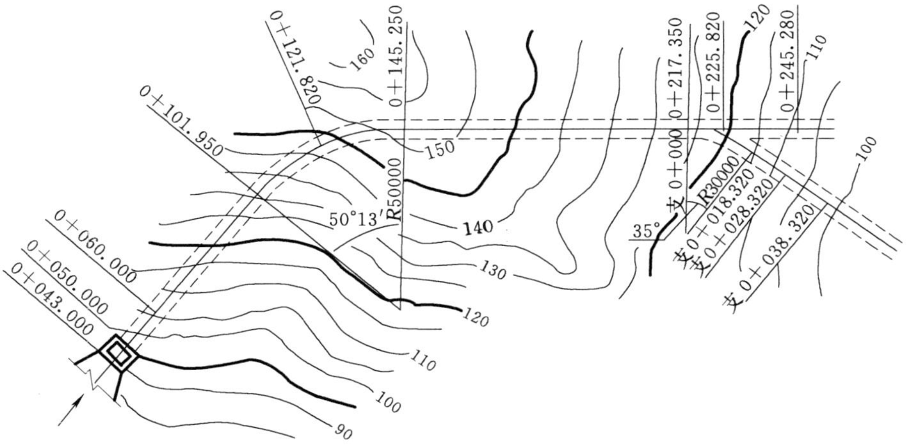

图 12-26 桩号的标注

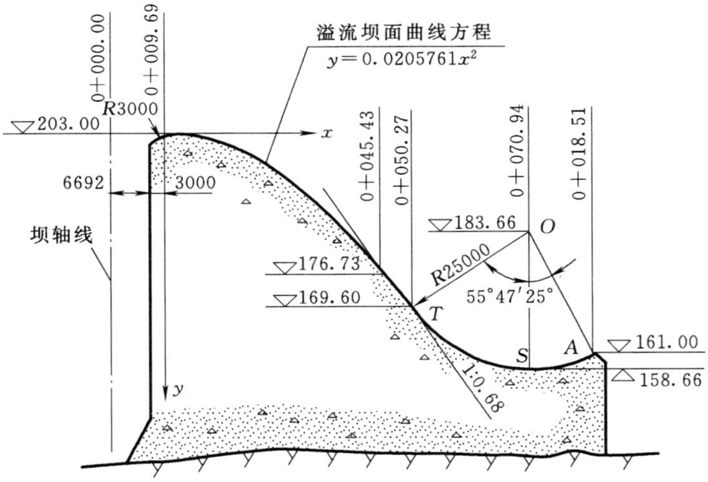

溢流坝面曲线坐标　　　　单位：m

x	0.00	1.00	2.00	3.00	5.00	10.00	15.00	20.00	25.00	35.00	40.00
y	0.000	0.021	0.082	0.185	0.514	2.058	4.629	8.230	12.860	18.518	25.206

图 12-27 连接圆弧及非圆曲线的尺寸注法

1. 连接圆弧尺寸的注法

连接圆弧需标出圆心、半径、圆心角、切点、端点，除标注尺寸外，还应注上高程和桩号。

2. 非圆曲线尺寸的注法

非圆曲线尺寸的注法一般是在图中给出曲线方程式，画出方程的坐标轴，并在图附近列表给出曲线上一系列点的坐标值。

四、简化注法

1. 多层结构的尺寸注法

在水工图中，多层结构一般用引出线加文字说明标注，如图 12－28 所示。其引出线必须垂直通过引出的各层，文字说明和尺寸数字应按结构的层次注写。

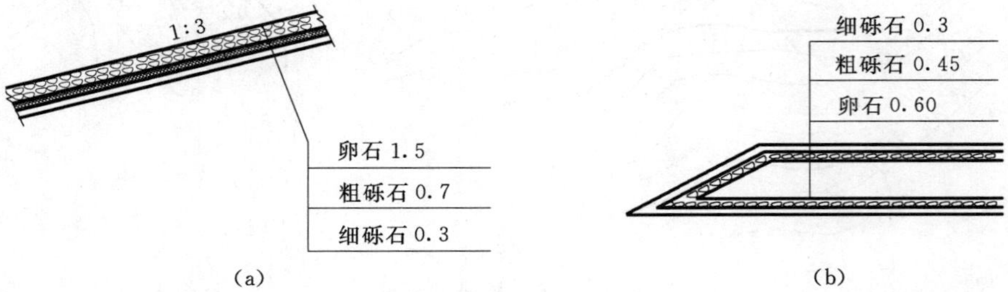

图 12－28　多层结构的尺寸注法

2. 均布构造的尺寸注法

在水工图中，均匀分布的相同构件或构造，其尺寸可按图 12－29 所示方法标注。

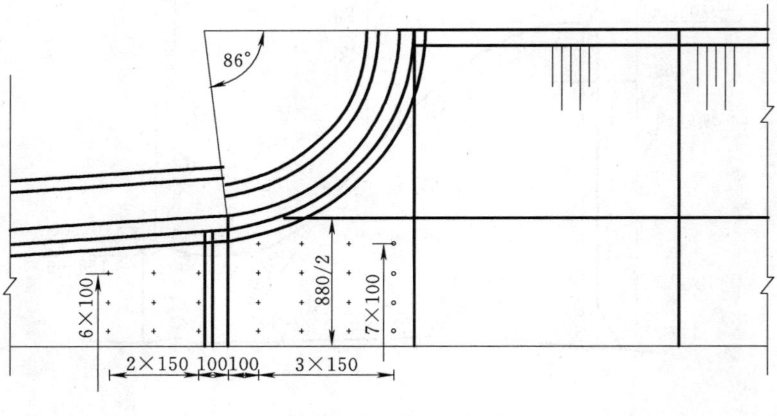

图 12－29　均布构造的尺寸注法

§12－4　水 工 图 的 识 读

在设计、施工、科研、学习等活动中，都要求水利工程技术人员具有熟练阅读水工图的能力。

一、阅读水工图的要求

1. 看枢纽布置图

了解枢纽的地理位置，该处的地形和河流状况，各建筑物的位置和主要尺寸，各建筑物之间的相互关系。

2. 看结构图

了解各建筑物的名称、功能、工作条件、结构特点，建筑物各组成部分的结构形状、大小、作用、材料和相互位置，附属设备的位置和作用等。

3. 归纳总结

以便对水利枢纽（或水工建筑物）有一个完整、全面的了解。

二、读图的方法和步骤

识读水工图的顺序，一般是由枢纽布置图到建筑结构图，按先整体后局部，先看主要结构后看次要结构，先粗后细、逐步深入，具体步骤如下。

1. 概括了解

(1) 了解建筑物的名称、组成及作用。识读任何工程图样都要从标题栏开始，从标题栏和图样上的有关说明中了解建筑物的名称、作用、比例、尺寸单位等内容。

(2) 了解视图表达方法。分析各视图的视向，弄清视图中的基本表达方法、特殊表达方法，找出剖视图和剖面图的剖切位置及表达细部结构详图的对应位置，明确各视图所表达的内容，建立起图与图的对应关系。

2. 形体分析

根据建筑物组成部分的特殊点和作用，将建筑物分成几个主要组成部分，可以沿水流方向分建筑物为几段，也可沿高程方向分建筑物为几层，还可以按地理位置或结构来划分。运用形体分析的方法，以特征明显的一两个重要视图为主，结合其他视图，采用对线条、找投影、想形体的方法，想象出各组成部分的空间形状，对较难想象的局部，可运用线面分析法识读。在分析过程中，结合有关尺寸和符号，读懂图上每条线段、每个符号、每个线框的意义和作用，弄清楚建筑物各部分大小、材料、细部结构、位置和作用。

3. 综合想象整体

在形体分析的基础上，对照各组成部分的互相位置关系，综合想象出建筑物的整体形状。整个读图过程应采用上述方法步骤，循序渐进，几次反复，逐步读懂全套图纸，从而达到完整、正确理解工程设计意图的目的。

【例 12-1】 阅读图 12-30 所示水库枢纽布置图及图 12-31 土坝纵剖面。

分析：1. 概括了解

首先。了解水库枢纽组成及作用：在山谷中修一座土坝，把水储蓄起来，形成了水库。该枢纽在河道左岸修了一条输水隧洞，出口处又分出一条主洞，主洞末端建立了一座两个机组的水电站，支洞则用于引水灌溉。在右岸山凹处，修建了溢洪道，用于宣泄洪水，防止洪水从坝顶漫溢，保护土坝的安全。土坝由坝身、心墙、棱体排水和上下游护坡组成。坝身用于挡水，心墙防渗，棱体排水用来排除由上游渗到下游的积水；上下游护坡的作用是防止风浪及雨水冲刷坝面。为防止在排水时带走土粒和堵塞排水棱体，沿坝体与堆石棱体的接触面都设有反滤层。其次，要分析视图的表达方法：该图为整个枢纽工程图纸的一部分。其中包括枢纽平面布置图、*A*—*A* 纵剖展开图、土坝最大横剖面及三个详图。枢纽布置图中的输水隧洞采用了示意画法，对电站

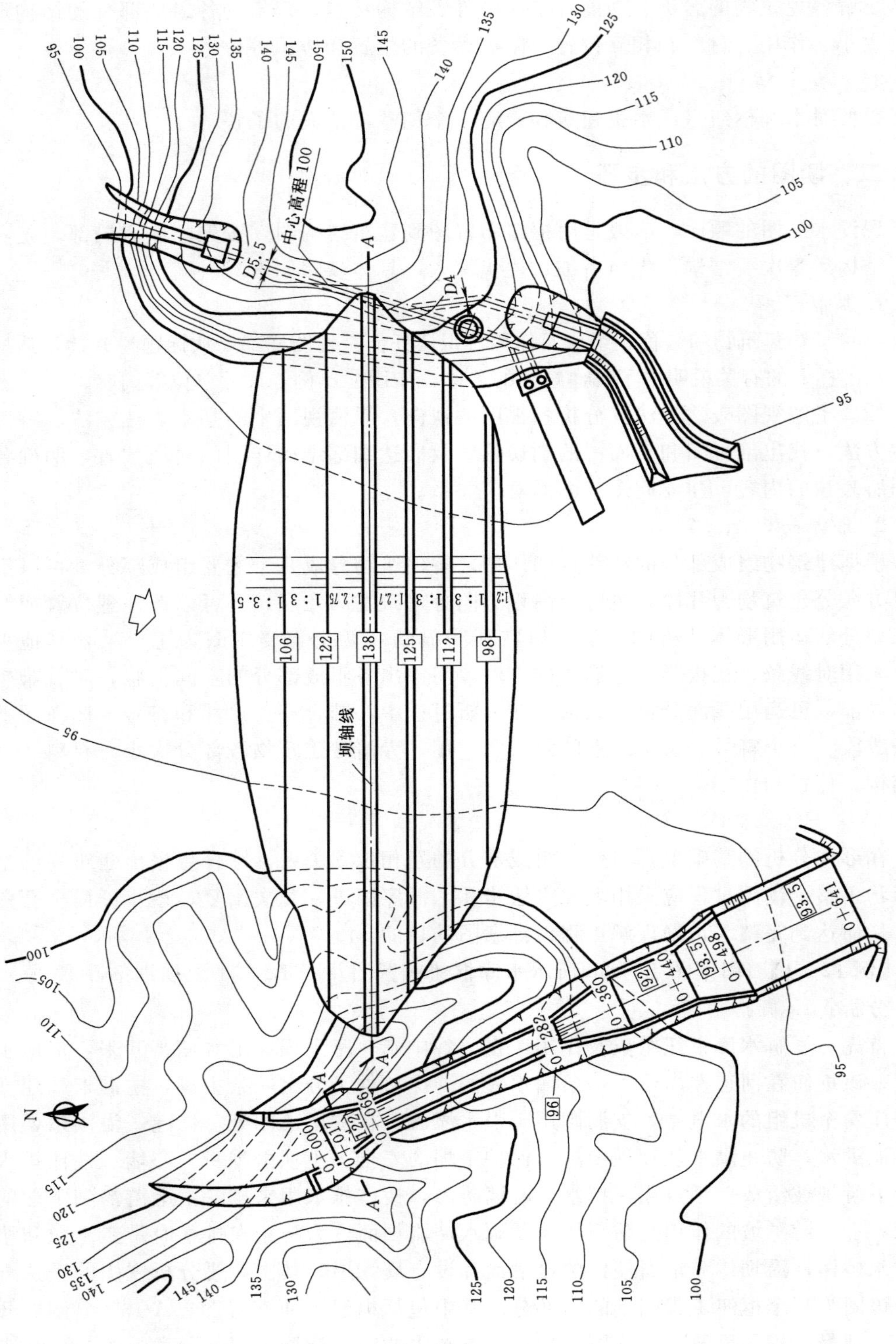
中心高程 100
D5.5
D4
A
坝轴线
1:3.5
1:3
1:2.75
1:2.7
1:3
1:3
1:2
106
122
138
125
112
98
0+000
0+017
0+066
0+282
0+360
0+440
0+498
0+641
122
96
92
93.5
93.5
N
95
100
105
110
115
120
125
130
135
140
145
150

图 12-30　枢纽布置图

和调压井采用了平面图图例。A—A 展开图是沿坝轴线和垂直溢洪道中心线经两次转弯复合剖切的展开图，为了使图形表达更清楚，该图采用纵横不同的比例尺：垂直方向 1∶1000，水平方向 1∶4000，反映了坝轴线处的基岩线及原地面线的相互位置，也反映了输水隧洞中心、溢洪道剖面和土坝在高度方向上的关系。最大横剖面图表达从河槽的最低位置剖切的土坝所示的剖面图。

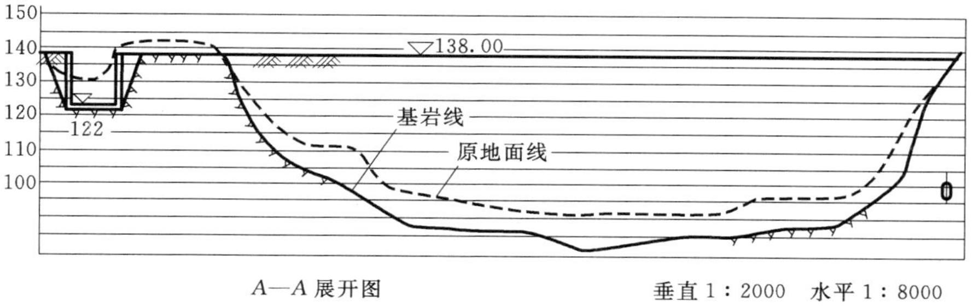

图 12-31 土坝纵剖面

2. 形体分析

在枢纽中水流自北向南、坝轴线东西走向，溢洪道自西北向东南泄流，布置在坝的右岸，隧洞自东北向西南方向在山下贯通。在坝的左岸，枢纽布置图反映溢洪道与地面的连接和隧洞进出口的开挖情况，其详细结构可查阅有关的结构图。土坝的最大横剖面充分表示出土坝形状：该坝身成梯形剖面。用砂卵石堆筑，坝顶宽 8m，高程 138m，上游坡度为 1∶2.75、1∶3 和 1∶3.5；下游坡度为 1∶2.75 和 1∶3，并在 125m 和 112m 高程处设有 3m 宽的马道。黏土心墙下与基岩相连，位于坝体剖面的中部。堆石棱体排水位于坝的下游坡脚。坝体基本上是一个梯形四棱柱体，但高度适应河谷地形变化，在河槽最凹处最大，在两侧岸坡处较矮，纵剖面 A—A 把这一概念表示得很清楚。中间黏土心墙为直棱柱体，沿坝轴线方向形成一道墙，且上接坝顶防浪墙，下与基岩连接。坝壳为砂石料，上下游采用了砌石护坡。

3. 综合想象整体

根据 A—A 纵剖展开图、土坝最大横剖面及三个详图弄清土坝的结构形状和相互关系，根据枢纽平面图所表达的建筑物的相互关系可构想出整个枢纽的空间形状。

【例 12-2】 阅读图 12-32 所示水闸设计图。

1. 概括了解水闸的功能及组成

水闸是在防洪、排涝、灌溉等方面应用很广的一种水工建筑物。通过闸门的启闭，可使水闸具有泄水和挡水的双重作用；改变闸门的开启高度，可以起到控制水位和调节流量的作用。

水闸由以下三部分组成：

(1) 上游段。上游段的作用是引导水流平顺地进入闸室，并保护上游河床不受冲刷。一般包括上游防冲槽（或齿坎）、铺盖、上游翼墙及两岸护坡等。

(2) 闸室段。闸室段起控制水流的作用。它包括闸门、闸墩（中墩和边墩）、闸底板，以及在闸墩上设置的交通桥、工作桥和闸门启闭设备等。

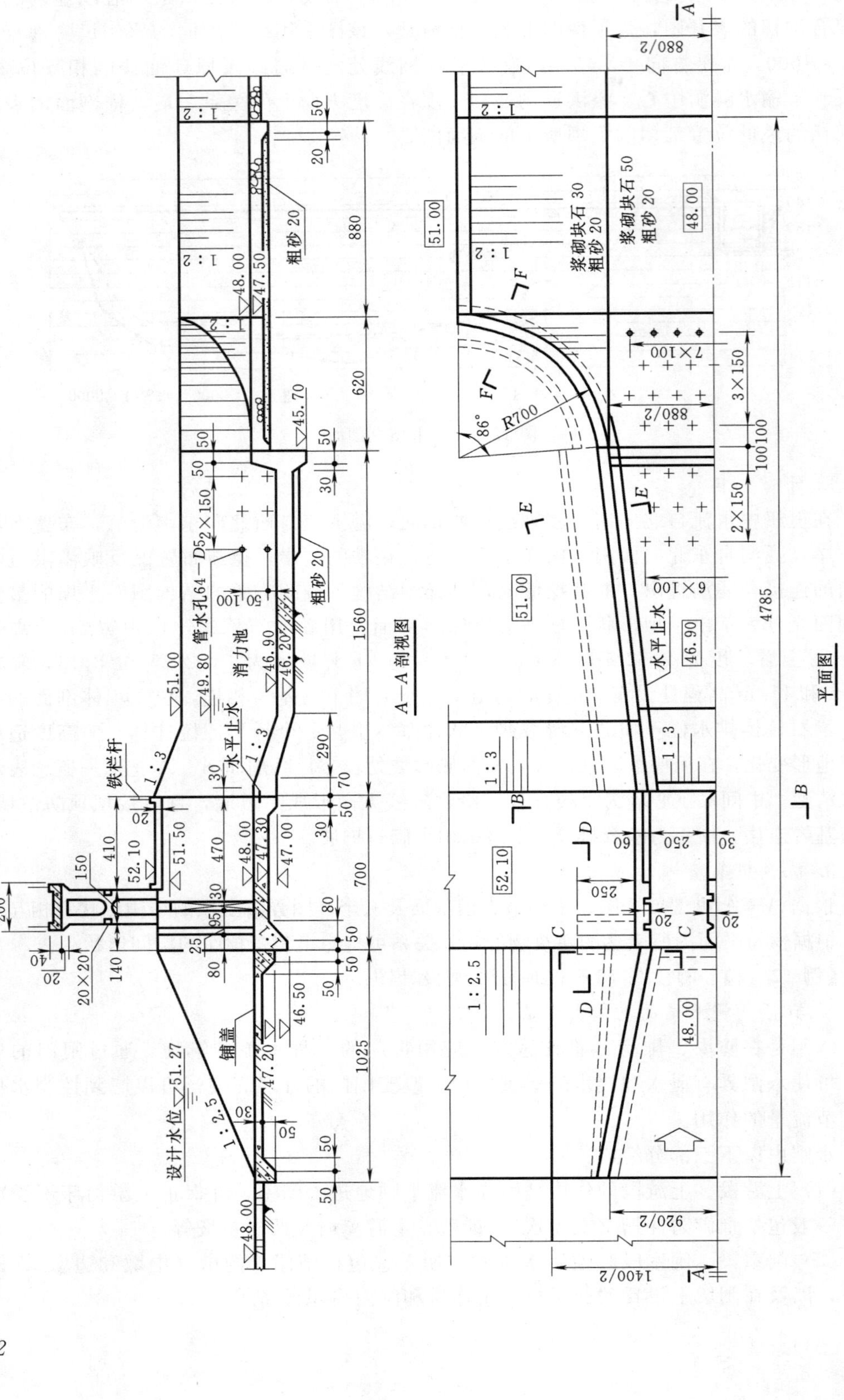
A—A 剖视图
设计水位
铁栏杆
管水孔64－D5
消力池
水平止水
铺盖
粗砂 20
平面图
浆砌块石 30
粗砂 20
浆砌块石 50
粗砂 20
R700
86°
4785
1400/2
920/2
880/2

图 12－32（一）　进水闸

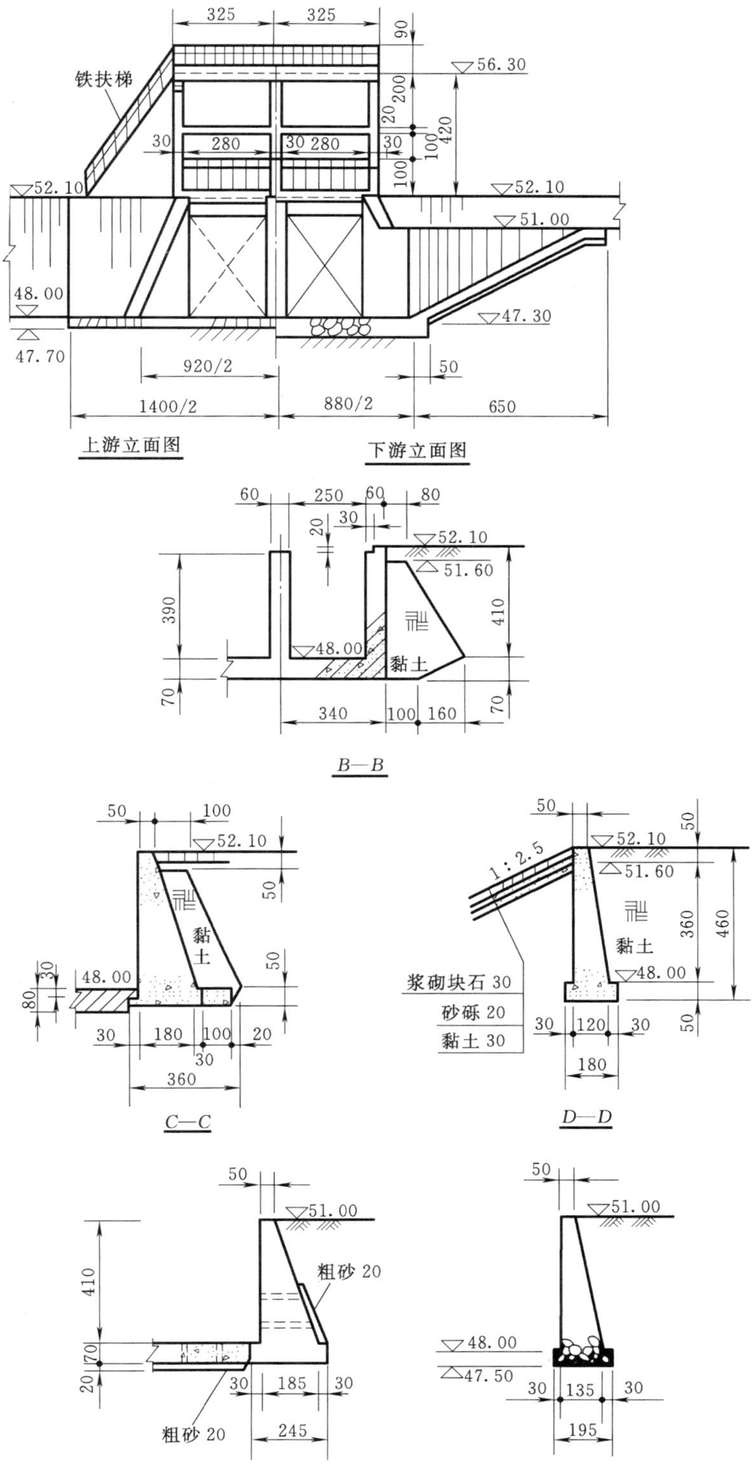
铁扶梯
325
325
90
56.30
200
20
420
100
100
30
280
30 280
30
52.10
52.10
51.00
48.00
47.70
47.30
920/2
50
1400/2
880/2
650
上游立面图
下游立面图
60
250
60
80
30
20
52.10
51.60
390
410
48.00
黏土
70
340
100
160
70
B—B
50
100
52.10
50
黏
土
50
30
80
48.00
30
180
100
20
30
360
C—C
50
52.10
50
1:2.5
51.60
360
460
黏土
48.00
浆砌块石 30
砂砾 20
黏土 30
30
120
30
50
180
D—D
50
51.00
粗砂 20
410
70
20
30
185
30
粗砂 20
245
E—E
50
51.00
48.00
47.50
30
135
30
195
F—F

图 12-32（二） 进水闸

(3) 下游段。下游段的作用是均匀地扩散水流，消除水流的能量，防止冲刷河岸及河床。它包括消力池、海漫、下游防冲槽、下游翼墙及两岸护坡等。

2. 进水闸的表达方案

该进水闸用一组建筑物结构图来表达。建筑物结构图主要表达某一建筑物的形状、大小、构造、材料等内容，特点是：视图种类多、比例大、表达清楚。

(1) 平面图。由于平面图左右对称，因此采用省略画法，以对称中心线为界只画出左岸一半的图形，主要表达各段的平面布置、平面形状，如翼墙成八字形和圆弧形、闸墩形状、主门槽、检修门槽位置等；还表达了各段长度、宽度尺寸，剖视图、断面图的标注等。

(2) $A—A$ 纵剖视图。该图采用单一全剖视图，剖切平面平行于水闸轴线，通过整个水闸，它主要表达底板的纵断面实形，如铺盖、闸室底板、消力池底板、海漫、上下游护坡等；还表达了底板的构造和材料，边墙的侧立面形状，闸门槽位置及各部分的长度、高等尺寸以及排架的形状等。

(3) 上、下游立面图。由于上下游立面图是两个视向相反且对称的图形，因此各取一半画成合成视图，该视图主要表达水闸进出口立面形状、排架和工作桥、交通桥以及各部分的尺寸等。

(4) 断面图。采用 $B—B$、$C—C$、$D—D$、$E—E$、$F—F$ 五个断面图，分别表达闸室、上游翼墙、挡土墙、消力池边墙、圆柱面翼墙等部位的断面实形、细部构造、尺寸和材料等。

(5) 特殊表达方法。该进水闸结构设计图中，有多次采用了特殊表达方法，其中平面图中采用拆卸画法将闸室上的排架、工作桥、交通桥、闸门等拆去。排水孔、工作桥的扶梯和桥栏杆均采用简化画法，闸门采用示意画法，平面图中用粗实线表示各种缝线等。

3. 图示内容与识读

因为该图主要表达进水闸各部分的形体结构，因此在读图时应以形体为主线，结合各个视图，分段、分块进行形体分析，弄清楚各部分形状、构造、尺寸、材料等内容。

(1) 上游连接段。从平面图和 $A—A$ 视图可知：铺盖的平面形状为梯形，铺盖是厚 30cm，两端带齿墙，长 1025cm 的钢筋混凝土板。上游翼墙在平面上呈“八”字形，采用斜降式挡土墙，即墙顶随岸坡逐渐下降。下降坡度为 1∶2.5。

(2) 闸室段。从平面图和 $A—A$ 视图可知：闸室底板长 700cm，厚 70cm，是前后带齿的平面，其平面形状是矩形，材料为钢筋混凝土。闸底板上有两个边墩和一个中墩，将闸室分为两孔。中墩厚 60cm，两边分别做成半圆柱形，两侧有闸门槽及检修门。边墩是厚 60cm 的直棱柱体，靠内侧也有两个闸门槽，采用平板闸门。在闸门正上方设有排架，排架上面是宽 200cm 的工作桥，在排架的下游设有宽 410cm 的交通桥，材料均为钢筋混凝土。

在上、下游立面图和 $A—A$ 剖视图上分别可以看出闸室段的立面形状和断面形状。

结合 $D—D$ 断面图可知挡土墙的形状、尺寸和材料。

(3) 下游连接段。从平面图和 A—A 视图可知：消力池的平面形状为梯形，长1650cm，由底板和边墙形成了一个“水槽”，消力池底板顶部高程 46.90m，厚70cm，进口端是 1∶3 的斜坡，尾部设有高 1.1m 的消力坎。E—E 断面图表示了消力池翼墙的断面形状和尺寸，该断面是顶宽 50cm、底宽 185cm 的直角梯形，为降低渗水压力，在消力池底板和边墙上设有 64 个直径为 50mm 的冒水孔，冒水孔处设有20cm 厚的粗砂反滤层。渐变段进口处是矩形，出口处与梯形断面的尾水渠相连，海漫和下游护坡长度分别为 620cm 和 880cm，用浆砌石做成，海漫上设有冒水孔，下有 20cm 厚的粗砂反滤层。翼墙由半径 650cm 的圆柱面做成。F—F 断面表达了翼墙的断面实形、尺寸和材料，护坡是由浆砌石做成的 1∶2 的斜坡面。

(4) 综合整理。综上所述，形体分析包括弄清水闸各部分的形状、位置关系及构造、尺寸、材料等内容，想象出水闸的整体结构形状，如图 12-33 所示。

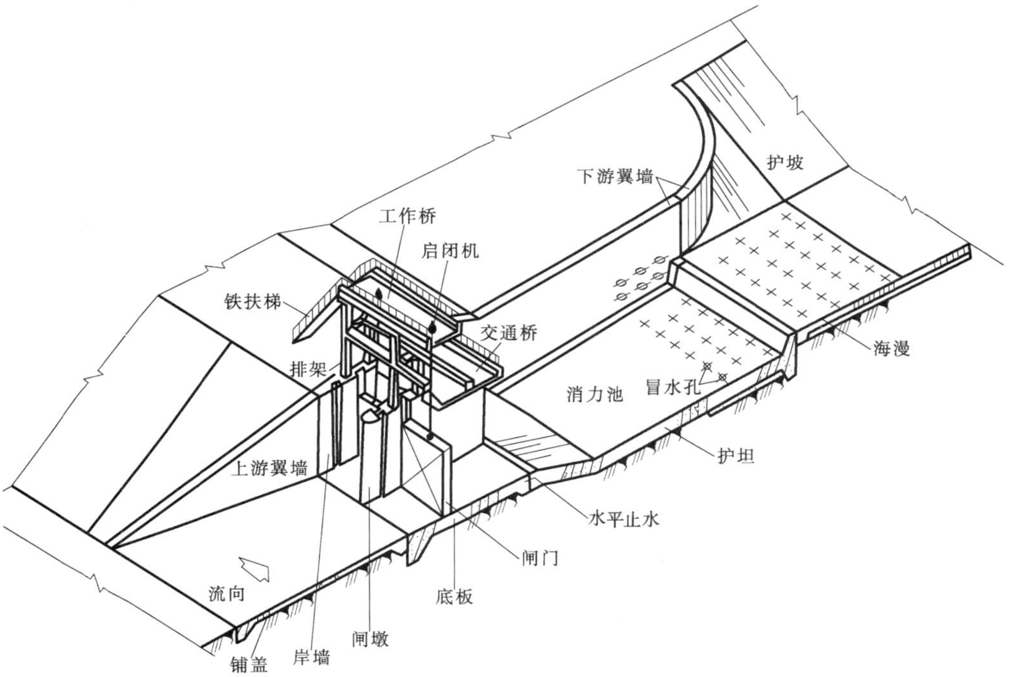

图 12-33　进水闸轴测图

技能训练项目十二

技能训练实训：抄绘涵洞结构图。

技能训练目标：增强学生的读图能力和绘图能力。

技能训练要求：

1. 查找有关资料，了解涵洞的作用及组成。

2. 根据图 12-34 所示所给涵洞结构图，分析各个视图分别采用何种画法并了

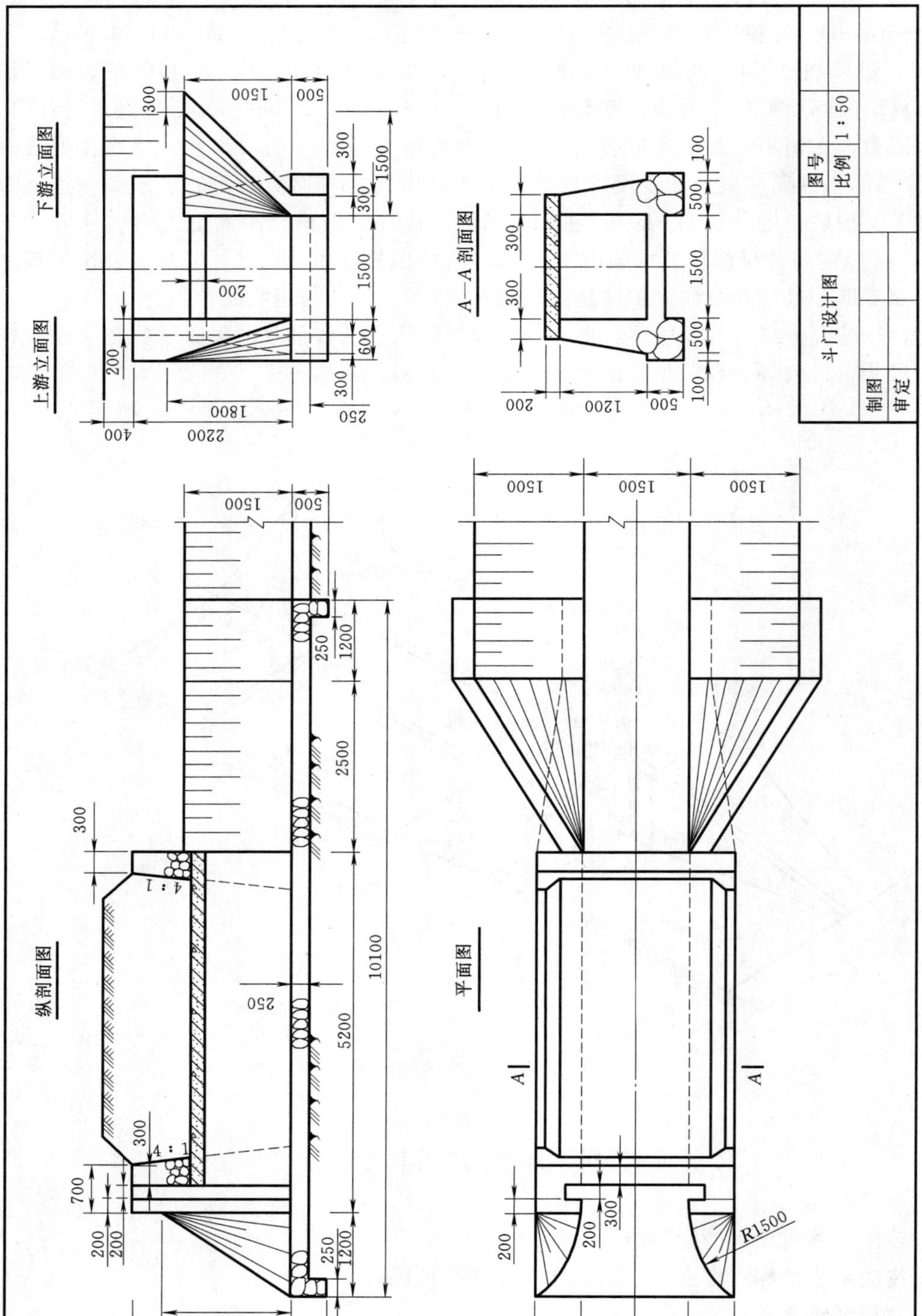

图 12-34　涵洞结构图

解所表达的部位内容（名称、结构特点、尺寸、材料等）、作用等。

3. 在不改变建筑物结构及原图表达方案的前提下，另选比例将图抄绘于图纸上，可再补画少量视图。

技能训练步骤：

1. 熟悉资料，分析确定表达方案。

2. 选择适当的比例和图幅，力求在表达清楚的前提下选用较小的比例，按比例选择适当的图幅。

3. 合理的布置视图。按所选取的比例估计各视图所占范围，进行合理布置，画出各视图的作图基准线。视图应尽量按投影关系配置，有联系的视图应尽量布置在同一张图纸内。

4. 画图时，应先画大的轮廓，后画细部；先画主要部分，后画次要部分，最后画剖面材料符号。

5. 标注尺寸和注写文字说明。

复 习 思 考 题

1. 水工图按什么分类？各有什么特点？

2. 水工图的表达方法有哪些？

3. 水工图如何标注？

学习单元十三　道路工程图

【学习目标与要求】

1. 了解道路的基本组成及分类。
2. 了解道路施工图及其表达方法。
3. 掌握建道路工程图的绘制方法。

§13-1　道路路线工程图

道路是一种供车辆行驶和行人步行的带状结构物，其基本组成包括路基、路面、桥梁、涵洞、隧道、防护工程和排水设施等。道路根据它们不同的组成和功能特点，可分为公路和城市道路两种。位于城市郊区和城市面上以外的道路称为公路，位于城市范围以内的道路称为城市道路。

道路工程具有组成复杂，长、宽、高尺寸相差大，形状受地形影响的特点，道路工程图的图示方法与一般图不同，它以地图作为平面图，以纵向展开断面图为立面图，纵横断面作为侧面图，并且大都各自画在单独的图纸上。道路路线设计的最后结果是以平面图、纵断面图和横断面图来表达，绘制道路工程图时，应遵守《道路工程制图标准》中的有关规定。

一、公路路线工程图

道路是建筑在地面上的，供车辆行驶和人们步行的窄而长的线性工程构筑物，道路路线是指道路沿长度方向的行车道中心线。道路的位置和形状与所在地区的地形、地貌、地物以及地质有很密切的关系。由于道路路线有竖向高度变化（上坡、下坡、竖曲线）和平面弯曲（左向、右向、平曲线）变化，所以实质上从整体来看道路是一条空间曲线。道路路线工程图的图示方法与一般的工程图样不完全相同，道路工程图由表达线路整体状况的路线工程图和表达工程实体构造的桥梁、隧道、涵洞等工程图组合而成，路线工程图是用路线平面图、路线纵断面图和路线横断面图来表达的。

1. 路线平面图

路线平面图的作用是表达路线的方向、平面线型（直线和左、右弯道）以及沿线两侧一定范围内的地形、地物情况。

（1）图示方法。路线平面图是从上向下投影所得到的水平投影，也就是用标高投影法所绘制的道路路线周围区域的地形图。

（2）画法特点和表达内容。路线平面图主要是表示路线走向平面线型状况，以及沿线两侧一定范围内的地形、地物等情况。如图 13-1 所示，为某公路 K3＋300～K5＋200 段的路线平面图。下面分地形和路线两部分来介绍道路平面图的画法特点和表

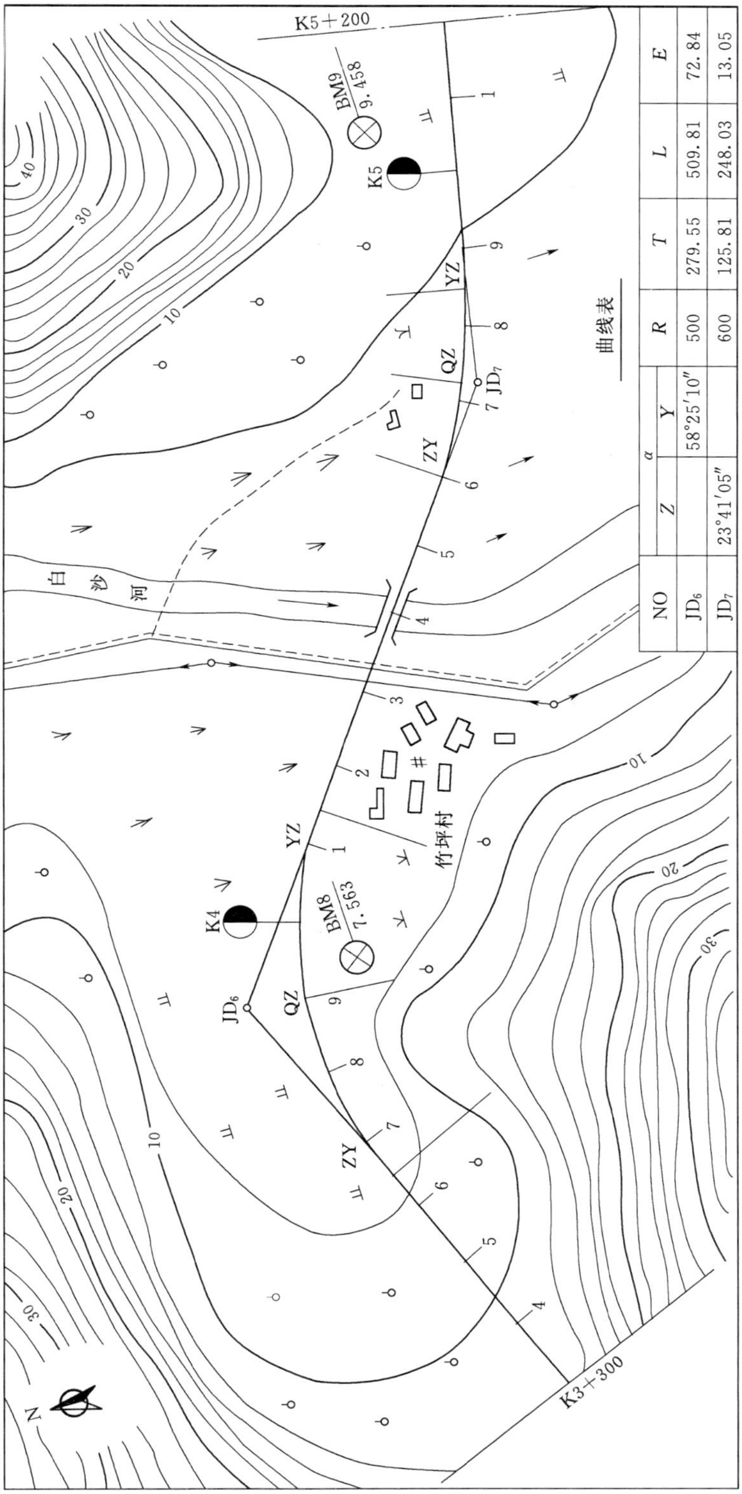

曲线表

NO	α		R	T	L	E
	Z	Y				
JD_6		58°25'10"	500	279.55	509.81	72.84
JD_7	23°41'05"		600	125.81	248.03	13.05

图13-1 路线平面图

达内容。

1）地形部分。比例：道路路线平面图所用比例一般较小，通常在城镇区为 1：500 或 1：1000，山岭区为 1：2000，丘陵区和平原区为 1：5000 或 1：10000。

方向：在路线平面图上应画出指北针或测量坐标网，用来指明道路在该地区的方位与走向。本图采用指北针的箭头所指为正北方向，指北针宜用细实线绘制。方位的坐标网 X 轴向为南北方向（上为北），Y 轴向为东西方向。坐标值的标注应靠被标注点，书面方向应平行于网格或在网格延线上，数值前应标注坐标轴线代号。如图 13－1 中“X3000，Y2000”表示两垂直线的交点坐标为距坐标网原点北 3000 单位（m）、东 2000 单位（m）。

地形：平面图中地形起伏情况主要是用等高线表示，本图中每两根等高线之间的高差为 2m，每隔四条等高线画出一条粗的计曲线，并标有相应的高程数字，根据图中等高线的疏密可以看出，该地区西南和西北地势较高，东北有一山峰，河流两侧地势低洼且平坦。

地貌地物：在平面图中地形面上的地貌地物如河流、房屋、道路、桥梁、电力线、植被等都是按规定图例绘制的，常用道路工程地物和结构物图例见表 13－1。对照图例可知，该地区中部有一条白沙河自北向南流过，河岸两边是水稻田，山坡为旱地，并栽有果树。河西中部有一居民点，名为竹坪村。原有的乡间路和电力线沿河西崖而行，并通过该村。

表 13－1　　　　　　常用道路工程地物和结构物图例

名称	图例	名称	图例	名称	图例
机场		港口		井	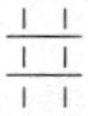
学校		交电室	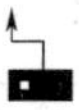	房屋	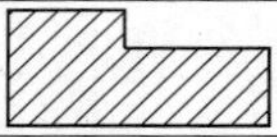
土堤	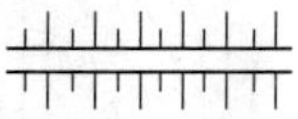	水渠	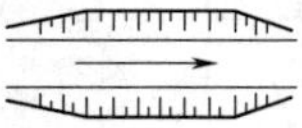	烟囱	
河流		冲沟	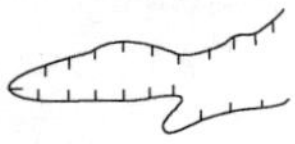	人工开挖	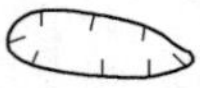
铁路		公路		大车道	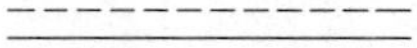
小路	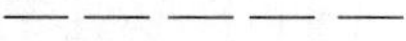	低压电力线 高压电力线	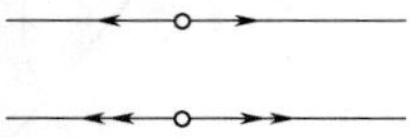	电线	
果园		旱地		草地	
林地	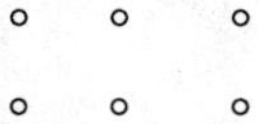	水田		菜地	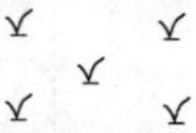
导线点		三角点		图根点	
水准点		切线交点		指北针	

水准点：沿路线附近每隔一定距离，就在图中标有水准点的位置，用于路线的高程测量。

2）路线部分。设计路线：用加粗实线表示路线，由于道路的宽度相对于长度来说尺寸小得多，公路的宽度只有在较大比例的平面图中才能画清楚，因此通常是沿道路中心线画出一条加粗的实线（2*b*）来表示新设计的路线。

里程桩：道路路线的总长度和各段之间用里程桩号表示。里程桩号应从路线的起点至终点依次顺序编号，在平面图中路线的前进方向总是从左向右的。里程桩分公里桩和百米桩两种，公里桩宜标注在路线前进方向的左侧，公里数注写在符号"◑"的上方，如"K6"表示距起点 6km。百米桩宜标注在路线前进方向的右侧。用垂直于路线的细短线表示桩位，用字头朝向前进方向的阿拉伯数字表示百米数，注写在短线的端部，例如 K6 公里桩的前方注写的"4"表示桩号为 K6＋400，说明该点距路线起点为 6400m。

（3）平曲线。道路路线在平面上是由直线段和曲线段组成的，在路线的转折处应设平曲线。最常见的较简单的平曲线为圆弧，其基本的几何要素如图 13-2 所示：JD 为交角点，是路线的两直线段的理论交点。α 为转折角，是路线前进时向左（α_Z）或向右（α_Y）偏转的角度；R 为圆曲线半径，是连接圆弧半径长度；T 为切线点，是切点与交点之间的长度；E 为外距，是曲线中点到交角点的距离；L 为曲线长，是圆曲线两切点之间的弧长。

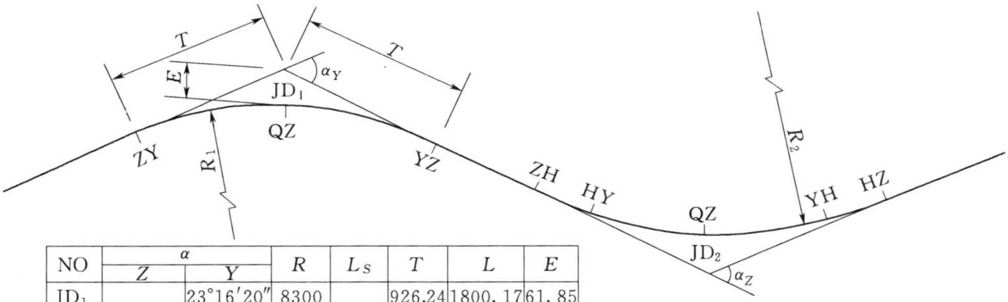

NO	α Z	α Y	R	L_S	T	L	E
JD_1		23°16′20″	8300		926.24	1800.17	61.85
JD_2	12°31′16″		5500	600.15	602.50	1200.35	32.91

图 13-2　平曲线几何要素

在路线平面图中，转折处应注写交角点代号并依次编号，如 JD_6 表示第 6 个交角点。还要注出曲线线段的起点 ZY（直圆），中点 QZ（曲中）、终点 YZ（圆直）的位置。为了将路线上各段平曲线的几何要素值表示清楚，一般还应在图中的适当位置列出平曲线要素表。如果设置缓和曲线，则将缓和曲线与前、后直线的切点，分别标记为 ZH（直缓点）和 HZ（缓直点）；将圆曲线与前、后段缓和曲线的切点，分别标记为 HY（缓圆点）和 YH（圆缓点）。

通过读图 13-1 可以知道，新设计的这段公路是从 K3＋300 开始，由西南方地势较低处引来，在交角点 JD_6 处向右转折，$\alpha_Y=58°25'10''$，圆曲线半径 $R=500$mm，从竹坪村北面经过，然后通过白沙河桥，到交角点 JD_7 处再向左转折，$\alpha_Y=23°41'05''$，

圆曲线半径 $R=600\text{m}$，公路从山的南坡沿山脚向东延伸。

2. 路线纵断面图

(1) 图示方法。路线纵断面是通过公路中心线用假想的铅垂剖切面纵向剖切，然后展开绘制后获得的，如图 13-3 和图 13-4 所示。由于道路线是由直线和曲线组合而成的，所以纵向剖切面既有平面又有曲面，为了清楚地表达路线的纵断面情况，需要将此纵断面拉直展开，并绘制在图纸上，这就形成了路线纵断面图。

图 13-3　路线纵断面形成示意图

(2) 画法特点和表达内容。路线纵断面图主要表达道路的纵向设计线形以及沿线地面的高低起伏状况、地质和沿线设置构造物的概况。

路线纵断面图包括图样和资料表两部分，一般图样画在图纸的上部，资料表布置在图纸的下部。图 13-4 所示为某公路从 K6～K7+600 段的纵断面图。

1) 图样部分。

a. 比例：纵断面图的水平方向表示路线的长度（前进方向），竖直方向表示设计线和地面的高程，由于路线的高差比路线的长度尺寸小得多，如果竖向高度与水平长度用同一种比例尺绘制，是很难把高差明显地表示出来的，所以绘制时一般垂直比例要比水平比例放大 10 倍，例如本图的水平比例为 1∶2000，而垂直比例为 1∶200，这样画出的路线坡度就比实际大，看上去也较为明显。为了便于画图和读图，一般还应在纵断面图的左侧按垂直比例画出高程标尺。

b. 设计线和地面线：在纵断面图中，道路的设计线用粗实线表示。原地面线用细实线表示，设计线是根据地形起伏和公路等级，按相应的工程技术标准确定的，设计线上各点的标高通常是指路基边缘的设计高程。地面线是根据原地面上沿线各点的实测中心桩高程绘制的。比较设计与地面的相对位置，可决定填挖高度。

c. 竖曲线：设计线是由直线和竖曲线组成的，在设计线的纵向坡度变更处（变

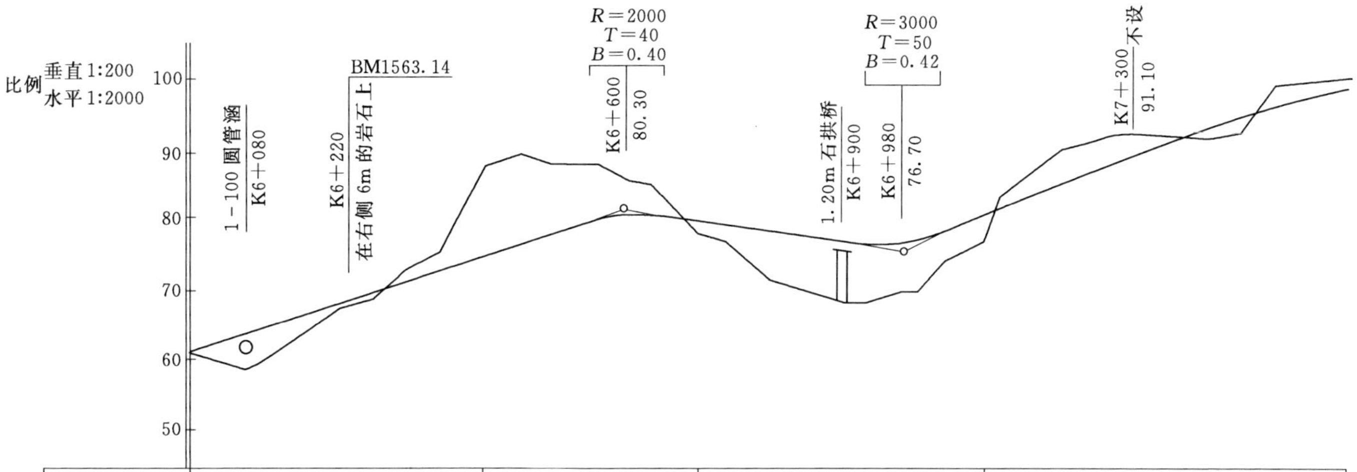

地质概况	普通黏土	坚石	普通黏土	坚石

坡度/%	3.0	1.0	4.5	3.5
距离/m	600	380	320	300

里程桩号	填高	挖深	设计高程	地面高程
6+000.00	1.30		62.50	61.20
6+080.00	6.25		64.90	58.65
6+100.00	5.40		65.50	60.10
6+200.00	1.48		68.50	67.02
6+220.00	1.50		69.10	67.60
6+234.73	1.40		70.14	68.74
6+300.00		1.65	71.50	73.15
6+350.10		6.56	73.00	79.56
6+400.00		12.30	74.50	86.80
6+455.47		12.10	76.16	88.26
6+500.00		9.41	77.50	86.91
6+560.00		7.50	79.30	86.80
6+600.00		5.20	80.10	85.30
6+640.00		3.06	80.10	83.16
6+700.00	1.80		79.50	77.70
6+740.00	3.50		79.10	75.60
6+800.00	6.81		78.50	71.69
6+900.00	8.84		77.50	68.66
6+930.00	7.80		77.20	69.40
6+980.00	7.02		77.12	70.10
7+000.00	7.10		77.75	70.65
7+030.00	4.26		78.95	74.69
7+100.00	1.35		82.10	80.75
7+114.04		1.24	82.73	83.98
7+200.00		4.90	86.60	91.50
7+285.96		3.18	90.47	93.65
7+300.00		2.58	91.10	93.68
7+400.00	1.34		94.60	93.26
7+450.00	0.23		96.35	96.12
7+500.00		3.24	98.10	101.34
7+600.00		1.65	101.60	103.25

平曲线：JD_9 $\alpha=40°15''$ $R=300$；JD_{11} $\alpha=19°42''$ $R=500$

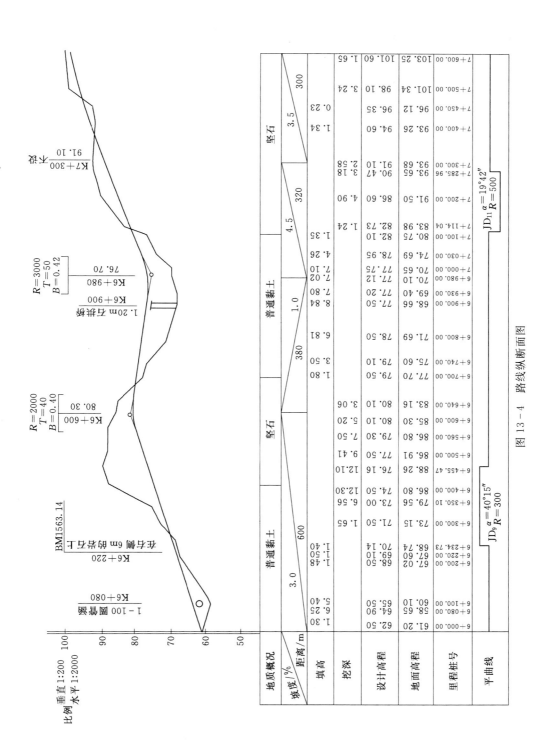

图 13-4 路线纵断面图

坡点），为了便于车辆行驶，按技术标准的规定设置圆弧竖曲线。竖曲线分为凸形和凹形两种，在图 13-4 中的变坡处桩号为（K6＋600），竖曲线中点的高程为 80.50m，设有凸形竖曲线（R＝2000m，T＝40m，E＝0.40m）；在变坡点 K6＋980 处设有凹形竖曲线（R＝3000m，T＝50m，E＝0.42m），在变坡点 K7＋300 处，由于坡度变化较小，可注明不设竖曲线。

d. 工程构筑物：道路沿线工程构筑物如桥梁、涵洞等，应在设计的上方或下方用竖直引出线标注，竖直引出线应对准构筑物的中心位置，并注出构筑物的名称、规格和里程桩号。例如图 13-4 中涵洞在涵洞中心位置用“O”表示，并进行标注，表示在里程桩 K6＋080 处设有一座直径为 100cm 的单孔圆管涵洞。例如 $\dfrac{\text{4－20 预应力混凝土连续 T 梁}}{\text{K128＋600}}$表示在里程桩 K128＋600 处设有一座桥，该桥为预应力混凝土 T 型连续梁桥，共四跨，每跨 20m。

e. 水准点：沿线设置的测量水准点也应标注。竖直引出线对准水准点，左侧注写里程桩号，右侧写明其位置，水平线上方注出其编号和高程。如水准点 BM15 设置在里程 K6＋220 处的右侧距离为 6m 的岩石上，高程为 63.14m。

2）资料表部分。路线纵断面图的测设数据表与图样上下对齐布置，以便阅读。这种表示方法，较好地反映出纵向设计在各桩号处的高程、填挖方量、地质条件和坡度以及平曲线与竖曲线的配合关系。资料表主要包括以下项目和内容。

a. 地质概况：根据实测资料，在图中注出沿线各段的地质情况。

b. 坡度/距离：标注设计各段的纵向坡度和水平长度距离。表格中的对角线表示坡度方向，左下至右上表示上坡，左上至右下表示下坡，坡度和距离分注在对角线的上下两侧。如图 13-4 中的第一格的标注“3.0/600”，表示此段路线是上坡，坡度为 3.0%，路线长度为 600m。

c. 标高：表中有设计标高和地面标高两栏，它们应和图样互相对应，分别表示设计线和地面线上各点（桩号）的高程。

d. 填挖高度：设计线在地面线下方时需要挖土，设计线在地面线上方时需要填土，挖或填的高度值应是各点（桩号）对应的设计标高与地面标差的绝对值。

e. 里程桩号：沿线各点桩号是按测量的里程数值填入的，单位为 m，桩号从左向右排列。在曲线的起点、中点、终点和桥涵中心点等处可设置加桩。

f. 平曲线：为了表示该路段的平面线型，通常在表中画出平曲线的示意图。直线段用水平线表示，道路左转弯用凹折线表示，右转弯用凸折线表示，有时还需要注出平曲线各要素的值。

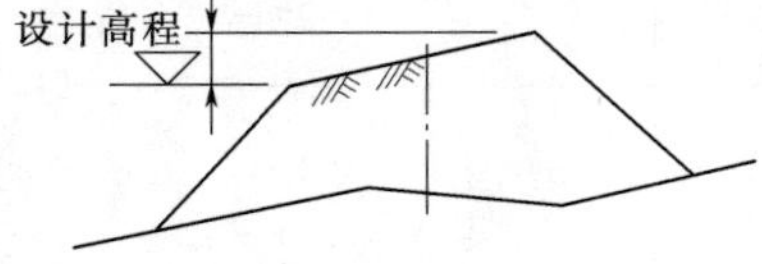

图 13-5　道路超高

g. 超高：为了减少汽车的弯道行驶作用力，道路在平曲线处需设计成外侧高、内侧低的形式，道路边缘与设计线的高程差称为超高。如图 13-5 所示。

h. 纵断面图的标题栏绘在最后一张图或每张图的右下角，注明线名称、纵横比例等。每张图纸右上角应有角标，注明图纸序号及总张数。

3. 路线横断面图

（1）图示方法。路线横断面是用假想的剖切平面，垂直于路中心线剖切而得到的图形。

在横断面图中，路面线、路肩线、边坡线、护坡线均用粗实线表示，路面厚度用中粗实线表示。原有地面线用细实线表示，路中心线用细点画线表示。

横断面图的水平方向和高度方向宜采用相同比例，一般比例为 1∶200、1∶100 或 1∶500。

（2）路基横断面图。为了路基施工放样和计算土石方量的需要，在路线的每一中心桩处，应根据实测资料和设计要求，画出一系列的路基横断面图，主要是表达路基横断面的形状和地面高低起伏状况。路基横断面图一般不画出路面层和路拱，以路基边缘的标高作为路中心的设计标高。

路基横断面图的基本形式有以下 3 种。

1）填方路基。如图 13-6（a）所示，整个路基全为填土区称为路堤。填土高度等于设计标高减去路面标高。填方边坡一般为 1∶1.5。在图下注有该断面的里程桩号、中心线处的填方高度 H_T(m) 以及该断面的填充方面积 A_T(m^2)。

2）挖方路基。如图 13-6（b）所示，整个路基全为挖土区称为路堑。挖土深度等于地面标高减去设计标高，挖方边坡一般为 1∶1。图下注有该断面的里程桩号、中心线处挖方高度 H_W(m) 以及该断面的挖方面积 A_W(m^2)。

3）半填半挖路基。如图 13-6（c）所示，路基断面一部分为填土区，一部分为挖土区，是前两种路基的综合，在图下仍注有该断面的里程桩号、中心线处的填（或挖）方高度 H 以及该断面的填方面积 A_T 和挖方面积 A_W。

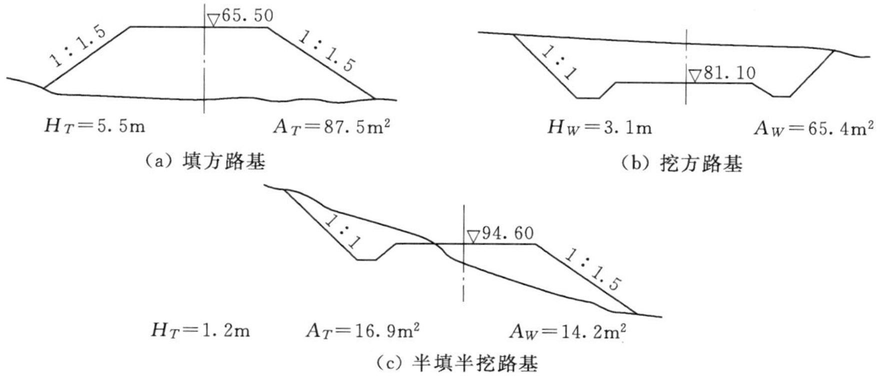

图 13-6 路基横断面的三种形式

（3）高速公路横断面图。高速公路是高标准的现代化公路，它的特点是：车速高，通行能力大，有四条以上车道并设中央分隔带，采用全封闭立体交叉，全部控制出入，有完备的交通管理设施等。高速公路路基横断面主要由中央分隔带、行车道、硬路肩、土路肩等组成，常见的横断面形式如图 13-7 所示。

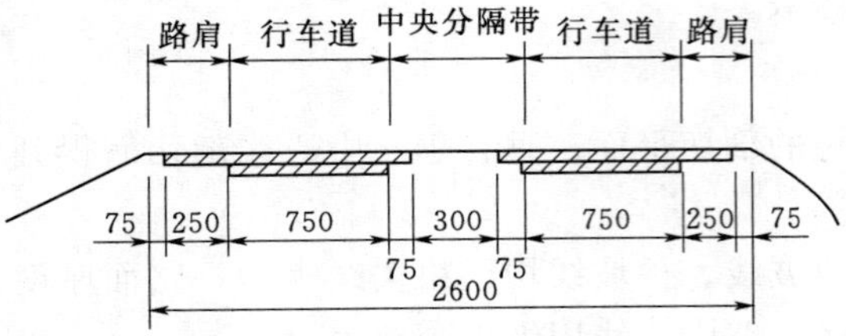

图 13-7　高速路基横断面

4. 道路路线工程图的绘制

道路路线设计的最后结果是以平面图、纵断面图和横断面图来表达。

(1) 路线平面图的绘制。画路线平面图应注意以下事项。

1) 先画地形图，等高线按先粗后细步骤徒手画出，要求线条顺滑。

2) 画路线中心线，用绘图仪器按先曲线后直线的顺序画出路线中心线并加粗（2*b*），《道路工程制图标准》（GB 50162—92）中规定，以加粗实线绘制路线设计线，以加粗虚线绘制路线比较线。

3) 路线平面图应从左向右绘制，桩号为左小右大。

4) 平面图的植物图例应朝上或向北绘制；每张图纸的右上角应有角标，注明图纸序号及总张数。

5) 平面图的拼接。由于道路很长，不可能将整个路线平面图画在同一张图纸内，通常需分段绘制在若干张图纸上，使用时再将各张图纸拼接起来。每张图纸的右上角应画有角标，角标内应注明该张图纸的序号和总张数。平面图中路线的分段宜在整数里程桩处断开，断开的两端均应画出垂直于路线的细点画线作为接图线。相邻图纸拼接时，路线中心对齐，接图线重合，并以正北方向为准，如图 13-8 所示。

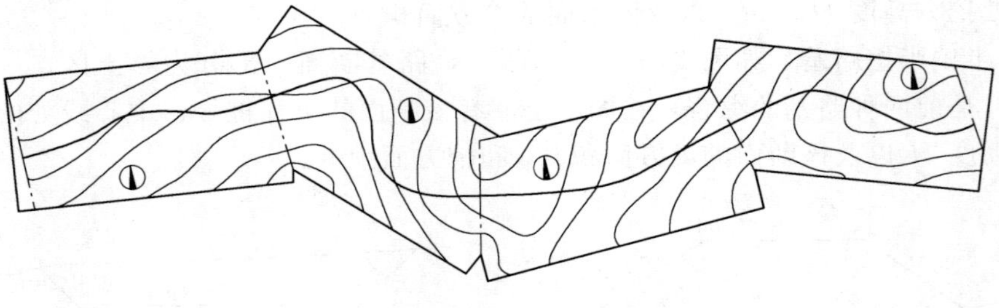

图 13-8　路线平面图的拼接

(2) 路线纵断面图的绘制。画路线纵断面图应注意以下事项。

1) 先画纵横坐标：左侧纵坐标表示标高尺，横坐标表示里程桩。

2) 比例：竖向比例比横向比例扩大 10 倍，如竖向比例 1∶10，则横向比例为 1∶100，纵横比例一般在第一张图的注释中说明。

3) 点绘地面线：地面线的剖切面与原地面的交线，点绘时将各里程桩处的地面高程点到图样坐标中，用粗实线拉坡即为地面线。

4) 设计线拉坡：设计线是剖切面与设计道路的交线，绘制时将各里程桩处的设计高程点到图样坐标中，用粗实线拉坡即为设计线。

5) 线型：地面线用细实线，设计线用粗实线，里程桩号从左向右按桩号大小排列。

6) 变坡点：当路线坡度发生变化时，变坡点应用直径为 2mm 的中粗线圆圈表示。切线应用细虚线表示，竖曲线应用粗实线表示，如图 13-9 所示。

(3) 路线横断面图的绘制。路基横断面图是路线中心桩处垂直于路线中心线的断

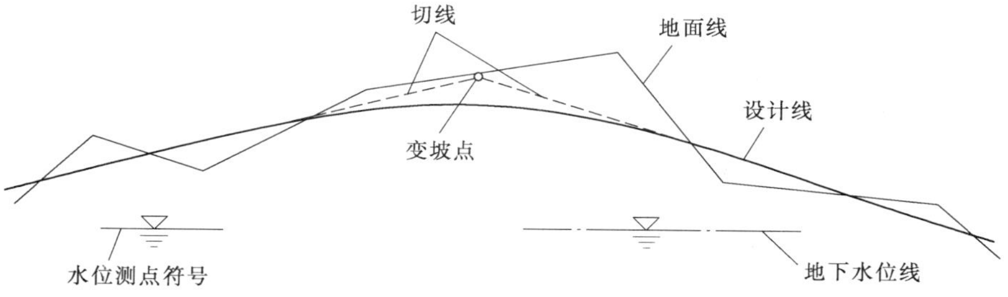

图 13-9 道路设计线

面图。画路线横断面图时应注意以下几点。

1）横断面图的地面线一律用细实线，设计线用粗实线，道路的超高、加宽也应在图中表示出来。

2）在同一张图纸内绘制的路基横断面图，应按里程桩号顺序排列，从图纸的左下方开始，先由下而上，再自左向右排列。

3）在每张路基横断面图的右上角应写明图纸序号及总张数，在最后一张图的右下角绘制图标。

二、城市道路路线工程图

城市道路一般由车行道、人行道、绿化带、分隔带、交叉口、交通广场以及高架桥、高速路、地下道路等各种设施构成。典型的城市道路横断面布置形式通常称为“三块板形式”，中央较宽为双向行驶的机动车道，两侧是单向行驶的非机动车道，它们之间由绿化带隔开，最外边是人行道。

城市道路的线型设计结果也是通过横断面图和平面图、纵断面图表达的。它们的图示方法与公路路线工程图完全相同。由于城市道路所处的地形一般都比较平坦，并且城市道路的设计是在城市规划与交通规划的基础上实施的，交通性质和组成部分比公路复杂得多，因此体现在横断面图上，城市道路比公路复杂得多。

1. 横断面图

城市道路横断面图是道路中心线法线方向的断面图。城市道路横断面由车行道、人行道、绿化带和分离带等部分组成。在城市里，沿街两侧建筑红线之间的空间范围为城市道路用地。

（1）城市道路横断面图布置的基本形式。根据机动车道和非机动车道不同的布置形式，道路横断面的布置有以下 4 种基本形式。

1）“一块板”断面。把所有车辆都组织在同一车行道上行驶，但规定机动车在中间，非机动车在两侧，如图 13-10（a）所示。

2）“两块板”断面。用一条分隔带或分隔墩从道路中央分开，使往返交通分离，但同向交通仍在一起混合行驶，如图 13-10（b）所示。

3）“三块板”断面。用两条分隔带或分隔墩把机动车和非机动车交通分离，把车行道分隔为三块：中间为双向行驶的机动车道，两侧为方向彼此相反的单向行驶非机

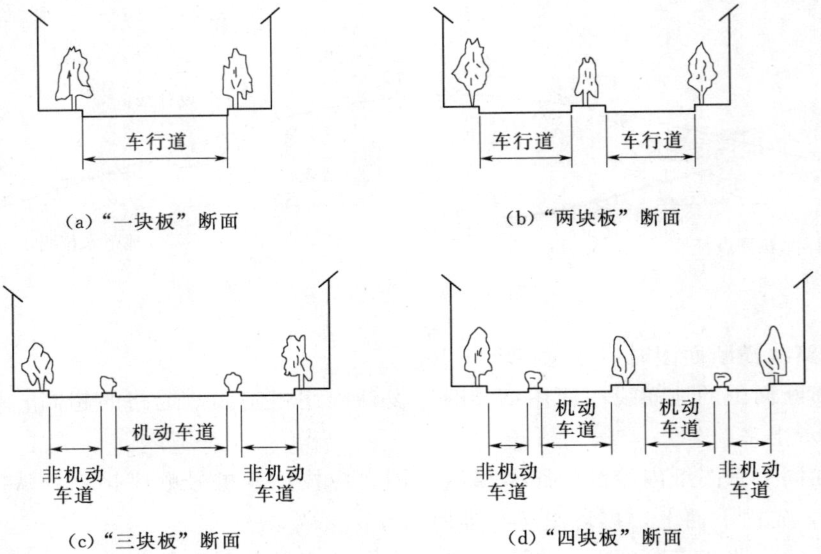

图 13－10　城市道路布置的基本形式

动车车道，如图 13－10（c）所示。

4）"四块板"断面。在"三块板"断面的基础上增设一条中内分离带，使机动车分向行驶，如图 13－10（d）所示。

（2）横断面图的内容。横断面设计的最后结果用标准横断面设计图表示。图中表示出横断面各组成部分及其相互关系。图 13－11 为某路近期设计横断面图。为了清晰地表示高差变化情况，高度方向（纵向）采用了 1∶50，水平方向（横向）采用 1∶200 的绘图比例。

图 13－11 表示了该路段采用了"四块板"断面形式，使机动车与非机动车分道单向行驶。两侧为人行道，中间有隔离带。图中还表示了各组成部分的宽度以及结构设计要求。

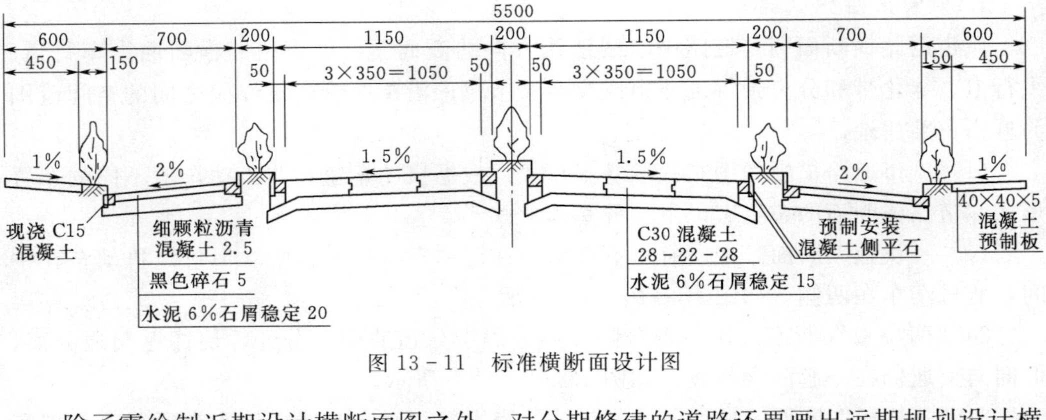

图 13－11　标准横断面设计图

除了需绘制近期设计横断面图之外，对分期修建的道路还要画出远期规划设计横断面图。为了设计土石方工程量和施工放样，与公路横断面图相同，需绘出各个中线桩的现状横断面，并加绘设计横断面图，标出中线桩的里程和设计标高，称为施工横断面图。

2. 平面图

城市道路平面图与公路路线平面图相似，它是用来表示城市道路的方向、平面线型和车行道布置以及沿路两侧一定范围内的地形和地物情况的。

图13-12为一段城市道路南平路的平面图。它主要表示了环形交叉口和市区道路的平面设计情况。城市道路平面图的内容可分为道路和地形、地物两部分。

（1）道路情况。

1）道路中心线用点画线表示。为了表示道路的长度，在道路中心线上标有里程。图13-12所示的平面图表示从6+520～6+730一段道路的平面图。

2）道路的走向是用坐标网来确定的（或画出指北针）。JD_5 的坐标 $X=2892727.505$，$Y=431963.005$，读图时可几张图拼接起来阅读。从指北针方向可知，道路的走向为北偏东方向。

3）城市道路平面图所采用的绘图比例较公路路线平面图大，因此车道、人行道的分布和宽度可按比例画出。由图13-12可看出：两侧机动车道宽度为8.25m，非机动车道宽5m，人行道宽度为4.75m，中间分隔带宽度为6m。机动车道与非机动车道之间的分隔带宽度为0.5m，所以该路段为“四块板”断面布置形式。

4）图13-12中与南平路平面交叉的东山路，约为西偏南走向。

（2）地形和地物情况。

1）城市道路所在的地势一般比较平坦。地形除用等高线表示外，还用大量的地表点表示高程。

2）本段道路是郊区扩建的城市道路，原有道路为宽约5m的水泥路。因此新建道路占用了沿路两侧一些工厂、民房和学校用地。

3. 纵断面图

城市道路纵断面图也是沿道路中心线的展开断面图。其作用与公路路线纵断面图相同，其内容也是由图样和资料两部分组成。

（1）图样部分。城市道路纵断面图的图样部分完全与公路路线纵断面图的图示方法相同。如绘图比例竖直方向较水平方向放大10倍表示等。

（2）资料部分。城市道路纵断面图的资料部分基本上与公路路线纵断面图相同，不仅与图样部分上下对应，而且还标注有关的设计内容。

城市道路除作出道路中心线的纵断面图之外，当纵向排水有困难时，还需作出街沟纵断面图。对于排水系统的设计，可在纵断面图中表示，也可单独设计绘图。

三、公路路面结构图

路面是用硬质材料铺筑在路基顶面的层状结构。路基是按照路线位置和一定技术要求修筑的，作为路面基础的带状构造物。路面根据其使用的材料和性能不同，可分为柔性路面和刚性路面两类。柔性路面如沥青混凝土路面、沥青碎石路面、沥青表面处治路面等，刚性路面如水泥混凝土路面。

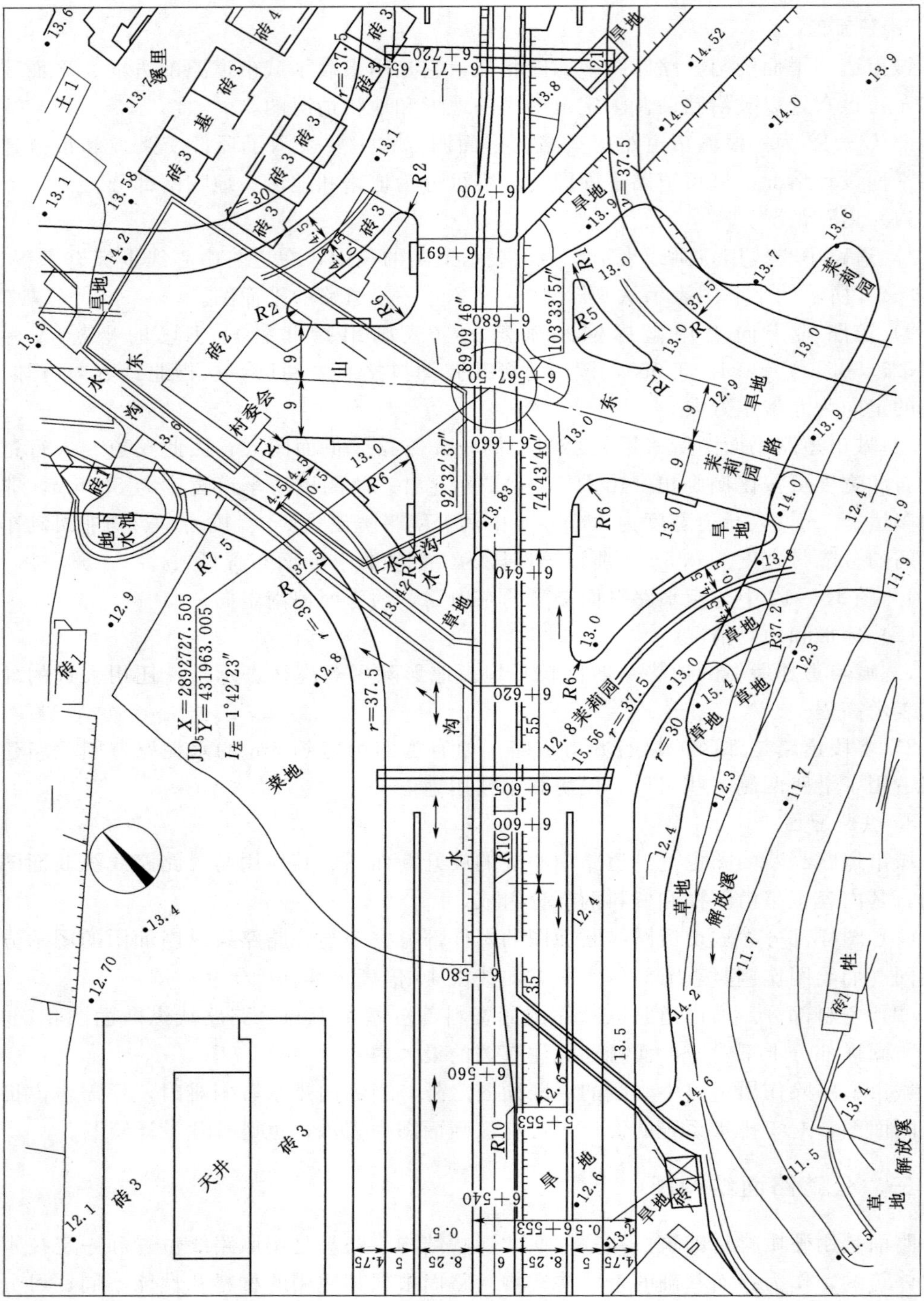

图 13-12　某城市道路平面图

1. 公路路面结构图

路面横向主要由中央分隔带、行车道、路肩、路拱等组成，路面纵向结构层由面层、基层、垫层、联结层等组成。如图 13-13 所示。

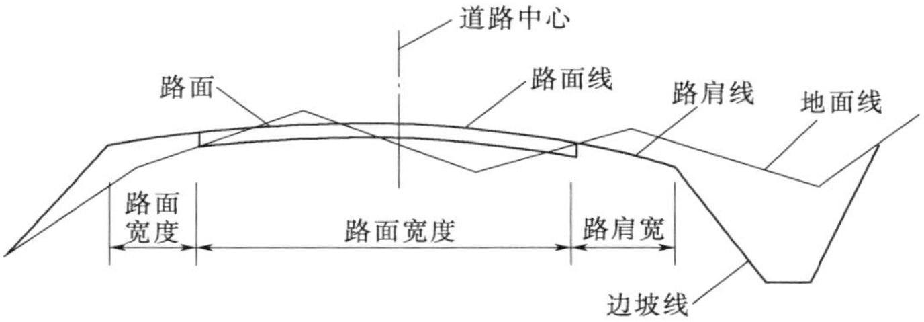

图 13-13　路面横向组成

（1）面层。直接承受车轮荷载反复作用和自然因素影响的结构层叫面层，可由 1～3 层组成。因此，面层应具备较高的力学强度和稳定性，同时还应具备耐磨性和不透水性。

（2）基层。基层是设置在面层之下，并与面层一块将车轮荷载的反复作用传递到底基层、垫层和土基中。因此，对基层材料的要求是应具有足够的抗压强度、密度、耐久性和扩散应力。

（3）垫层。它是底基层和土基之间的层次，它的主要作用是加强土基、改善基层的工作条件。垫层往往是为蓄水、排水、隔热、防冻等目的而设置的，所以通常设在路基潮湿以及有冰冻翻浆现象的路段。

（4）联结层。联结层是在面层和基层之间设置的一个层次。它的主要作用是加强面层与基层的共同作用或减少基层的反射裂缝。

2. 沥青混凝土路面结构图

沥青混凝土路面结构图如图 13-14 所示。

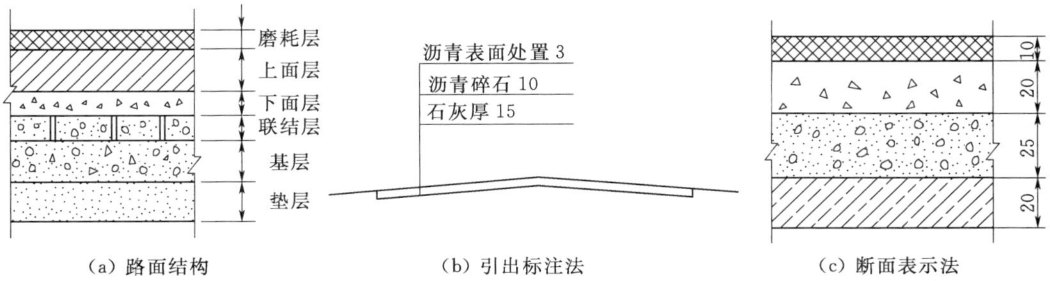

图 13-14　沥青混凝土路面结构图（单位：cm）

（1）路面横断面图。表示行车道、路肩、中央分隔带的尺寸，路拱的坡度等。

（2）路面结构图。用示意图的方式画出并附图例，表示路面结构中的各种材料，各层厚度用尺寸数字表示，如图 13-15 所示沥青混凝土的厚度为 5cm，沥青碎石的厚度为 7cm，石灰稳定碎石土的厚度为 20cm。

行车道路面底基层与路肩的分界处，其宽度超出基层 25cm 之后以 1∶1 的坡度向下延伸。硬路肩的面层、基层和底基层的厚度分别为 5cm、15cm 和 20cm，硬路肩与土路

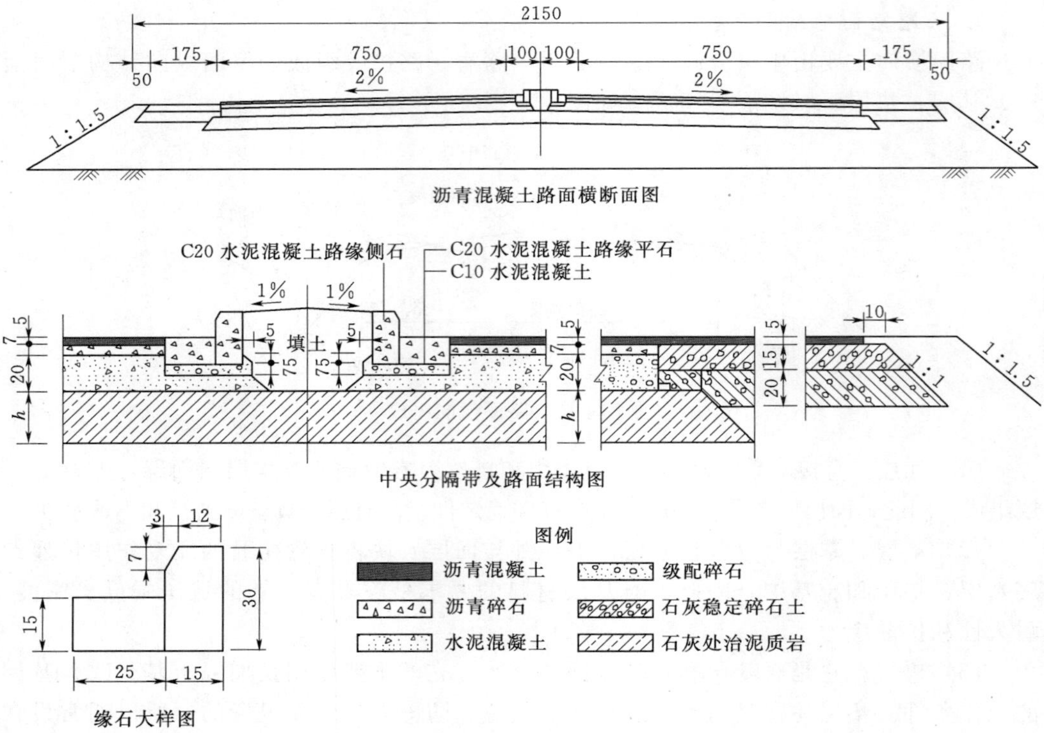

图 13-15　沥青混凝土路面结构图（单位：cm）

户的分界处，基层的宽度超出面层 10cm 之后以 1∶1 的坡度延伸至基层的底部。

（3）中央分隔带和缘石大样图。中央分隔带处的尺寸标注及图示，说明两缘石中间需要填土，填土顶部从路基中线向两缘石倾斜，其坡度为 1%。路缘石和底座的混凝土标号、缘石的各部尺寸标出，以便按图施工。

（4）路拱大样图。路拱的形式有抛物线、双曲线和双曲线中插入圆曲线等类型，以满足路面横向排水的要求。路拱大样图的任务就是清楚表达路面横向的形状，一般垂直向比例大于水平向比例。

3. 水泥混凝土路面结构图

如图 13-16 所示，当采用路面结构 *A* 图时，图中标注尺寸为 30cm，则表示路面基层的顶面靠近硬路肩处比路面宽出 30cm，并以 1∶1 的坡度向下分布。标注尺寸为 10cm，则表示硬路肩面层下的基层比顶面面层宽出 10cm。中央分隔带和路缘石的尺寸、构件位置、材料等用图示表示出来，以便按图施工。

四、公路排水系统及防护工程图

道路排水系统相当复杂，且是保证道路发挥其功能的必要设施。道路排水系统包括地面排水系统和地下排水系统。前者由边沟、截水沟、排水沟、跌水及急流槽、拦水带、蒸发池、渡槽、倒虹吸等组成；后者由暗沟及渗沟、渗井组成。其图示方法主要有两大目标：一是表达排水系统在全线的布设情况，这一目标主要是通过平、纵、

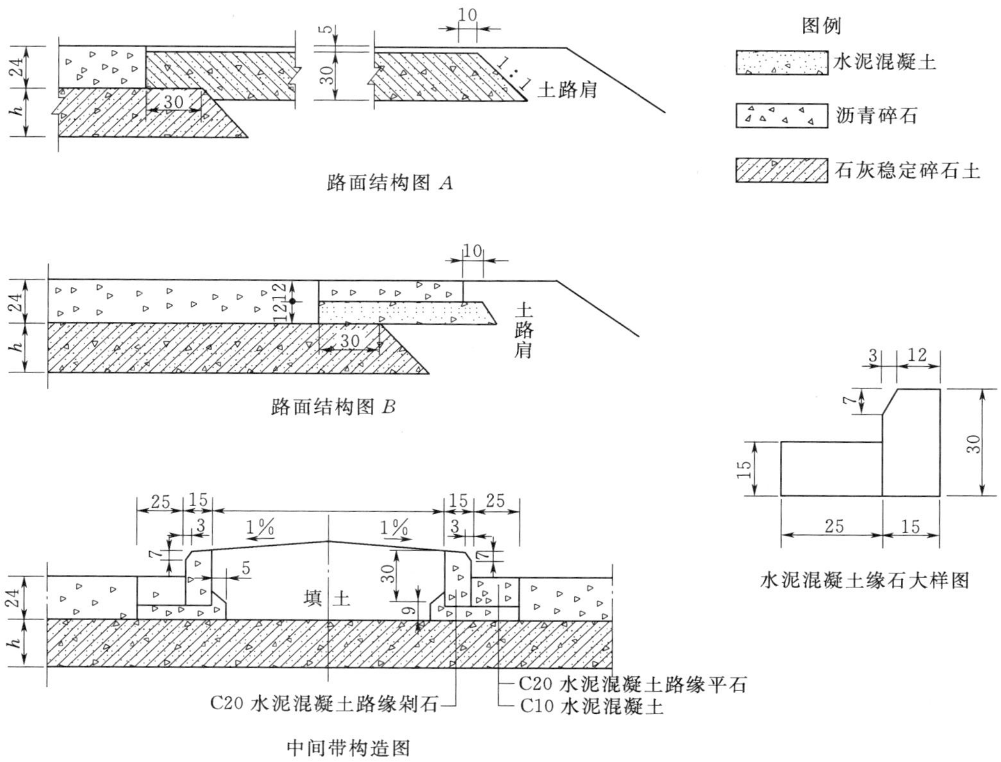

图 13-16 水泥混凝土路面结构图

横三个图样来实现；二是表达某一排水设施具体构造和技术要求，主要是通过路基排水防护设计图实现。

1. 边沟

边沟设计位置在路基边缘（挖方路堤路肩外侧或填方路堤坡脚外侧），其作用汇集排除路基范围内和流向路基的少量地面水，横断面形式有梯形、流线型、三角形、矩形。一般情况下，土质边沟宜采用梯形；边沟断面尺寸：底宽不小于 0.4m，深度不小于 0.4m，流量大时可采用 0.6m；沟底设大于 0.5%的纵坡以防淤积。图 13-17 是某道路边沟设计图。图中给出 A、B、C 三种排水沟的截图形式、尺寸和衬砌要求。

2. 截水沟（又称天沟）

截水沟设计位置在挖方坡面以外或填方路基上侧适当距离，其作用是拦截山坡流向路基的水流，保护挖方边坡和填方坡脚不受流水冲刷。横断面形式多为梯形，底宽不小于 0.5m，纵坡不小于 0.5%，截水沟离路堑坡顶距离，一般土质 $d \geqslant 5$m，黄土 $d \geqslant 10$m。

3. 跌水和急流槽设计图

跌水有进水口、消力池和出水口 3 个组成部分。跌水有单级和多级之分，单级跌水适用于连接水位落差较大，需要消级或改善水流方向的沟渠。急流槽从结构上可分为进口、槽身和出水口三部分，急流槽的纵坡比跌水的平均纵坡更陡。图 13-18 是某道路急流槽设计图。其图样部分由急流槽剖面图、平面图、侧面图 3 个图样构成，

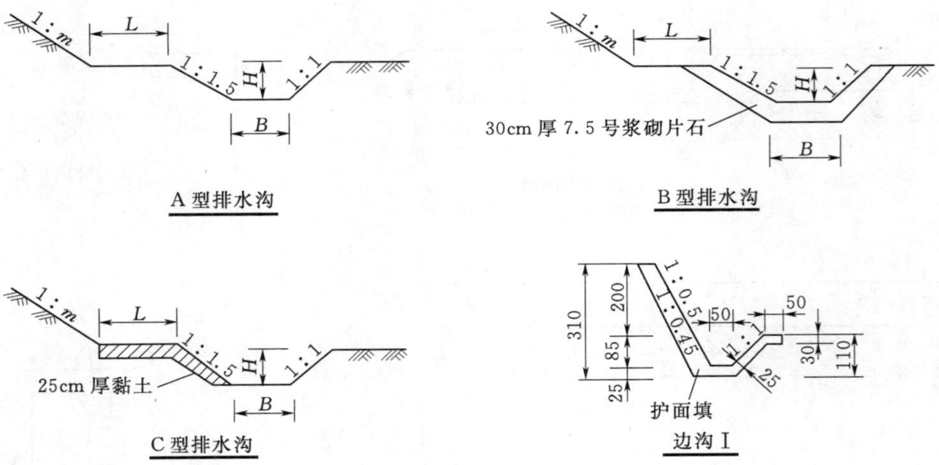

图13-17　某道路边沟设计图

表明了急流槽的结构、尺寸和组成部分所使用的材料等。

4. 暗沟

暗沟是设在地面以下引导水流的沟渠，其本身不起渗水、汇水作用。暗沟可分洞式和管式两大类，沟宽或管径 b 一般为20～30cm，净高 h 约为20cm。

5. 渗沟

渗沟按排水层的形式可分为3种。①盲沟：设在路基沟下面的暗沟。②管式渗沟：用排水管作为排水层排泄地下水。管式渗沟排水顺畅，适用于地下水分布范围广、藏水量大、渗沟较长的路段。③洞式渗沟：当地下水流量较大且范围较广，而当地石料丰富时，可采用石砌方洞。

渗沟构造由碎（砾）石或管（洞）排水层、反滤层和封闭层所组成，根据地下水位分布情况，渗沟可设置在边沟、路肩、路基中线以下或路基上侧山坡适当位置。

6. 渗水井

渗水井是一种立式地下排水设施，是将排不出的地表水或边沟水渗到地下透水层中而设置的用透水材料填筑的竖井。在平坦地区地面排水困难时，如距离地面不深处有渗透性土层，而且地下水背离路基或较深，可以修建渗水井，将地表水或边沟水分散到离地面1.5m以下的土层中。井内由中心向四周按层次分别填入由粗到细的砂石材料，粗料渗水、细料反滤。

7. 排水系统图

单一的排水结构物，是不能完成全路基排水任务的，必须进行整体规划、综合考虑，合理调配流量，正确选定结构物的形式和位置，使水的源头和归宿都有安排，各结构物有机组成一个整体。

排水系统平面图上一般需标明下列主要内容：

（1）桥涵位置、中心里程、水流方向、进出口沟底标高及其附属工程等。

（2）地形等高线、主要沟渠，必要的路堤坡脚和路堑坡顶线。

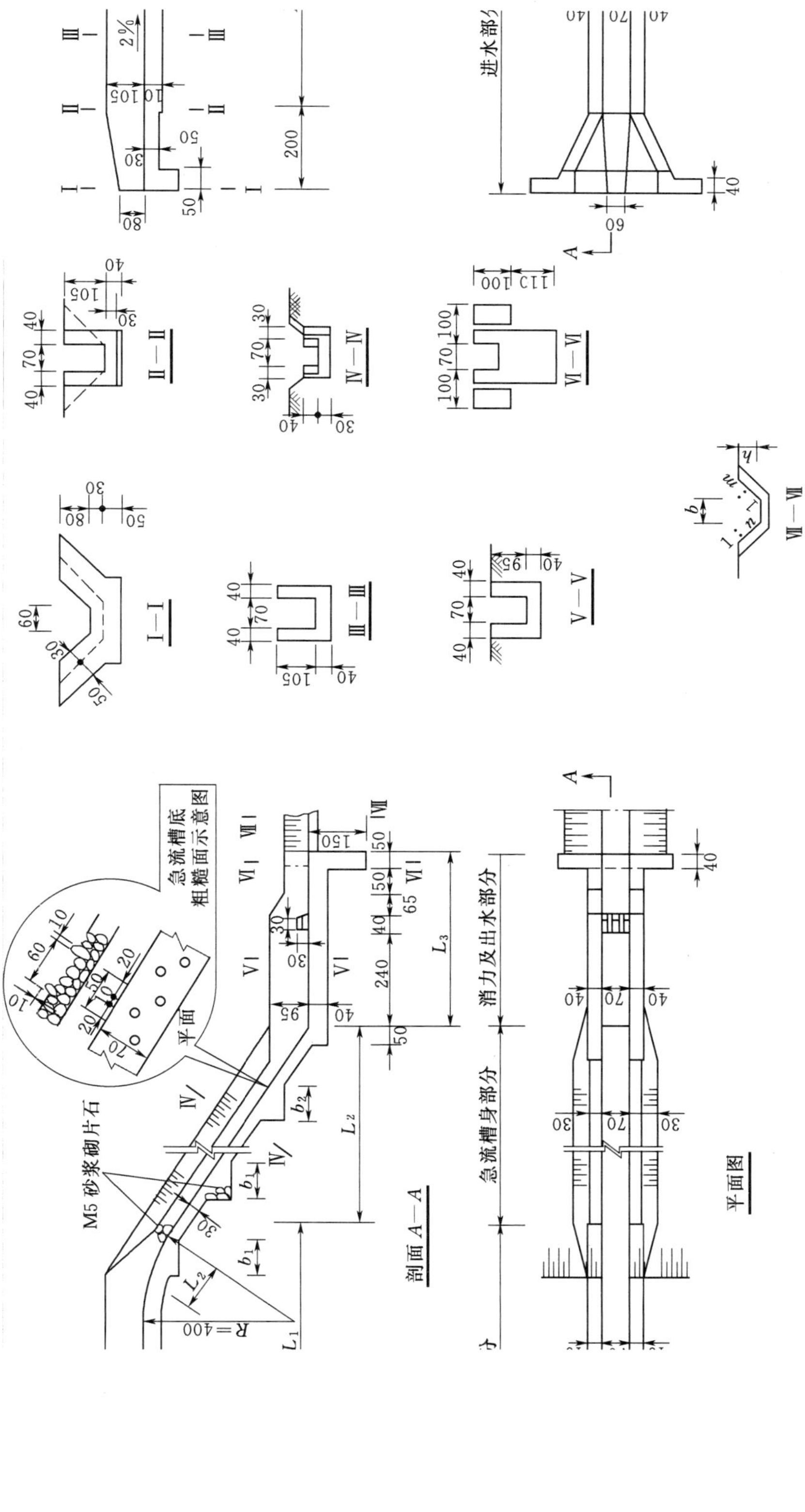

图 13-18 某道路急流渡槽设计图（单位：cm）

(3) 沿线取土坑、弃土坑的位置。

(4) 路线交叉设施、防护与加固工程、不良地质边界、农田排灌渠道等。

(5) 各种路基排水设备的类型、位置、排水方向与纵坡、长度、出水口与分界点的位置等。此外，根据工程设计的需要，还应附有路线及主要排水设备的纵、横断面图和结构设计图。

8. 坡护砌设计图

为了防止路基发生变形和破坏，保证路基的强度和稳定性，对黏性土、粉性土、细砂土及易风化的岩石路基边坡进行防护，起到稳定路基，美化路容，提高公路的使用品质的效果。

9. 挡土墙

挡土墙一般由墙身、基础、排水设施和沉降伸缩缝组成，能够抵抗侧向土压力，防止墙后体崩坍等路基病害。挡土墙的类型有悬臂工挡土墙、扶壁工挡土墙、锚杆式挡土墙、重力式挡土墙、锚定板式挡土墙、薄壁式挡土墙、加筋土挡土墙等。挡土墙按设置位置，可以分为路堑墙、路堤墙、路肩墙、山坡挡土墙等，下面对前 3 种做以简单介绍。

(1) 路堑墙。设置在路堑坡底部，主要用于支撑开挖后不能自行稳定的边坡，同时可降低挖方边坡的高度，减少挖方的数量，避免山体失稳坍塌。

(2) 路堤墙。设置在高填土路堤或陡坡路堤的下方，可以防止路堤边坡或基底滑动，同时可以收缩路堤坡脚，减少填方数量，减少拆迁和占地面积。

(3) 路肩墙。设置在路肩部位，墙顶是路肩的组成部分，其用途与路堤墙相同。它还可以保护邻近路线既有的重要建筑物。沿河路堤，在傍水的一侧设置挡土墙，可以防止水流对路基的冲刷和侵蚀，也可减少拆迁和占地面积，是保证路堤稳定的有效措施。

10. 锥形护坡

锥形护坡用于桥台迎水面的坡面防护，通常采用 1/4 正椭圆锥形，坡面一般用块石砌筑。图样表达采用三视图，用示坡线（长短相间隔的细实线表示坡线）表示坡面。

§13－2　涵洞与通道工程图

涵洞是宣泄路堤下水流的工程构筑物，它与桥梁的主要区别在于跨径的大小和填土的高度。根据《公路工程技术标准》（JTG B01—2014）中的规定，凡是单孔跨径小于 5m，多孔跨径总长小于 8m 的泄水结构物，以及圆管涵、箱涵，不论其管径或跨径大小、孔数多少均称为涵洞。涵洞顶上一般都有较厚的填土（洞顶填土大于 50cm），填土不仅可以保持路面的连续性，而且分散了汽车荷载的集中压力，并减少了它对涵洞的冲击力。

通道是指专供行人车辆通行，跨径不大的结构物。其图示特点和图样表达与涵洞有许多类似之处。

一、涵洞分类与组成

1. 涵洞分类

(1) 按构造形式分类。涵洞按构造形式分有圆管涵、拱涵、箱涵、盖板涵等；工程上多用此类分法。

(2) 按建筑材料分类。涵洞按建筑材料分有钢筋混凝土涵、混凝土涵、砖涵、石涵、木涵、金属涵等。

(3) 按洞身断面形状分类。涵洞按洞身断面形状分有圆形、卵形、拱形、梯形、矩形等。

(4) 按孔数分类。涵洞按孔数分有单孔、双孔、多孔等。

(5) 按洞口形式分类。涵洞按洞口形式分有“一”字式（端墙式）、“八”字式（翼墙式）、领圈式、走廊式等。

(6) 按洞顶有无覆盖土分类：涵洞可分为明涵和暗涵（洞顶填土大于50cm）等。

2. 涵洞组成

涵洞是由洞口、洞身和基础三部分组成的排水构筑物。洞身是涵洞的主要部分，它的主要作用是承受活载压力和土压力等并将其传递给地基，是保证设计流量通过的必要孔径。

洞口包括端墙、翼墙或护坡、截水墙和缘石等部分，它是保证涵洞基础和两侧路基免受冲刷，使水流顺畅的构造，一般进出水口均采用同一形式。

常用的洞口形式有端墙式、翼墙式（又称八字墙式）、锥形护坡（采用1/4正椭圆锥）、平头式、走廊式、一字墙护坡、上游急流槽（或跌水井）下游急流坡、倒虹吸、阶梯式洞口及斜交洞口等结构形式，如图13-19所示。设计时应根据实地情况选择上下游洞口的形式与洞身组合使用。

二、涵洞的图示方法及表达内容

涵洞是窄而长的构筑物，它从路面下方横穿过道路，埋置于路基土层中。尽管涵洞的种类很多，但图示方法和表达内容基本相同，涵洞工程图主要包括纵剖面图、平面图、侧面图，除上述三种投影图外，还应画出必要的构造详图，如钢筋布置图、翼墙断面图等。

(1) 在图示表达时，涵洞工程图以水流方向为纵向（即与路线前进方向垂直布置）并以纵剖面图代替立面图。

(2) 平面图一般不考虑涵洞上方的覆土，或假想土层是透明的。有时平面图与侧面图以半剖形式表达，水平剖面图一般沿基础顶面剖切，横剖面图则垂直于纵向剖切。

(3) 洞口下面布置在侧视图位置作为侧面视图，当进出水洞口形状不一样时，则需分别画出其进出水洞口布置图。

涵洞体积较桥梁小，故画图所选用的比例较桥梁图稍大。现以常用的圆管涵、盖板涵和拱涵三种涵洞为例介绍涵洞的一般构造图，说明涵洞工程图的表示方法。

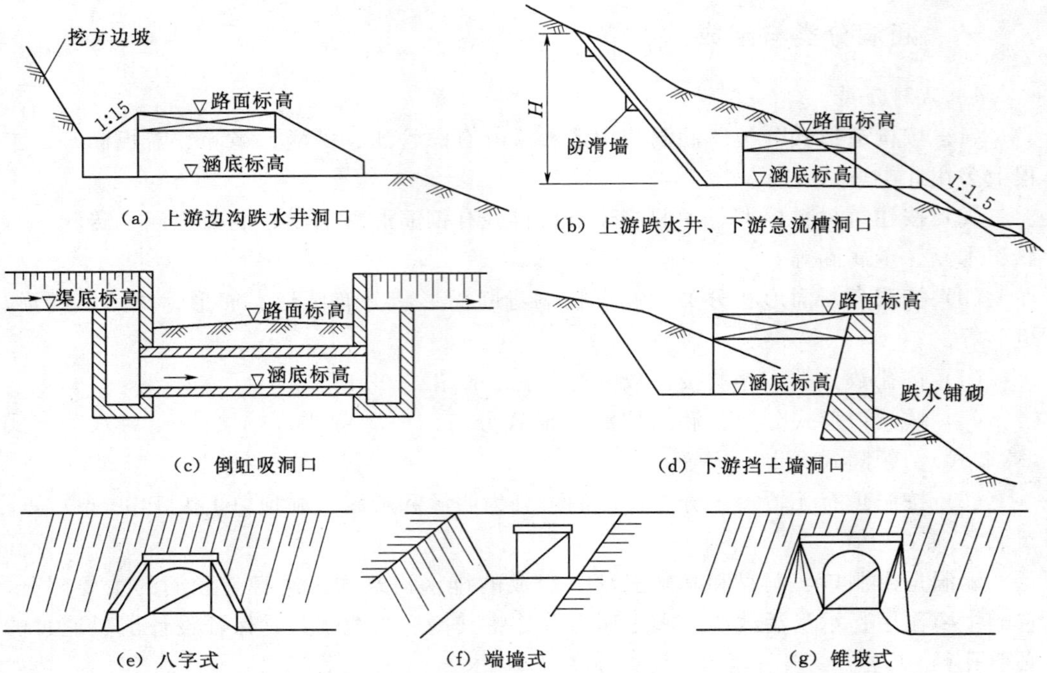

图 13-19　几种常见洞口形式

【例 13-1】 识读钢筋混凝土盖板涵

分析： 如图 13-20 所示为单孔钢筋混凝土盖板涵立体图。图 13-21 所示则为其构造图，洞口两侧为八字翼墙，洞高 120cm，净跨 100cm，总长 1482cm。由于其构造对称故仍采用半纵剖面图、半剖平面图和侧面图等来表示。

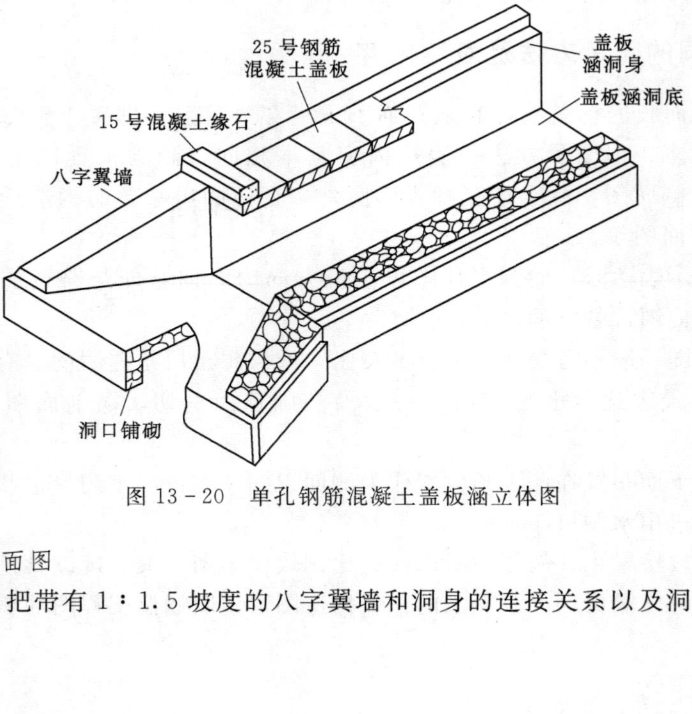

图 13-20　单孔钢筋混凝土盖板涵立体图

1. 半纵剖面图

图 13-21 把带有 1∶1.5 坡度的八字翼墙和洞身的连接关系以及洞高 120cm、洞

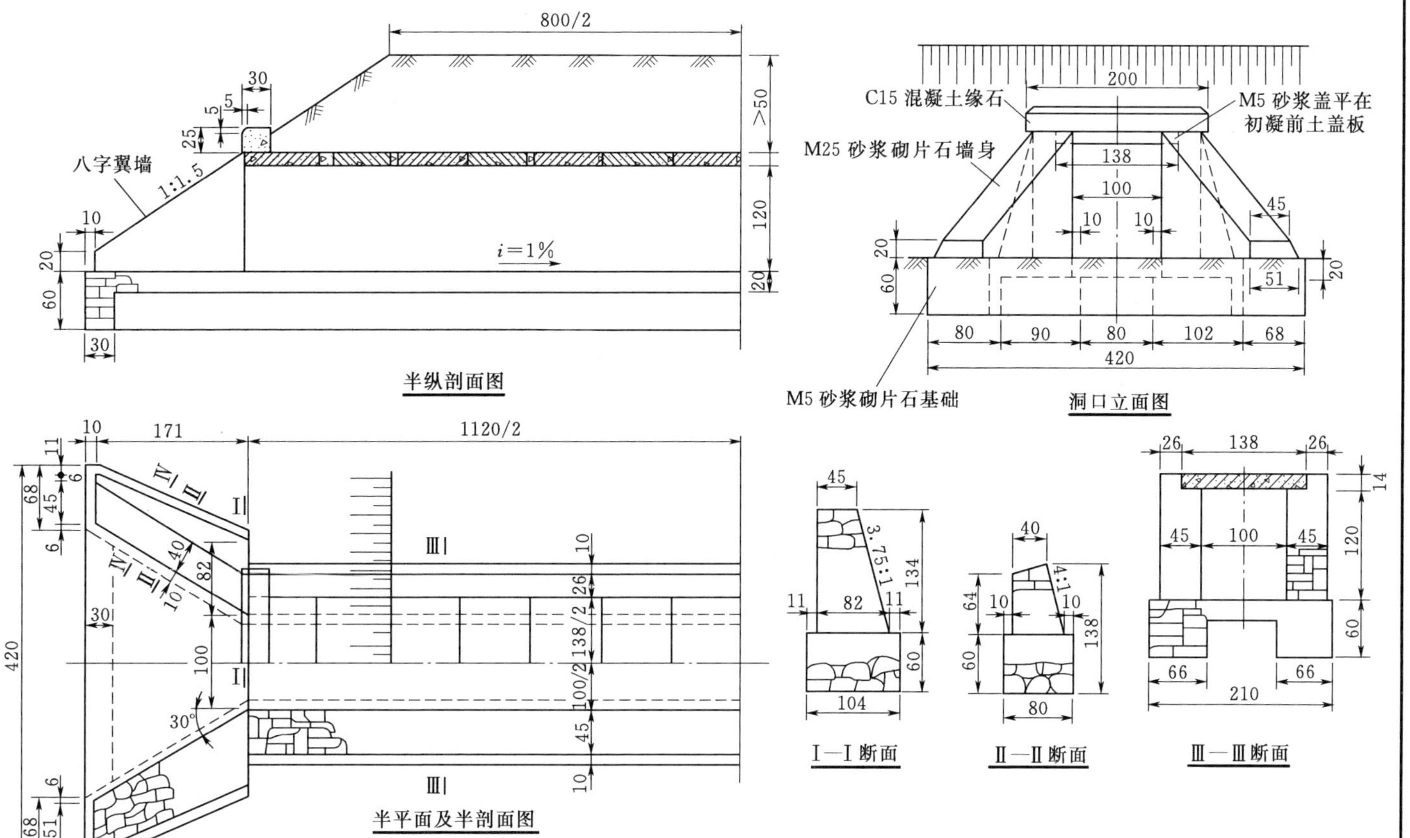

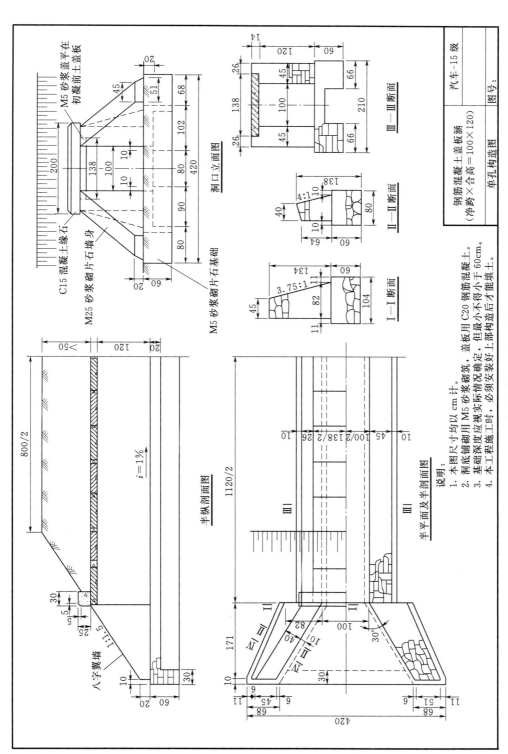

说明：
1. 本图尺寸均以 cm 计。
2. 洞底铺砌用 M5 砂浆砌筑，盖板用 C20 钢筋混凝土。
3. 基础深度应视实际情况确定，但最小不得小于 60cm。
4. 本工程施工时，必须安装好上部构造后才能填土。

钢筋混凝土盖板涵 (净跨×合高＝100×120)	汽车-15 级
单孔构造图	图号：

图 13－21 单孔钢筋混土盖板涵构造图

底铺砌 20cm、基础纵断面形状、设计流水坡度 1% 等表示出来。盖板及基础所用材料亦可由图中看出但未画出沉降缝位置。

2. 半平面图及半剖面图

用半平面图和半剖面图能把涵洞的墙身宽度、八字翼墙的位置表示得更加清楚，涵身长度、洞口的平面形状和尺寸以及墙身和翼墙的材料均在图上可以看出。为了便于施工，在八字翼墙的Ⅰ—Ⅰ和Ⅱ—Ⅱ位置进行剖切，并另作Ⅰ—Ⅰ和Ⅱ—Ⅱ断面图来表达该位置翼墙墙身和基础的详细尺寸、墙背坡度以及材料情况。Ⅰ—Ⅰ断面图和Ⅱ—Ⅱ断面图类似，但有些尺寸要变动，请读者自行思考。

3. 侧面图

本图反映出洞高 120cm 和净跨 100cm，同时反映出缘石、盖板、八字翼墙、基础等的相对位置和它们的侧面形状，在图 13-21 中按习惯称洞口立面图。

【例 13-2】 识读钢筋混凝土圆管涵洞

分析： 如图 13-22 为圆管涵洞立体分解图。图 13-23 所示为钢筋混凝土圆管涵洞，洞口为端墙式，端墙前洞口两侧有 20cm 厚干砌片石铺面的锥形护坡，涵管内径为 75cm，涵管长为 1060cm，再加上两边洞口铺砌长度得出涵洞的总长为 1335cm。由于其构造对称，故采用半纵剖面图、半平面图和侧面图来表示。

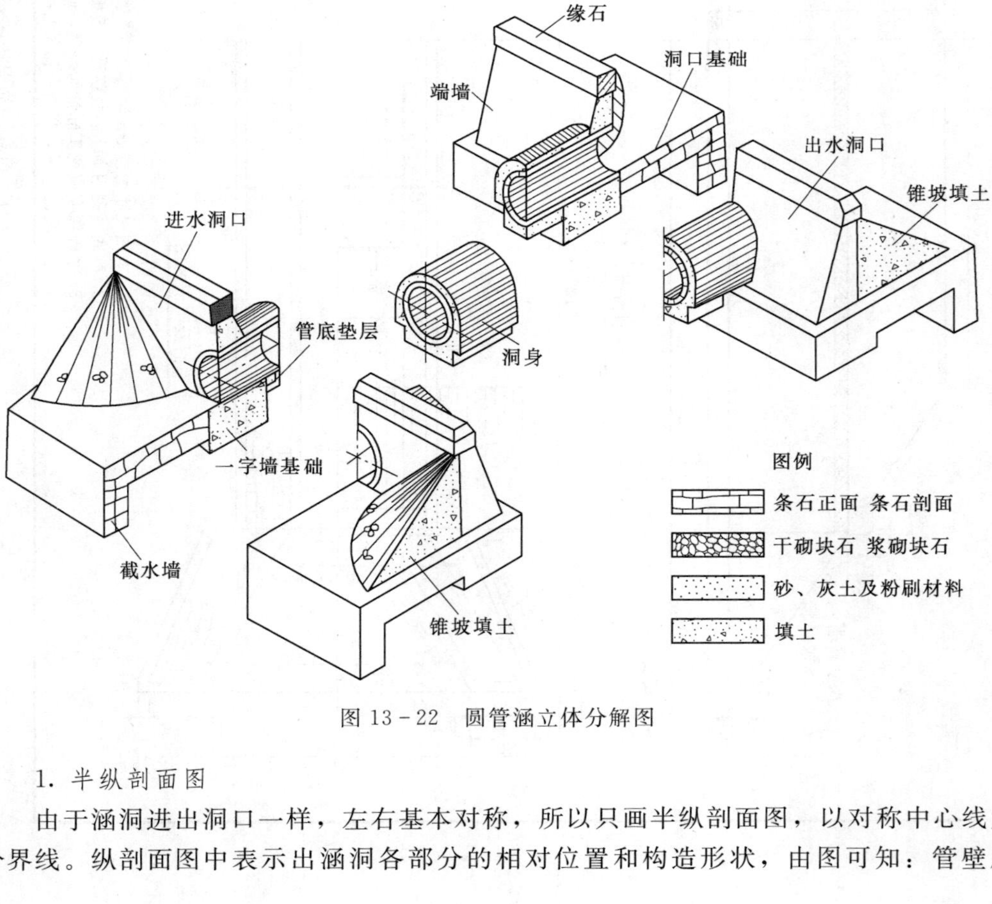

图 13-22　圆管涵立体分解图

1. 半纵剖面图

由于涵洞进出洞口一样，左右基本对称，所以只画半纵剖面图，以对称中心线为分界线。纵剖面图中表示出涵洞各部分的相对位置和构造形状，由图可知：管壁厚

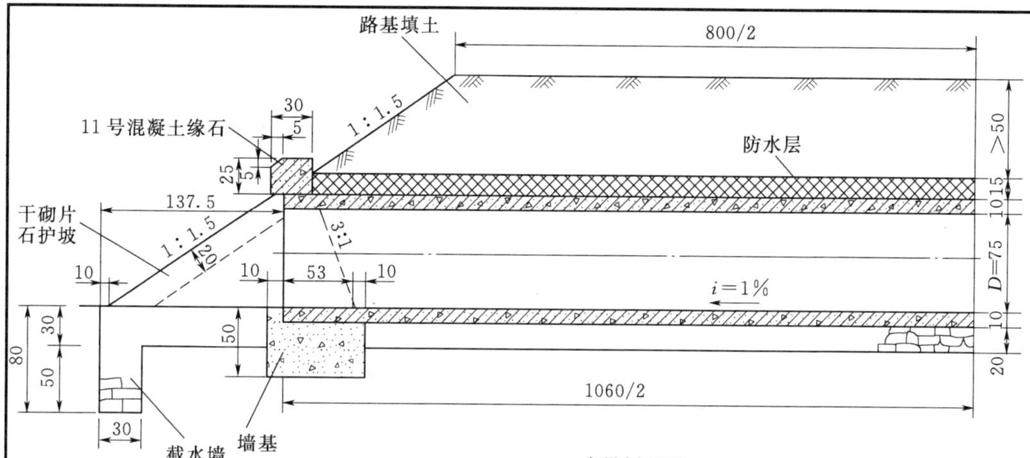

半纵剖面图

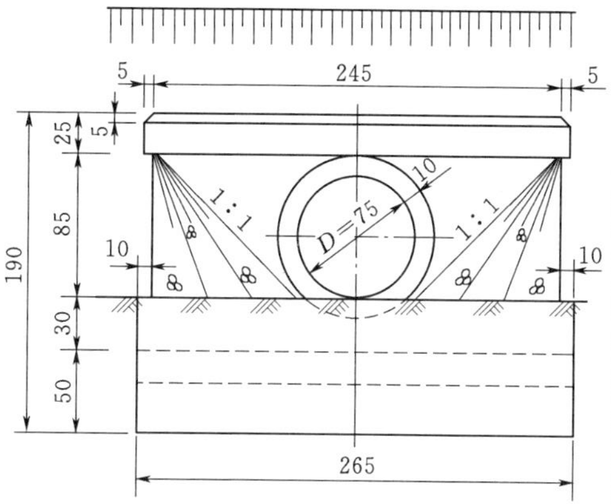

洞口正面图

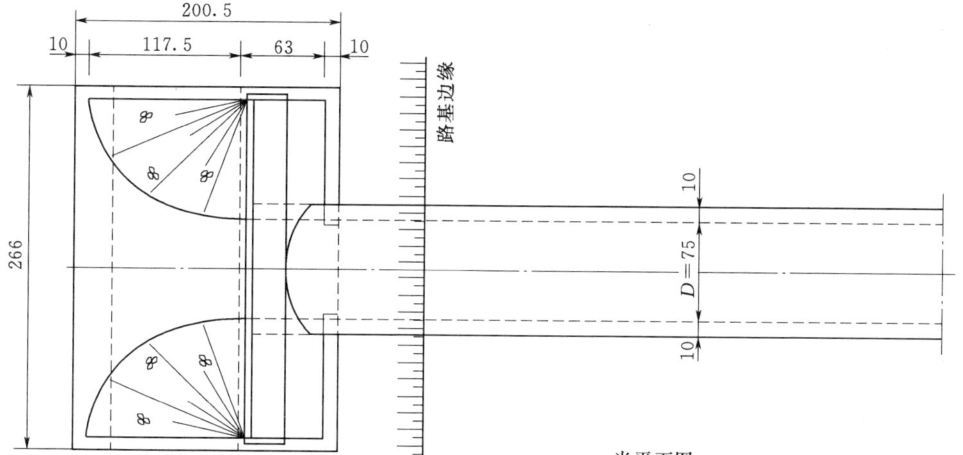

半平面图

洞口工程数量表（一端）

项目 工程数量 管径	11号混凝土缘石 /m^3	3号砂浆砌片石墙身 /m^3	3号砂浆砌片石基础 /m^3	干砌片石护坡 /m^3
75	0.191	0.552	2.200	0.275

说明：

1. 图中尺寸以 cm 为单位。
2. 洞口工程数量指一端，即一个进水口或一个出水口。

端墙式视管涵 （D=75）	汽车-16级， 比率 - 80
单孔构造图	编号：

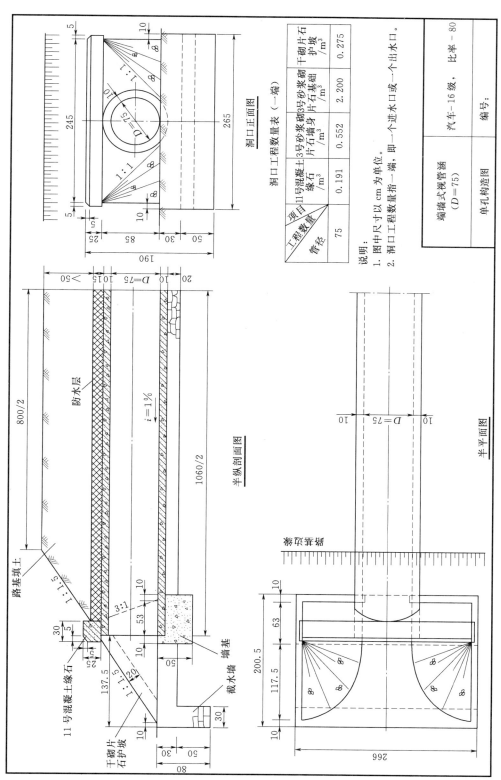

图 13-23 圆管涵端墙式单孔构造图

10cm，防水层厚15cm，设计流水坡度1%，涵身长1060cm，洞身铺砌厚20cm，以及基础、截水墙的断面形式等，路基覆土厚度大于50cm，路基宽度800cm，锥形护坡顺水方向的坡度与路基边坡一致，均为1∶1.5。各部分所用材料均于图中表达出来，但未示出洞身的分段。

2. 半平面图

为了同半纵剖面图相配合，故平面图也只画出一半。图中表达了管径尺寸与管壁厚度以及洞口基础，端墙、缘石和护坡的平面形状和尺寸，涵顶覆土作透明处理，但路基边缘线应予画出，并以示坡线表示路基边坡。

3. 侧面图

侧面图主要表示管涵孔径和壁厚、洞口缘石和端墙的侧面形状及尺寸，锥形护坡的坡度等。为了使图清晰起见，把土壤作为透明体处理，并且某些虚线未画出，如路基边坡与缘石背面的交线和防水层的轮廓线等，图13-23中的侧面，按习惯称为洞口正面图。

【例13-3】 识读石拱涵构造图。

分析：

1. 纵剖面图

图13-24为石拱涵洞示意图，以八字式单孔石拱涵洞构造图（图13-25）为例介绍涵洞的构造。涵洞的纵向是指水流方向即洞身的长度方向。由于主要是表达涵洞的内部构造，所以通常用纵剖面图来代替立面图。纵剖面图是沿涵洞的中心线位置纵向剖切的，凡是剖到的各部分如截水墙、涵底、拱顶、防水层、端墙帽、路基等都应按剖开绘制，并画出相应的材料图例，另外能看到的各部分如翼墙、端墙、涵台、基础等也应画出它们的位置。如果进水洞口和出水洞口的构造和形式基本相同，整个涵洞是左右对称的，则纵剖面图可只画出一半。由于这里是通用图，路基宽度B和填土厚度F在图中没有注出具体数值，可根据实际情况确定；翼墙的坡度一般和路基的

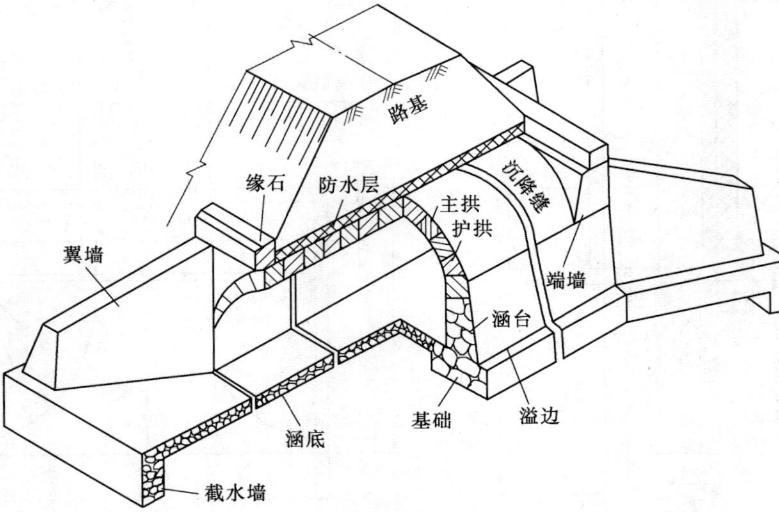

图13-24　石拱涵洞示意图

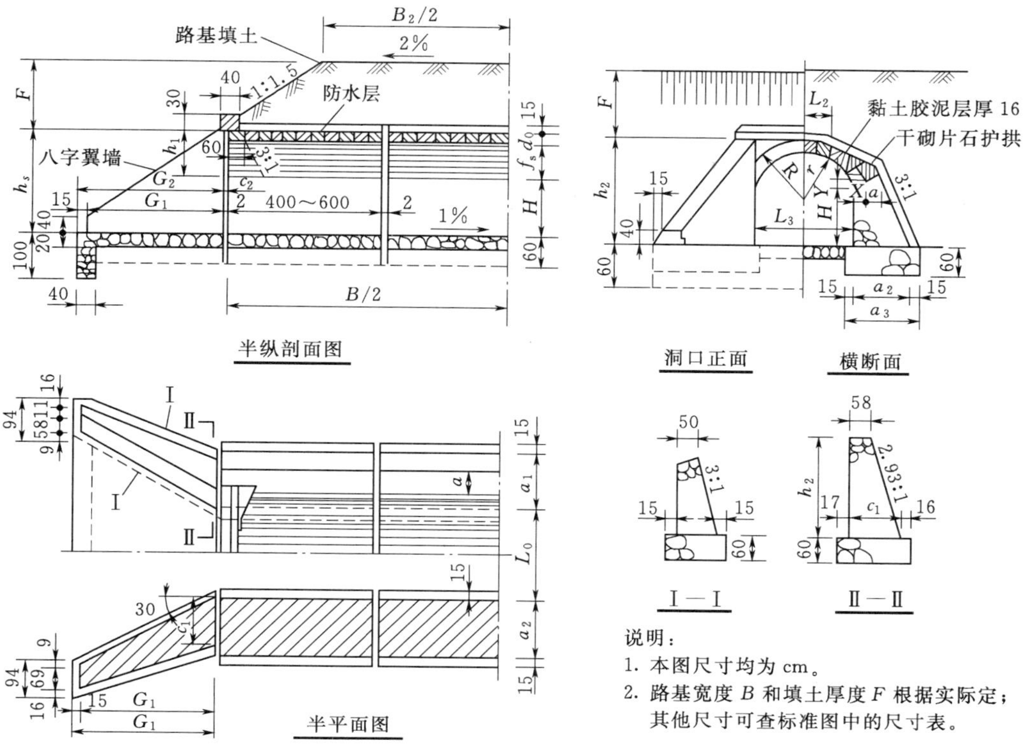

图 13-25 八字式单孔石拱涵洞构造图

边坡相同，均为 1∶1.5。整个涵洞较长，考虑到地基的不均匀沉降的影响，在翼墙和洞身之间应设有沉降缝，洞身部分每隔 4～6m 也应设沉降缝，沉降缝的宽度均为 2cm。主拱圈是用条石砌成的，内表面为圆柱面，在纵剖面中用上密下疏的水平细线表示。拱顶的上面有 15cm 厚的黏土胶泥防水层。端墙的断面为梯形，背面是用虚线画出的，坡度为 3∶1。端墙上面有端墙帽，又称缘石。

2. 平面图

由于该涵洞是左右对称的，所以平面图也只画了左边一半，而且采用了半剖画法。后边一半为涵洞的外形投影图，是移去了顶面上的填土和防水层以及护拱等画出的，拱顶的圆柱面部分也是用一系列疏密有致的细线表示的，拱顶与端墙背面交线为椭圆曲线。前边一半是沿涵台基础的上面（襟边）作水平剖切后画出的剖面图，为了画出翼墙和涵台的基础宽度，涵洞底板没有画出，这样就把翼墙和涵台的位置表示得更清楚了。八字式翼墙是斜置，与涵洞纵向成 30°。为了把翼墙的形状表达清楚，在两个位置进行了剖切，并画出Ⅰ—Ⅰ和Ⅱ—Ⅱ断面图，从这两个断面图可以看出翼墙及其基础的构造、材料、尺寸和斜面坡度等内容。

3. 侧面图

涵洞的侧面图也常用半剖画法。左半部为洞口部分的外形投影，主要反映洞口的正面形状和翼墙、端墙、缘石、基础等的相对位置，所以习惯上称为洞口正面图。右半部分为洞身横断面图，主要表达洞身的断面形状，主拱、护拱和涵台的连接关系，以及防水层的设置情况等。

以上分别介绍了表达涵洞工程的各个图样，实际上它们是紧密相关的，应该互相对照联系起来读图，才能将涵洞工程的各部分位置、构造、形状、尺寸搞清楚。

由于此图是石拱涵洞的通用构造图，适用于矢跨比$\frac{f_0}{L_0}=\frac{1}{3}$的各种跨径（$L_0=1.0\sim5.0$）的涵洞，故图中一些尺寸是可变的，用字母代替，设计绘图时，可根据需要选择跨径、涵高等主要参数，然后从标准图册的尺寸表中查得相应的各部分尺寸。例如确定跨径$L_0=300$cm，涵高$H=200$cm后，可查得各部分尺寸如下：

拱圈尺寸：$f_0=100$，$d_0=40$，$r=163$，$R=203$，$x=37$，$y=15$。

端墙尺寸：$h_0=125$，$c_2=102$。

涵台尺寸：$a=73$，$a_1=110$，$a_2=182$，$a_3=212$。

翼墙尺寸：$h_2=340$，$G_1=450$，$G_2=465$，$c_3=174$。

以上尺寸单位均为cm。

§13-3　桥 隧 工 程 图

道路路线在跨越河流湖泊、山川以及道路互相交叉、与其他路线（如铁路）交叉时，为了保持道路的畅通，就需要修筑桥梁。桥梁一方面可以保证桥上的交通运行，另一方面又可以保证桥下宣泄流水、船只的通航或公路、铁路的运行，是道路工程的重要组成部分。

一、桥梁概述

1. 基本组成

如图13-26所示，桥梁由上部桥跨结构（主梁或主拱圈和桥面系）、下部结构（桥台、桥墩和基础）及附属结构（栏杆、灯柱、护岸、导流结构物等）3部分组成。

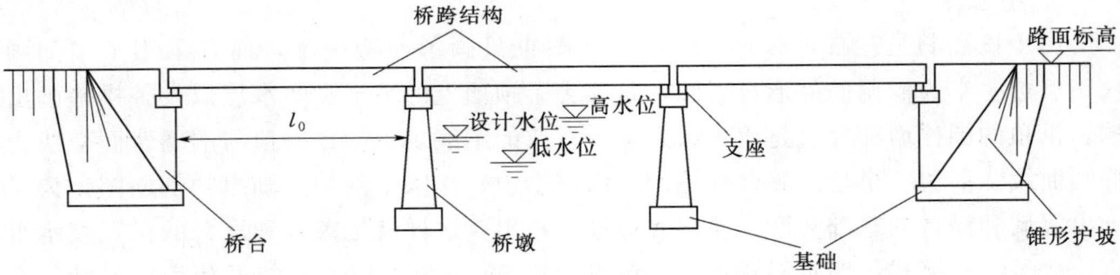

图13-26　桥梁的基本组成

桥跨结构是在路线中断时，跨越障碍的主要承载结构，人们还习惯称之为上部结构。桥墩和桥台是支承桥跨结构并将恒载和车辆等活载传至地基的建筑物，又称之为下部结构。支座是桥跨结构与桥墩和桥台的支承处所设置的传力装置。在路堤与桥台衔接处，一般还在桥台两侧设置石砌的锥形护坡，以保证迎水部分路堤边坡的稳定。

河流中的水位是变动的，在枯水季节的最低水位称为低水位，洪峰季节河流中的最高水位称为高水位，桥梁设计中按规定的设计洪水频率计算所得的高水位称为设计洪水位。

净跨径（l_0）是设计洪水位上相邻两个桥墩（台）之间的净距。总跨径（l）是多孔桥梁中各孔净跨径的总和，它反映了桥下宣泄洪水的能力。桥梁全长（桥长 L）是桥梁两端两个桥台的侧墙或八字墙后端点之间的距离。对于无桥台的桥梁为桥面行车道的全长。

2. 桥梁的分类

桥梁的形式有很多，常见的分类形式有以下几种。

（1）按结构形式分为梁桥、拱桥、钢架桥、桁架桥、悬索桥、斜拉桥等。

（2）按建筑材料分为钢桥、钢筋混凝土桥、石桥、木桥等。其中以钢筋混凝土桥应用最为广泛。

（3）按桥梁全长和单孔跨径的不同分为特大桥、大桥、中桥和小桥，见表 13-2。

表 13-2　各类桥梁的全长与单孔跨径范围

桥梁分类	全长 L/m	单孔跨径/m	桥梁分类	全长 L/m	单孔跨径/m
特大桥	$L \leqslant 1000$	$l_k \geqslant 150$	中桥	$30 < L < 100$	$20 \leqslant l_k < 40$
大桥	$100 \leqslant L < 1000$	$40 \leqslant l_k < 150$	小桥	$8 \leqslant L \leqslant 30$	$5 \leqslant l_k < 20$

（4）按上部结构的行车位置分为：①上承式桥，如图 13-27（a）所示；②下承式桥，如图 13-27（b）所示；③中承式桥，如图 13-27（c）所示。桥面布置在主要承重结构之上者称为上承式桥，布置在主要承重结构之下者称为下承式桥，布置在主要承重结构中间的称为中承式桥。

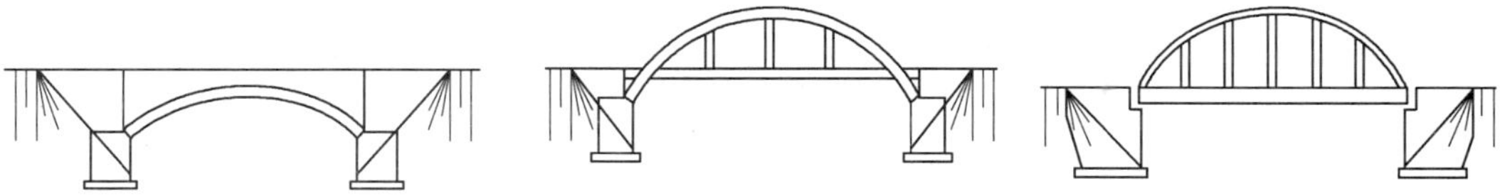

（a）上承式桥　（b）下承式桥　（c）中承式桥

图 13-27　桥梁的分类

在山岭地区修筑道路时，为了减少土石方数量，保证车辆平稳行驶和缩短里程要求，可考虑修筑公路隧道。本章介绍桥梁工程图和隧道工程图。

二、桥梁工程图

桥梁的建造不但要满足使用上的要求，还要满足经济、美观、施工等方面的要求。修建前，首先要进行桥位附近的地形、地质、水文、建材来源等方面的调查，绘制出地形图和地质断面图，供设计和施工使用。

桥梁设计一般分两个阶段设计，第一阶段（初步设计）着重解决桥梁总体规划问题，第二阶段是编制施工图。

虽然各种桥梁的结构形式和建筑材料不同，但图示方法基本上是相同的。表示桥梁工程的图样一般可分为桥位平面图、桥位地质断面图、桥梁总体布置图和构件图等。这一节我们运用前面所学理论和方法结合桥梁专业图的图示特点来阅读和绘制桥梁工程图。

1. 桥位平面图

桥位平面图主要是表示桥梁的所在位置，与路线的连接情况，以及与地形、地物的关系，其画法与路线平面图相同，只是所用的比例较大。通过地形测量绘出桥位处的道路、河流、水准点、钻孔及附近的地形和地物，以便作为设计桥梁、施工定位的根据。桥位平面图中的植被、水准符号等均应以正北方向为准，而图中文字方向则可按路线要求及总图标方向来决定。

2. 桥位地质断面图

桥位地质断面图是根据水文调查和地质钻探所得的资料绘制的河床地质断面图，表示桥梁所在位置的地质水文情况，包括河床断面线、最高水位线、常水位线和最低水位线，作为桥梁设计的依据，小型桥梁可不绘制桥位地质断面图，但应写出地质情况说明。地质断面图为了显示地质和河床深度变化情况，特意把地形高度（标高）的比例较水平方向比例放大数倍画出。

3. 桥梁总体布置图和构件图

桥梁总体布置图和构件图是指导桥梁施工的最主要图样，它主要表明桥梁的型式、跨径、孔数、总体尺寸、桥道标高、桥面宽度、各主要构件的相互位置关系，桥梁各部分的标高、材料数量以及总的技术说明等，作为施工时确定墩台位置、安装构件和控制标高的依据。一般由立面图、平面图和剖面图组成。

【例 13-4】 如图 13-28 所示，识读桥梁总体布置图。

分析： 图 13-28 为白沙河桥的总体布置图，绘图比例采用 1∶200，该桥为三孔钢筋混凝土空心板简支梁桥，总长度 34.90m，总宽度 14m，中孔跨径 13m，两边孔跨径 10m。桥中设有两个柱式桥墩，两端为重力式混凝土桥台，桥台和桥墩的基础均采用钢筋混凝土预制打入桩。桥上部承重构件为钢筋混凝土空心板梁。

1. 立面图

桥梁一般是左右对称的，所以立面图常常是由半立面和半纵剖面合成的。左半立面图为左侧桥台、1 号桥墩、板梁、人行道栏杆等主要部分的外形视图。右半纵剖面图是沿桥梁中心线纵向剖开而得到的，2 号桥墩、右侧桥台、板梁和桥面均应按剖开绘制。图中还画出了河床的断面形状，在半立面图中，河床断面线以下的结构如桥台、桩等用虚线绘制，在半剖面图中地下的结构均画为实线。由于预制桩打入到地下较深的位置，不必全部画出，为了节省图幅，采用了断开画法。图中还注出了桥梁各重要部位如桥面、梁底、桥墩、桥台、桩尖等处的高程，以及常水位（即常年平均水位）。

2. 平面图

桥梁的平面图也常采用半剖的形式。左半平面图是从上向下投影得到的桥面俯视图，主要画出了车行道、人行道、栏杆等的位置。由所注尺寸可知，桥面车行道净宽为 10m，两边人行道各 2m。右半部采用的是剖切画法（或分层揭开画法），假想把上部结构移去后，画出了 2 号桥墩和右侧桥台的平面形状和位置。桥墩中的虚线圆是立

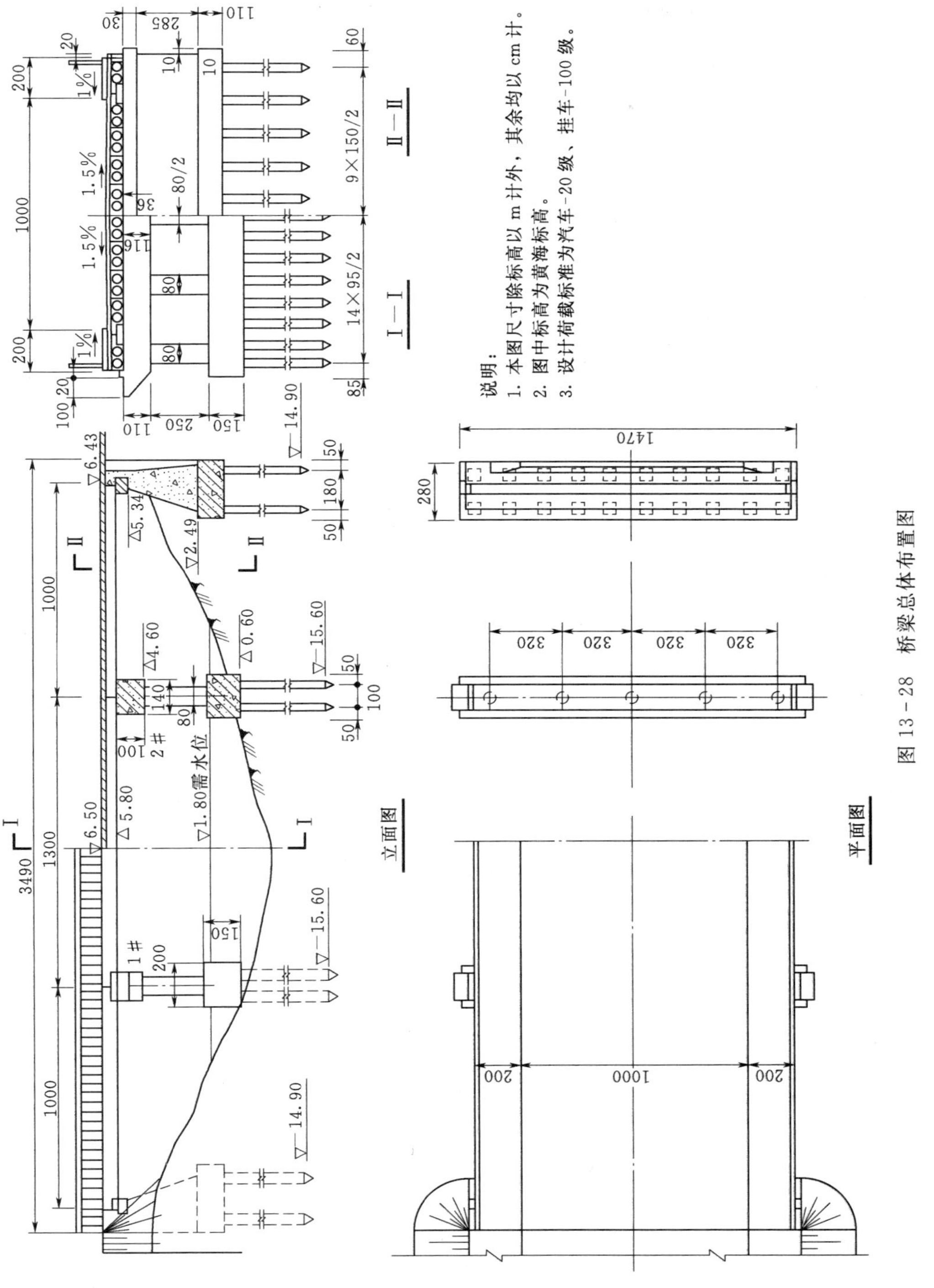

说明：
1. 本图尺寸除标高以 m 计外，其余均以 cm 计。
2. 图中标高为黄海标高。
3. 设计荷载标准为汽车-20 级、挂车-100 级。

图 13-28 桥梁总体布置图

柱的投影，桥台中的虚线正方形是下面方桩的投影。

3. 横剖面图

根据立面图中所标注的剖切位置可以看出，Ⅰ—Ⅰ剖面是在中跨位置剖切的，Ⅱ—Ⅱ剖面是在边跨位置剖切的，桥梁的横剖面图是左半部Ⅰ—Ⅰ剖面和右半部Ⅱ—Ⅱ剖面拼成的。桥梁中跨和边跨部分的上部结构相同，桥面总宽度为14m，是由10块钢筋混凝土空心板拼接而成的，图中由于板的断面形状太小，没有画出其材料符号。在Ⅰ—Ⅰ剖面图中画出了桥墩各部分，包括墩帽、立柱、承台、桩等的投影。在Ⅱ—Ⅱ剖面图中画出了桥台各部分，包括台帽、台身、承台、桩等的投影。

4. 构件图

桥梁各主要构件的立体示意图如图13-29所示，在总体布置图中，由于比例较小，不可能将桥梁各种构件都详细地表示清楚。为了实际施工和制作的需要，还必须用较大的比例画出各构件的形状大小和钢筋构造，构件图常用的比例为1：10～1：50，某些局部详图可采用更大的比例，如1：2～1：5。桥梁中几种常见构件图的画法特点在此就不做详细介绍了。

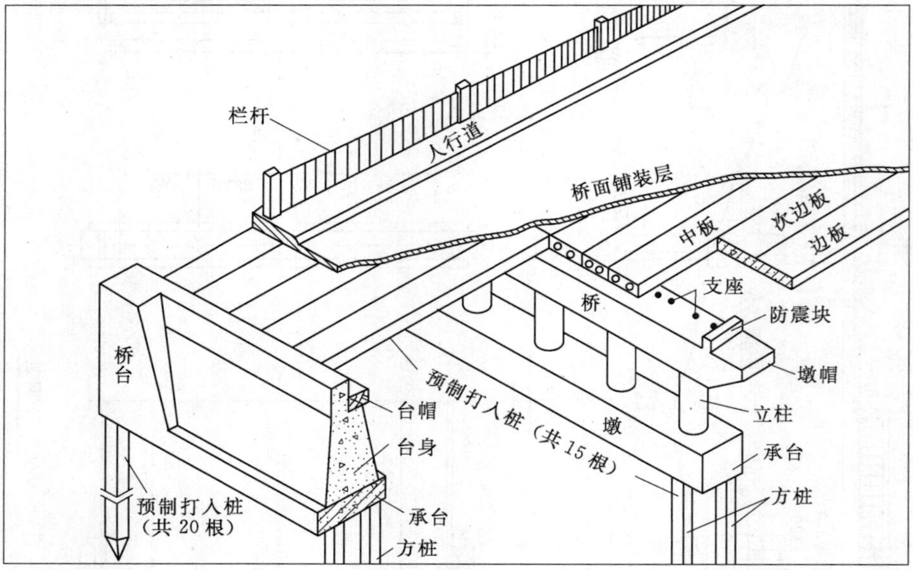

图13-29　桥梁各部分组成示意图

三、画图

绘制桥梁工程图，基本上和其他工程图一样，有着共同的规律。首先是确定投影图数目（包括剖面、断面）、比例和图纸尺寸，可参考表13-3选用。

画图的步骤如下。

（1）布置和画出各投影图的基线。根据所选定的比例及各投影图的相对位置把它们匀称地分布在图框内，布置时要注意空出图标、说明、投影图名称和标注尺寸的地方。当投影图位置确定之后便可以画出各投影图的基线，一般选取各投影图的中心线为基线。

（2）画出构件的主要轮廓线。以基线作为量度的起点，根据标高及各构件的尺寸画构件的主要轮廓线。

（3）画各构件的细部。根据主要轮廓从大到小画全各构件的投影，注意各投影图的对应线条要对齐，并把剖面、栏杆、坡度符号线的位置、标高符号及尺寸线等画出来。

（4）加深。各细部线条画完，经检查无误即可加深，最后标注尺寸注解等。

表 13-3　　桥梁图常用比例参考表

项目	图名	说明	比例	
			常用比例	分类
1	桥位图	表示桥位及路线的位置及附近的地形、地物情况。对于桥梁、房层及农作物等只画出示意性符号	1∶500～1∶2000	小比例
2	桥位地质断面图	表示桥位处的河床、地质断面及水文情况，为了突出河床的起伏情况，高度比例较水平方向比例放大数倍画出	1∶100～1∶500（高度方向比例）；1∶500～1∶2000（水平方向比例）	普通比例
3	桥梁总体布置图	表示桥梁的全貌、长度、高度尺寸，通航及桥梁各构件的相互位置。 横剖面图可较立面图放大1～2倍画出	1∶50～1∶5000	
4	构件构造图	表示梁、桥台、人行道和栏杆件的构造	1∶10～1∶50	大比例
5	大样图（详图）	钢筋的弯曲和焊接、栏杆的雕刻花纹、细部等	1∶3～1∶10	大比例

注　1. 上述1、2、3项中，大桥采用较小比例，小桥采用较大比例。
2. 在钢结构节点图中，一般采用1∶10、1∶15和1∶20的比例。

技能训练项目十三

技能训练实训：抄绘道路工程图。

技能训练目标：了解道路工程图的标准、规定、内容、图形特点及绘图方法。

技能训练内容：抄绘所给图形，如图13-30所示。

技能训练要求：用A4图纸识读并抄绘道路工程图，图幅布置要合理，比例自定。

技能训练步骤：

1. 了解道路工程图的主要图样有哪些？表达了哪几个主要结构？
2. 绘制图框及标题栏，确定绘图位置。
3. 用细实线画底稿并完成图形。
4. 加深图形。

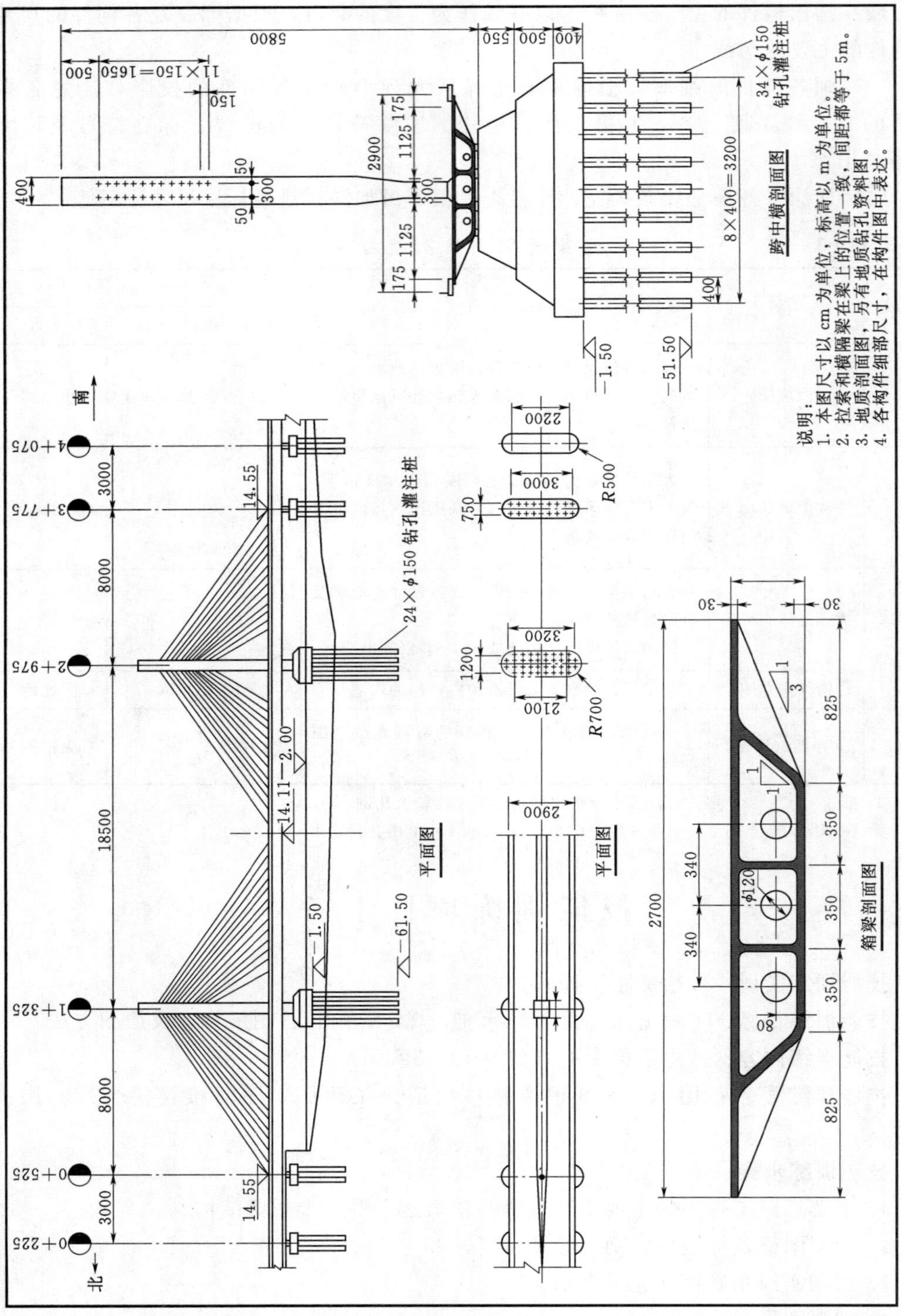

图13-30　斜拉桥总体布置图

学习单元十四　AutoCAD 绘图

【学习目标与要求】

1. 熟悉 AutoCAD 工作界面的内容和作用。
2. 掌握文件管理的操作。
3. 掌握 AutoCAD 绘制工程图的基本方法。
4. 具有自信果敢，自强不息的精神风貌。

§14-1　AutoCAD 简介

一、操作界面

启动 AutoCAD 并完成初始绘图环境设置后，将出现草图与注释的主窗口如图 14-1 所示，它由选项卡、图形窗口、命令窗口和状态栏等组成。它是用户与 AutoCAD 进行交互的操作界面。

启动 AutoCAD 有多种方法，常用的方法有：①在 Windows 桌面上双击 AutoCAD 快捷图标；②双击已经存盘的任意 AutoCAD 图形文件；③选择 Windows 的“开始”菜单中的“程序”子菜单下的 AutoCAD 选项。

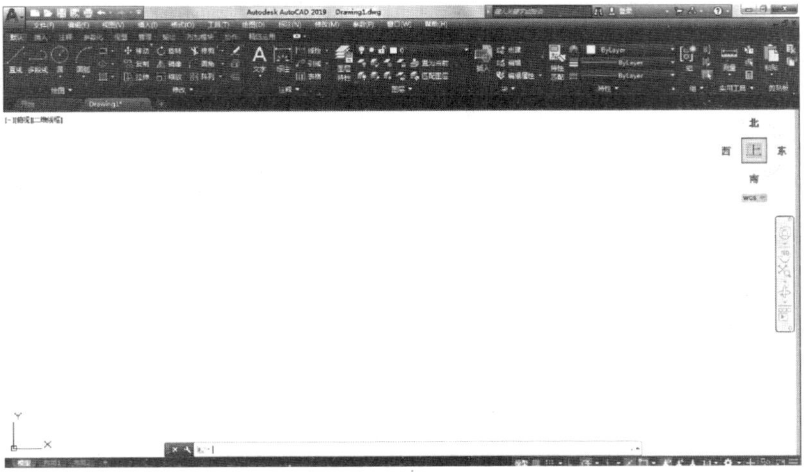

图 14-1　主窗口

根据绘图需要也可将草图与注释切换至经典模式，但在 AutoCAD 2015 以后的版本中，都需要自定义经典模式工作空间。其操作步骤如下：

单击“切换工作空间”图标，选择“自定义”如图 14-2 所示。右击“工作空

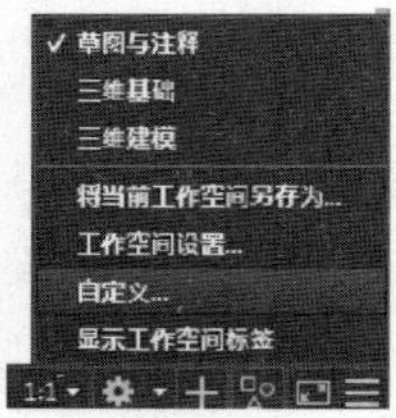

图 14－2　自定义工作空间

间”新建“经典模式”，如图 14－3 所示。先将左侧“工具栏”中的“绘图”等依次拖到右侧的“工具栏”中，如图 14－4 所示。再将左侧“菜单”中的内容依次拖到右侧的“菜单”中，如图 14－5 所示。然后在“特性”中将“菜单栏”设置为“开”，如图 14－6 所示。最后单击“确定”，并在“切换工作空间”中选择“经典模式”，如图 14－7 所示。

现将经典模式主窗口分别介绍如下。

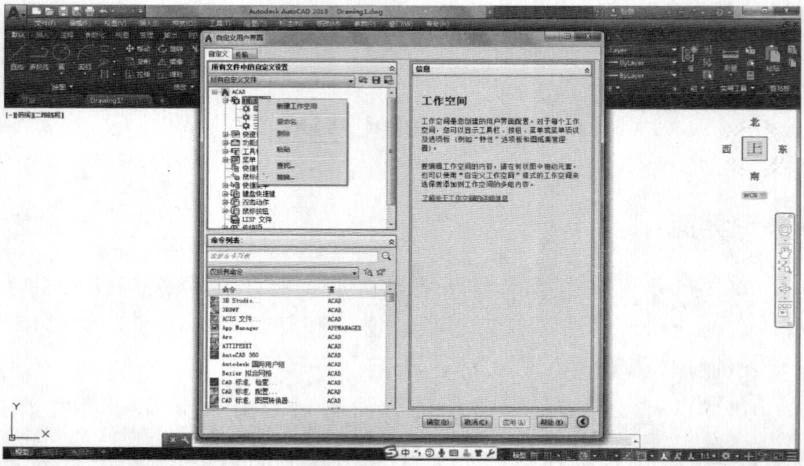

图 14－3　新建“经典模式”

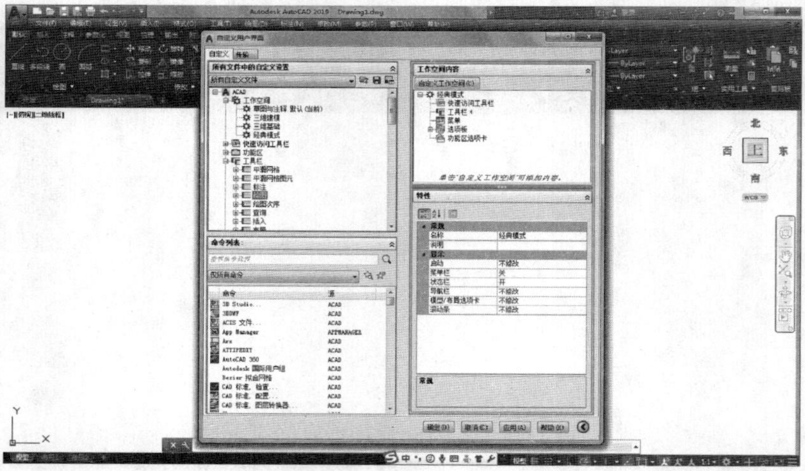

图 14－4　设置“工具栏”

1. 标题栏

标题栏位于窗口顶端，其左端是控制菜单图标，用鼠标单击该图标或按 Alt＋空格键，将弹出窗口控制菜单，用户可以用该菜单完成还原、移动关闭窗口等操作。标

图 14-5 设置“菜单栏”

图 14-6 设置“特性”

题栏右端有 3 个按钮，从左至右分别为“最小化”按钮，“最大化”按钮（“还原”按钮）和“关闭”按钮，单击这些按钮可以使窗口最大化（还原）、最小化和关闭。

2. 菜单栏

菜单栏位于标题栏下面，由文件、编辑、视图、插入、格式、工具、绘图、标注、修改、窗口和帮助下拉菜单组成，每个下拉菜单上包含若干菜单项。每个菜单项

图 14－7　经典模式

都对应了一个命令，单击菜单项时将执行这个命令。

下拉菜单。①在菜单栏用鼠标左键点取一项标题，则下拉出该标题项的菜单，称为下拉菜单。要选择某一菜单项，可用鼠标左键点取，同时，用户可以在图形窗口下的状态栏中，看到该菜单项的功能说明及相应的 AutoCAD 命令名；②如某一菜单项右端有一黑色小三角，说明该菜单项仍为标题项，它将引出下一级菜单，称为级联菜单，可进一步在级联菜单中点取菜单项；③如某一菜单后跟“…”，说明该菜单项引出一个对话框，用户可通过对话框实施操作。例如，若点取菜单项“文件/另存为…”，则引出“图形另存为”对话框，在此对话框中可完成另存图形文件名及文件类型的设定等操作；④如某一菜单项为灰色，则表示该项不可选。

光标菜单。在当前光标位置弹出的菜单称为光标菜单（快捷菜单）。当单击鼠标右键时弹出快捷菜单。快捷菜单的选项因单击环境的不同而变化，快捷菜单提供了快速执行命令的方法，光标菜单的选取方法与下拉菜单相同。

每个菜单和菜单项都定义有快捷键、快捷键用下划线标出，如“保存（S）”，用户在按住 Alt 键的同时按“S”键，就执行了 Save 命令。

可以右击鼠标弹出快捷菜单的位置有：图形窗口、命令行、对话框、窗口、工具栏、状态栏、模型标签和布局标签等。

3. 工具栏

工具栏是一组图标型工具的集合，把光标移动到某个图标，稍停片刻即在该图标一侧显示相应的工具提示，同时在状态栏中，显示对应的说明和命令名。因此，点取图标也可以启动相应命令。在缺省情况下，可以见到绘图区顶部的“标准”“样式”“图层”“特性”工具栏（图 14－7 和图 14－8）和位于绘图区两侧的“绘图”工具栏和“修改”工具栏（图 14－7 和图 14－9）。

“自定义用户界面”对话框。AutoCAD 提供了大约 30 种工具栏，用户可通过“自定义用户界面”对话框里的“工具栏”（图 14－10）来对其进行管理，可以隐藏某些工

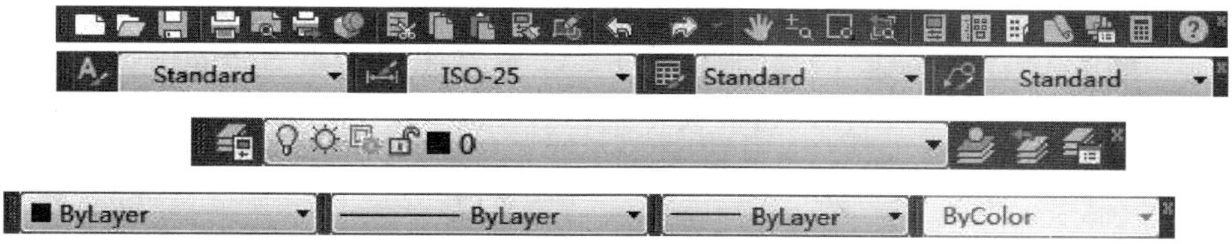

图 14-8 “标准”“样式”“图层”“特性”工具栏

图 14-9 “绘图”和“修改”工具栏

具栏，也可以将自己常用的其他工具栏显示出来。调出“工具栏”的方法如下：①菜单栏：视图→工具栏→自定义用户界面；②命令行：TOOLBAR；③鼠标：将光标放在任一工具栏的图标上，单击鼠标右键，然后在菜单中选取所需工具栏。

工具栏的“固定”、“浮动”与“弹出”。工具栏可以在绘图区“浮动”（图 14-9），并可关闭该工具栏，用鼠标可以拖动“浮动”工具栏到图形区边界，使它变为“固定”工具栏。也可以把“固定”工具栏拖出，使它成为“浮动”工具栏。

有些图标的右下角带有一个小三角，按住鼠标左键不放会弹出相应的工具栏，将光标移动到某一图标上再松开，该图标就变为当前图标。单击当前图标，并执行相应命令（图 14-11）。

4. 绘图区

绘图区是显示绘制图形和编辑图形对象的区域。一个完整的绘图区如图 14-7 所示，包括标题栏、滚动条（可以开、关）、控制按钮、布局选项卡、坐标系图标等元素。布局标签提供了在不同布局间迅速切换的方法。

十字光标是显示在绘图区中、由鼠标等定点设备控制的十字叉（与当前用户坐标系的 X 轴、Y 轴方向平行），当移动定点设备时，十字光标的位置也相应地移动。十字光标的大小（相对于屏幕）由系统变量 CURSORSIZE 控制。

在公制测量系统中 1 个绘图单位对应 1mm。AutoCAD 采用两种坐标系：世界坐标系（WCS）是固定的坐标系统；用户坐标系

图 14-10 “自定义用户界面”对话框

图 14－11 弹出“窗口缩放”

(UCS) 是可用 UCS 命令相对世界坐标系重新定位、定向的坐标系。在缺省情况下，坐标系图标为模型空间下的 UCS 坐标系图标，通常放在绘图区左下角。AutoCAD 的基本作图平面为当前 UCS 的 XY 平面。

5. 命令行

命令行是键入命令以及信息显示的地方，每个图形文件都有自己的命令行（图 14－12）。在缺省状态下，命令行位于系统窗口的下部，用户可以将其拖动到屏幕上的任意位置。文本窗口和命令行窗口可以通过 F2 功能键随时切换。

6. 状态栏

状态栏位于屏幕的底部，左端显示绘图区中光标定位点的坐标 X、Y、Z，向右侧依次有“模型”“栅格”“捕捉”“正交”“极轴”“等轴测草图”“ 对象捕捉追踪”“对象捕捉”等按钮，如图 14－13 所示。

图 14－12 命令窗口

图 14－13 状态栏

对于某些命令，除了可以通过在命令窗口输入命令、点取工具栏图标或点取菜单项来完成外，还可使用键盘上的一级功能键，现将可使用的功能键及相应功能说明如下：

F1：调用 AutoCAD 帮助对话框。

F2：图形窗口与文本窗口的互相切换。

F3：对象捕捉开关。

F4：三维对象捕捉开关。

F5：不同方向正等轴测立体图作图平面间的切换开关。

F6：坐标显示模式的切换开关。

F7：栅格（Grid）模式开关。

F8：正交（Ortho）模式开关。

F9：间隔捕捉（Snap）模式开关。

F10：极轴追踪（Polar）开关。

F11：对象追踪（Otrack）开关。

F12：DYN（动态输入）开关。

二、AutoCAD 绘图前的准备

1. 使用平面坐标系

在使用 AutoCAD 2019 绘图时，点是组成图形的基本单位，每个点都有自己的坐标。图形的绘制一般也是通过坐标对点进行精确定位。当命令行提示输入点时，既可以使用鼠标在图形中指定点，也可以在命令行中直接输入坐标值。坐标系主要分为笛卡儿坐标系和极坐标系，用户可以在指定坐标时任选一种使用。

笛卡儿坐标系有 3 个轴，即 X 轴、Y 轴和 Z 轴。输入坐标值时，需要指示沿 X 轴、Y 轴和 Z 轴相对于坐标系原点（0，0，0）的距离（以单位表示）及其方向（正或负）。

在二维平面中，可以省去 Z 轴的坐标值（始终为 0），直接由 X 轴指定水平距离，Y 轴指定垂直距离，在 XY 平面上指定点的位置。

极坐标使用距离和角度定位点。例如，笛卡儿坐标系中坐标为（4，4）的点，在极坐标系中的坐标为（5.656，$\pi/4$）。其中，5.656 表示该点与原点的距离，$\pi/4$ 表示原点到该点的直线与极轴所成的角度。

（1）绝对坐标。绝对坐标以当前坐标系原点为基准点，取点的各个坐标值，输入方法为（X，Y，Z）。在绝对坐标中，X 轴、Y 轴和 Z 轴 3 轴线在原点（0，0，0）相交。在二维平面中只需输入 X 值和 Y 值。

在命令行中输入命令 L，命令行提示如下：

```
命令：LINE                                   //输入 LINE，表示绘制直线
指定第一点：5，5                              //输入第一点坐标绝对坐标（5，5）
指定下一点或［放弃（U)］：15，15               //输入第二点坐标绝对坐标（15，15）
指定下一点或［闭合（C)/放弃（U)］：            //按 Enter 键，完成直线绘制
```

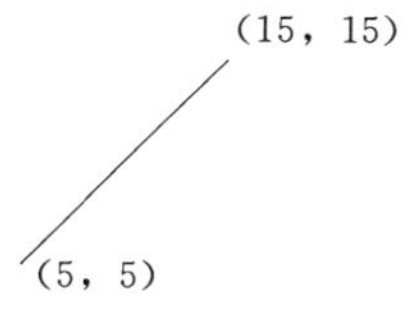

图 14-14 绝对坐标绘制直线

绘制完成的直线效果如图 14-14 所示，图中给出了点的坐标图示。

（2）相对坐标。相对坐标以前一个输入点为输入坐标点的参考点，取它的位移增量，形式为 ΔX、ΔY、ΔZ，输入方法为（@ΔX，ΔY，ΔZ）。“@”表示输入的为相对坐标值，在二维平面中只需输入 ΔX 值和 ΔY 值。

在命令行中输入 LINE，命令行提示如下：

```
命令：LINE                                   //输入 LINE，表示绘制直线
指定第一点：10，10                            //输入第一点绝对坐标（10，10）
指定下一点或［放弃（U）］：@10，10             //输入第二点坐标相对坐标（@10，10）
指定下一点或［闭合（C）/放弃（U)］：           //按 Enter 键，完成直线绘制
```

绘制完成的直线如图 14-15 所示，图中给出了点的坐标图示。

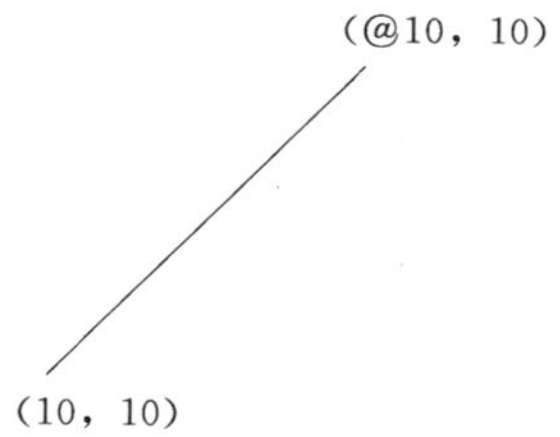

图 14-15 相对坐标绘制直线

2. 图层创建与管理

为了方便管理图形，在 AutoCAD 中提供了图层工具。图层相当于一层“透明纸”，可以在上面绘制图形，将纸一层层重叠起来就构成了最终的图形。在 AutoCAD 中，图层的功能和用途要比“透明纸”强大得多，用户可以根据需要创建很多图层，将相关的图形对象放在同一层上，以此

图层的设置

来管理图形对象。

(1) 创建图层。默认情况下，AutoCAD 会自动创建一个图层——图层 0，该图层不可重命名，用户可以根据需要来创建新的图层，然后再更改其图层名。创建图层的步骤如下：

在菜单栏选择“格式” | “图层”命令，或者在命令行中执行 LAYER 命令，或者单击“图层”面板中的“图层特性管理器”按钮，此时弹出“图层特性管理器”对话框，如图 14 - 16 所示，用户可以在此对话框中进行图层的基本操作和管理。在“图层特性管理器”对话框中，单击“新建图层”按钮即可添加一个新的图层，可以在文本框中输入新的图层名。

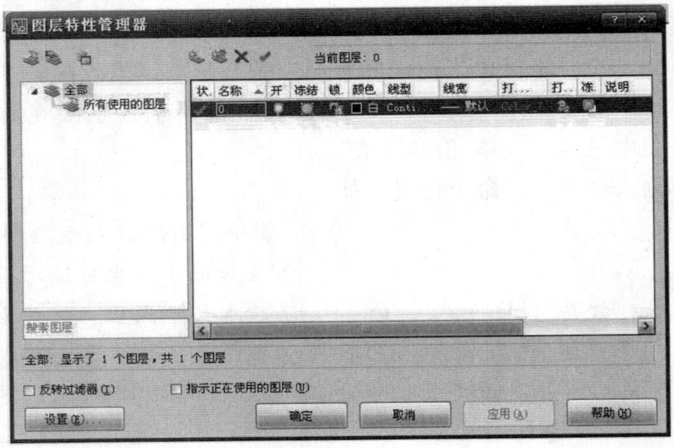

图 14 - 16 “图层特性管理器”对话框

(2) 图层颜色的设置。为了区分不同的图层，对图层的颜色进行设置是很重要的。每一个图层都有相应的颜色，对不同的图层可以设置不同的颜色，也可以设置相同的颜色，这样就方便区分图形中的各个部分。默认情况下，新建的图层颜色均为白色，用户可以根据需要更改图层的颜色。在“图层特性管理器”对话框中单击 白，弹出“选择颜色”对话框，从中可以选择需要的颜色，如图 14 - 17 所示。

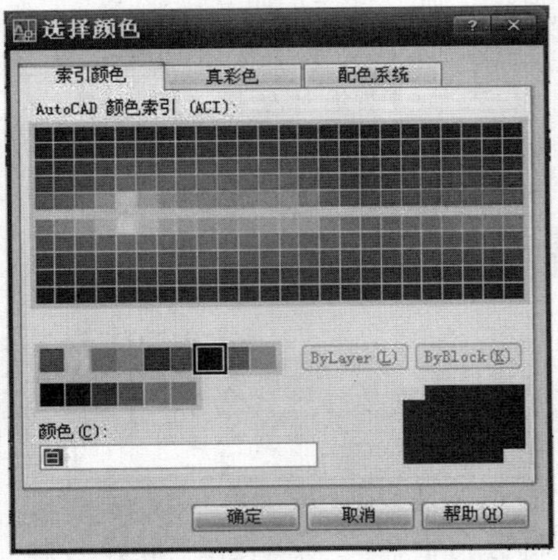

图 14 - 17 “选择颜色”对话框

(3) 图层线型的设置。在绘图时会使用到不同的线型，图层的线型是指在图层中绘图时所用的线型。不同的图层可以设置为不同的线型，也可以设置为相同的线型。用户可以使用 AutoCAD 提供的任意标准线型，也可以创建自己的线型。

在 AutoCAD 中，系统默认的线型是

Continuous，线宽也采用默认值 0 单位，该线型是连续的。在绘图过程中，如果需要使用其他线型，则可以单击“线型”列表下的线型特性图标 Continuous ，此时弹出如图 14-18 所示“选择线型”对话框。

默认状态下，“选择线型”对话框中只有 Continuous 一种线型。单击 加载(L)... 按钮，弹出如图 14-19 所示“加载或重载线型”对话框，用户可以在“可用线型”列表框中选择所需要的线型，单击“确定”按钮返回“选择线型”对话框完成线型加载，选择需要的线型，单击“确定”按钮回到“图层特性管理器”对话框，完成线型的设定。

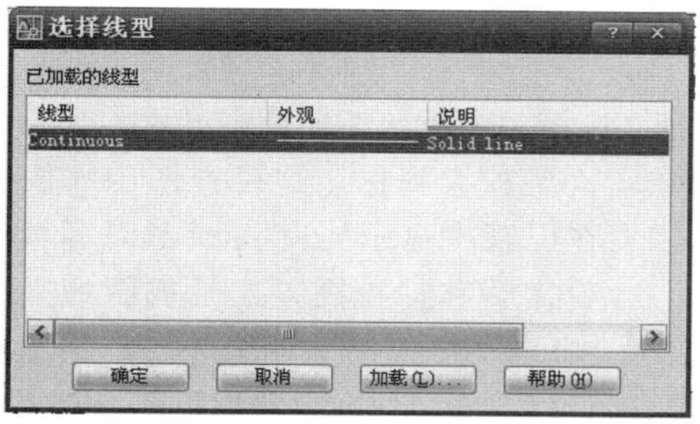

图 14-18 “选择线型”对话框

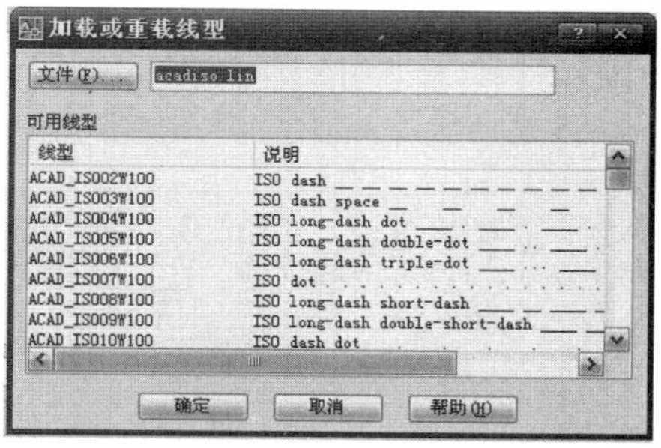

图 14-19 “加载或重载线型”对话框

(4) 图层线宽的设置。线宽是用不同的线条来表示对象的大小或类型，它可以提高图形的表达能力和可读性。默认情况下，线宽默认值为“默认”，可以通过下述方法来设置线宽：

1) 在“图层特性管理器”对话框中单击“线宽”列表下的线宽特性“默认”按钮，弹出如图 14-20 所示的“线宽设置”对话框，在“线宽”列表框中选择需要的线宽，单击“确定”按钮完成设置线宽操作。

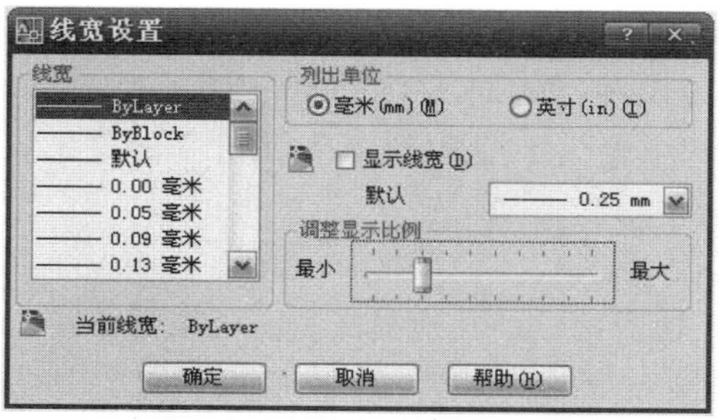

图 14-20 “线宽设置”对话框

图 14-21 “线宽”对话框

2) 在菜单栏中，依次选择“格式” | “线宽”命令，在弹出的“线宽”对话框中设置线宽，如图 14-21 所示。

3) 在命令行中，输入“_LINEWEIGHT”命令，在弹出的“线宽设置”对话框中设置线宽，如图 14-20 所示。

(5) 图层特性的设置。用户在绘制图形时，各种特性都是随层设置的默认值，由当前的默认设置来确定的。用户可以根据需要对图层的各种特性进行修改。图层的特性包括图层的名称、线型、颜色、开关状态、冻结状态、线宽、锁定状态和打印样式等。

(6) 切换到当前图层。在 AutoCAD 2019 中，将图层切换到当前图层主要利用下面四种方法：

1) 在“对象特性”工具栏中，利用图层控制下拉列表来切换图层。

2) 在“图层”工具栏中，单击按钮块切换对象所在图层为当前图层。

3) 在“图层”面板中，单击按钮路切换对象所在图层为当前图层。

4) 在“图层特性管理器”对话框中的图层列表中，选择某个图层，然后单击置为当前按钮来切换到当前图层。

3. 二维视图操作

如果要使整个视图显示在屏幕内，就要缩小视图；如果要在屏幕中显示一个局部对象，就要放大视图，这是视图的缩放操作。要在屏幕中显示当前视图不同区域的对象，就需要移动视图，这是视图的平移操作。AutoCAD 提供了视图缩放和视图平移功能，以方便用户观察和编辑图形对象。

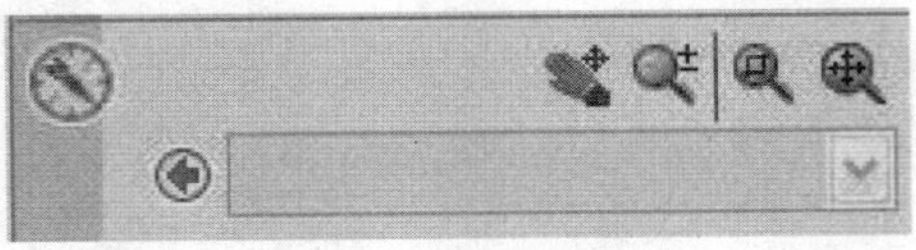

图 14-22 “二维导航”面板

(1) 缩放。选择“视图”|“缩放”命令，在弹出的级联菜单中选择合适的命令，或单击如图 14-22 所示“二维导航”面板中合适的按钮，或者在命令行中输入 ZOOM 命令，都可以执行相应的视图缩放操作。

在命令行中输入 ZOOM 命令，命令行提示如下：

命令：ZOOM

指定窗口的角点，输入比例因子 (nX 或 Nxp)，或者

[全部(A)中心(C)/动态(D)范围(E)/上一个(P)/比例(S)/窗口(w)/对象(O)] 实时：

命令行中不同的选项代表了不同的缩放方法。

(2) 平移。单击“二维导航”面板中的“实时平移”按钮，或选择“视图”|“平移”|“实时”命令，或在命令行中输入 PAN，然后按 Enter 键，光标都将变成手形，用户可以对图形对象进行实时平移。

4. 通过状态栏辅助绘图

在绘图中，利用状态栏提供的辅助功能可以极大地提高绘图效率。下面介绍如何通过状态栏辅助绘图。

(1) 设置捕捉、栅格。

1) 捕捉。捕捉是指 AutoCAD 生成隐含分布在屏幕上的栅格点，当鼠标移动时，这些栅格点就像有磁性一样能够捕捉光标，使光标精确落到栅格点上。可以利用栅格捕捉功能，使光标按指定的步距精确移动。可以通过以下方法使用捕捉：

a. 单击状态栏上的“捕捉”按钮，该按钮按下启动捕捉功能，弹起则关闭该功能。

b. 按 F9 键。按 F9 键后，“捕捉”按钮会被按下或弹起。

在状态栏的“捕捉”按钮捕捉或者“栅格”按钮栅格上单击鼠标右键，在弹出的

快捷菜单中选择“设置”命令，或在菜单栏中依次选择“工具”｜“草图设置”命令，弹出如图 14－23 所示“草图设置”对话框，当前显示的是“捕捉和栅格”选项卡。在该对话框中可以进行草图设置的一些设置。

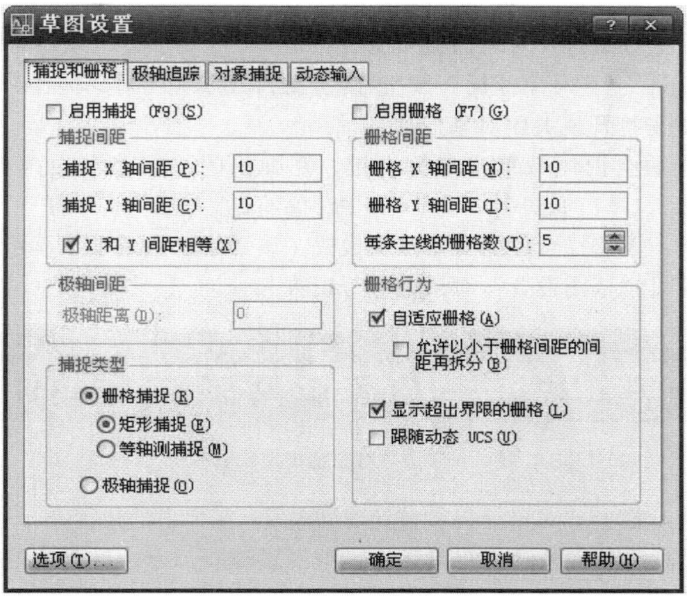

图 14－23　“草图设置”对话框

在“捕捉和栅格”选项卡中，选中“启用捕捉”复选框则可启动捕捉功能，用户也可以通过单击状态栏上的相应按钮来控制开启。在“捕捉间距”选项组和“栅格间距”选项组中，用户可以设置捕捉和栅格的距离。“捕捉间距”选项组中的“捕捉 X 轴间距”和“捕捉 Y 轴间距”文本框可以分别设置捕捉在 X 方向和 Y 方向的单位间距，“X 和 Y 间距相等”复选框可以设置 X 和 Y 方向的间距是否相等。

2）栅格。栅格是在所设绘图范围内，显示出按指定行间距和列间距均匀分布的栅格点。可以通过下述方法来启动栅格功能：

a. 单击状态栏上的“栅格”按钮，该按钮按下启动栅格功能，弹起则关闭该功能。

b. 按 F7 键。按 F7 键后，“栅格”按钮会被按下或弹起。

栅格是按照设置的间距显示在图形区域中的点，它能提供直观的距离和位置的参照，类似于坐标纸中方格的作用，栅格只在图形界限以内显示。栅格和捕捉这两个辅助绘图工具之间有着很多联系，尤其是两者间距的设置。有时为了方便绘图，可将栅格间距设置为与捕捉间距相同，或者使栅格间距为捕捉间距的倍数。

（2）设置正交。在状态工具栏中，单击“正交”按钮正交，即可打开“正交”辅助工具。可以将光标限制在水平或垂直方向上移动，以便于精确地创建和修改对象。使用“正交”模式将光标限制在水平或垂直轴上。移动光标时，水平轴或垂直轴哪个离光标最近，拖引线将沿着该轴移动。在绘图和编辑过程中，可以随时打开或关闭“正交”。输入坐标或指定对象捕捉时将忽略正交。要临时打开或关闭正交，请按住临时替代键。使用临时替代键时，无法使用直接距离输入方法。打开“正交”将自动关闭极轴追踪。

(3) 设置对象捕捉、对象追踪。所谓对象捕捉，就是利用已绘制的图形上的几何特征点来捕捉定位新的点。使用对象捕捉可指定对象上的精确位置。

可以通过以下方式打开对象捕捉功能：

1) 单击状态栏上“对象捕捉”按钮对象捕捉打开或关闭对象捕捉。

2) 按 F3 键来打开或关闭对象捕捉。

在工具栏上的空白区域单击鼠标右键，在弹出的快捷菜单中选择“ACAD”|“对象捕捉”命令，弹出如图 14 - 24 所示“对象捕捉”工具栏。用户可以在工具栏中单击相应的按钮，以选择合适的对象捕捉模式。该工具栏默认是不显示的，该工具栏上的选项可以通过“草图设置”对话框进行设置。

图 14 - 24 “对象捕捉”工具栏

右键单击状态栏上“对象捕捉”按钮对象捕捉，在弹出的快捷菜单中选择“设置”命令，或在工具栏上依次选择“工具”|“草图设置”命令，弹出“草图设置”对话框，打开“对象捕捉”选项卡，如图 14 - 25 所示。在该对话框中可以设置相关的对象捕捉模式。“对象捕捉”选项卡中的“启用对象捕捉”复选框用于控制对象捕捉功能的开启。当对象捕捉打开时，在“对象捕捉模式”选项组中选定的对象捕捉处于活动状态。“启用对象捕捉追踪”复选框用于控制对象捕捉追踪的开启。

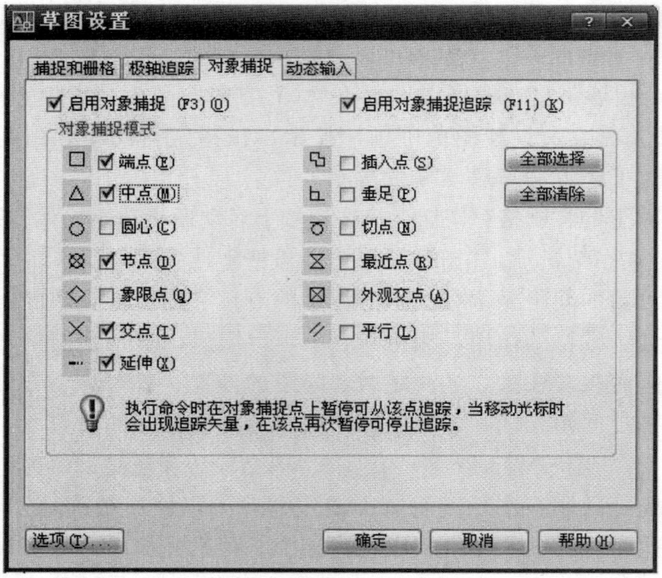

图 14 - 25 “对象捕捉”选项卡

在“对象捕捉模式”选项组中提供了 13 种捕捉模式，可以通过选中各复选框来添加捕捉模式。

(4) 设置极轴追踪。使用极轴追踪，光标将按指定角度进行移动。单击状态栏上的“极轴”按钮极轴或按 F10 键可打开极轴追踪功能。

创建或修改对象时，可以使用“极轴追踪”以显示由指定的极轴角度所定义的临时对齐路径。使用“极轴追踪”沿对齐路径按指定距离进行捕捉。比如，在图 14－26 中绘制一条从点 1 到点 2 的两个单位的直线，然后绘制一条到点 3 的两个单位的直线，并与第一条直线成 45°。如果打开了 45°极轴角增量，当光标跨过 0°或 45°时，将显示对齐路径和工具栏提示。当光标从该角度移开时，对齐路径和工具栏提示消失。

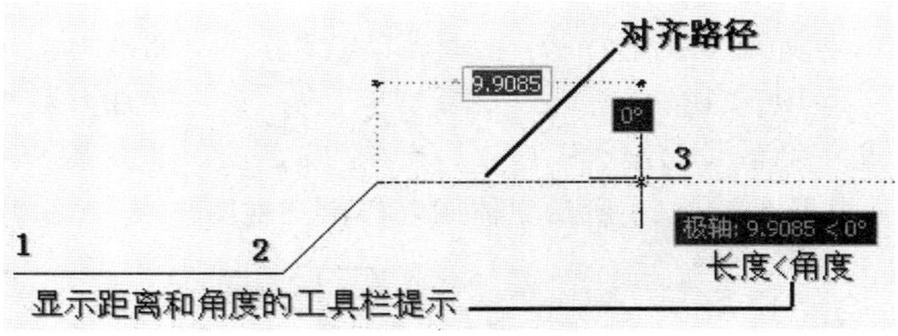

图 14－26　极轴追踪

光标移动时，如果接近极轴角，将显示对齐路径和工具栏提示。极轴追踪和“正交”模式不能同时打开，打开极轴追踪将关闭“正交”模式。

§ 14－2　AutoCAD 绘制工程图

一、三视图的绘制

1. 直线的绘制

◆ 工具栏：绘图→。

◆ 下拉菜单：绘图→直线。

◆ 命令行：L 或 Line。

◆ 功能：画直线。

◆ 命令及提示：

命令：L 指定第一点。

◆ 选项：

(1) 继续：如果按 Enter 键，AutoCAD 用上一条直线段或圆弧的端点作为新直线的起点。

(2) 闭合：以第一条线段的起始点作为最后一条线段的端点，形成一个闭合的线段环。只有在绘制了一系列线段（两条以上）之后，才能使用“闭合”选项。

(3) 放弃：删除直线序列中最后绘制的线段。

三视图的绘制

注意： 通常绘制直线都必须先确定第一点，第一点可以通过输入坐标值或者在绘图区中使用光标直接拾取获得。第一点的坐标值只能使用绝对坐标表示，不能使用相对坐标表示。

当指定完第一点后，系统要求用户指定下一点，此时用户可以采用多种方式输入下一点：绘图区光标拾取、相对坐标、绝对坐标、极轴坐标和极轴捕捉配合距离等。

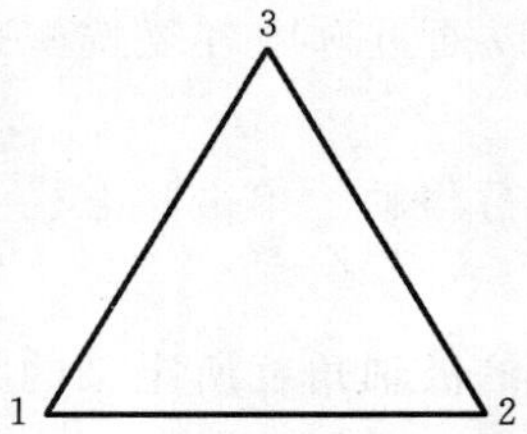

图 14－27　三角形绘制

【例 14－1】 画边长为 100 的正三角形。

命令：L↙	启动画线命令
指定第一点：100，150↙	用绝对直角坐标指定 1 点
指定下一点：@100，0↙	用相对直角坐标指定 2 点
指定下一点：@100<120↙	用相对极坐标指定 3 点
指定下一点或［闭合（C）/放弃（U）］放弃：C↙	其结果如图 14－27 所示

【例 14－2】 根据图 14－28 所给立体图，作出三视图。

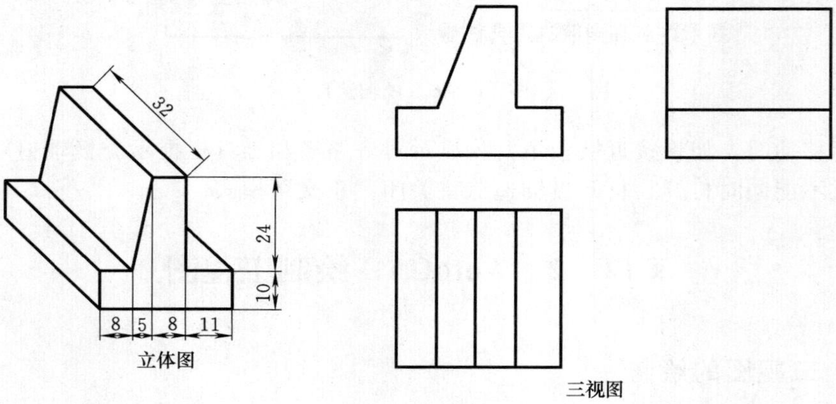

图 14－28　三视图的绘制

分析： 该立体可分为上、下两部分，上边部分为一个四棱台，下边部分均为长方体，两部分之间前后平齐。

作图：

（1）主视图的绘制。

命令：L↙	启动画线命令
指定第一点：50，100↙	用绝对直角坐标指定点
指定下一点：@32，0↙	用相对直角坐标指定点
指定下一点：@0，10↙	用相对直角坐标指定点
指定下一点：@－11，0↙	用相对直角坐标指定点
指定下一点：@0，24↙	用相对直角坐标指定点
指定下一点：@－8，0↙	用相对直角坐标指定点
指定下一点：@－5，－24↙	用相对直角坐标指定点

指定下一点：@-8，0↙　　　　用相对直角坐标指定点

指定下一点或［闭合（C）/放弃（U）］：C↙　　　　其结果主视图完成

（2）俯视图的绘制。右键单击状态栏上“对象捕捉”按钮，打开“草图设置”对话框，单击“对象捕捉”选项，启用对象捕捉，单击“全部选择”按钮选项，单击“确定”按钮。

命令：o↙　　　　启动偏移命令

指定偏移距离：30　　　　（主视图与俯视图的间距）

选择偏移对象：利用鼠标选择主视图最底部长度为32的线条，回车结束命令。

命令：o↙　　　　启动偏移命令

指定偏移距离：32　　　　（立体的宽度）

选择偏移对象：利用鼠标选择第一次偏移所求得的直线。

命令：L↙　　　　启动画线命令

连接俯视图上的两条直线的左端。

命令：o↙　　　　启动偏移命令

指定偏移距离：8　　　　回车结束命令

↙　　　　启动偏移命令

指定偏移距离：5　　　　回车结束命令

↙　　　　启动偏移命令

指定偏移距离：8　　　　回车结束命令

↙　　　　启动偏移命令

指定偏移距离：11　　　　回车结束命令

↙　　　　俯视图绘制完成

（3）侧视图的绘制。

命令：L↙　　　　启动画线命令

（捕捉主视图的最上部一点，鼠标右移，出现一虚线条，距主视图合适的位置点击鼠标左键，开始绘制线的第一点）

指定第二点：@32，0

指定下一点：@0，-34

指定下一点：@-32，0

指定下一点或［闭合（C）/放弃（U）］：C↙　　　　侧视图绘制完成

2. 圆的绘制（图14-24）

◆ 工具栏：绘图→键。

◆ 下拉菜单：绘图→圆。

◆ 命令行：C或Circle。

◆ 功能：绘制圆。

◆ 命令及提示：

命令：指定圆的圆心或［三点（3）/两点（2）/相切、相切、半径（T）］：

◆ 选项：系统提供了指定圆心和半径、指定圆心和直径、两点定义直径、三点定义圆周、两个切点加一个半径以及三个切点六种绘制圆的方法。前四种比较简单，下面主要介绍后两种的绘制方法。

（1）半径切点法画圆：选择两个圆、直线或圆弧的切点，输入要绘制圆的半径，这样便完成圆的绘制，效果如图 14－29 所示。

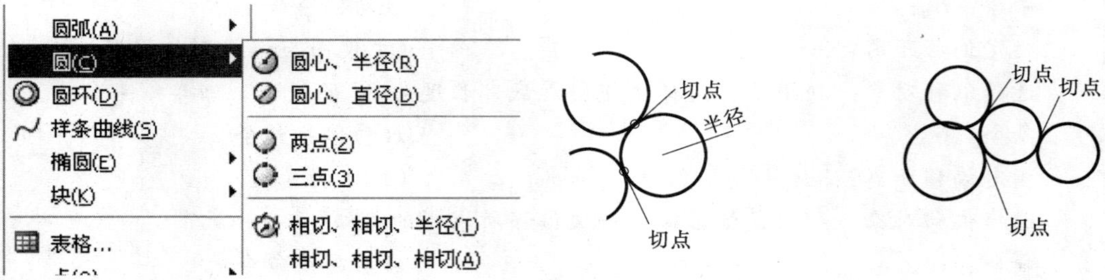

图 14－29　“圆”的绘制

（2）三切点画圆：该方法只能通过菜单命令执行，是三点画圆的一种特殊情况，选择“绘图”下拉菜单中的“圆”菜单命令中的“相切、相切、相切”命令，效果如图 14－29 所示。

渠道的绘制

二、工程图的绘制

【例 14－3】 滚水坝由坝体和消力池两个部分组成，如图 14－30 所示，因此在绘制的时候一般选择完成简单的消力池部分和海漫先绘制，最后完成坝体部分。

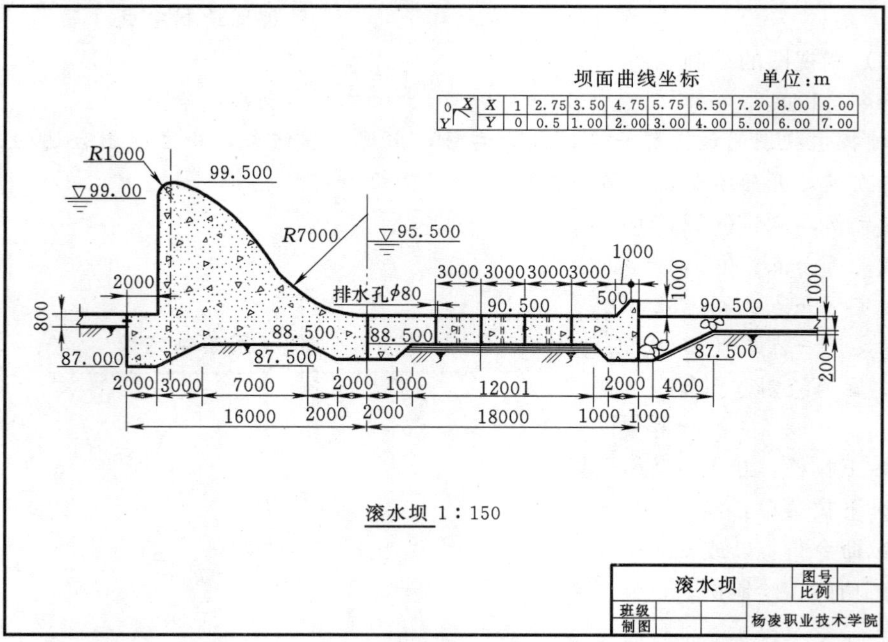

图 14－30　滚水坝的绘制

1. 主轴线的绘制

（1）输入图层管理器命令（LA），建立新图层，命名为轴线，线型为 Center，线宽为 0.25mm，颜色为红色，选择为当前层，如图 14 - 31 所示。

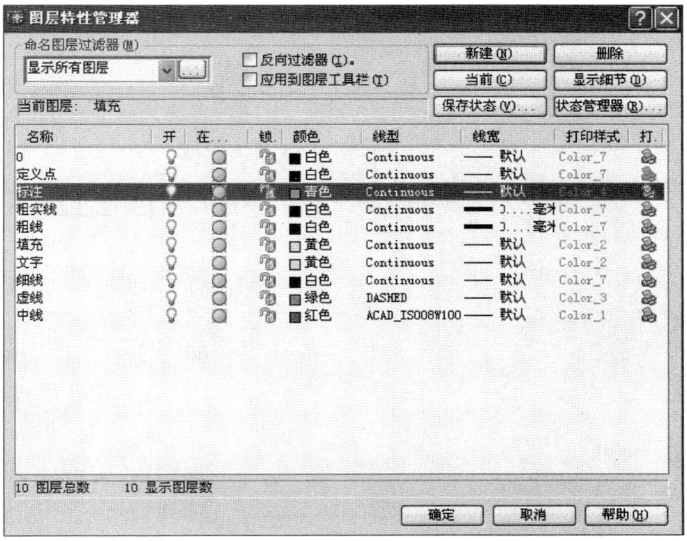

图 14 - 31　图层的设置

（2）在轴线层，输入画线命令（L），绘制第一个坝体最高处的轴线，然后输入偏移命令（O），得到第二个轴线，此轴线为坝体和消力池的分界线，如图 14 - 32 所示。

图 14 - 32　轴线的绘制

2. 消力池、海漫以及排水孔的绘制

（1）输入图层管理器命令（LA），创建新图层粗实线，线型为实线，线宽为 0.7mm，颜色为白色，选择为当前层。

（2）输入画线命令（L），绘制消力池部分，如图 14 - 33 所示。

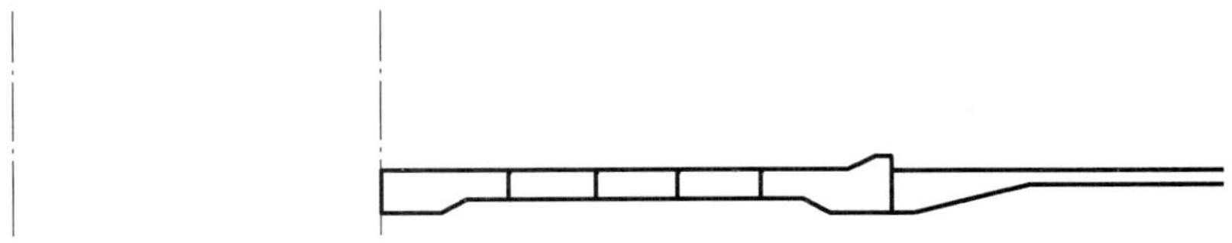

图 14 - 33　消力池的绘制

（3）输入图层管理器命令（LA），创建新图层虚线层，线型为 dashed，线宽为 0.3mm，颜色为绿色，选择为当前层。

（4）输入画线命令（L），完成排水孔的绘制，如图 14 - 34 所示。

3. 滚水坝的绘制

（1）切换当前层为粗实线层，输入画线命令（L）以及样条曲线命令（SPL），绘

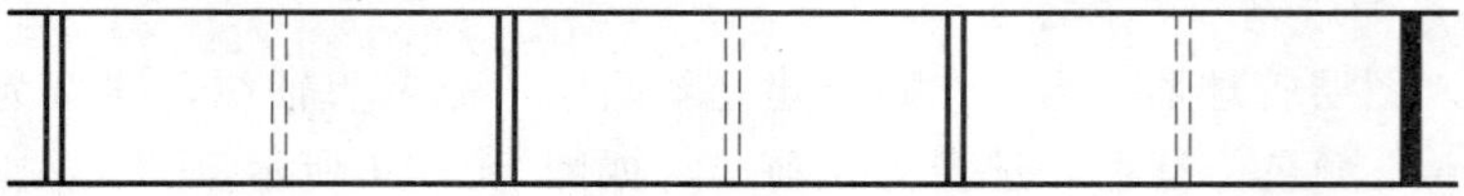

图 14－34　排水孔的绘制

制坝体曲线，坝体曲线的关键点坐标参照曲线坐标，如图 14－35 所示。

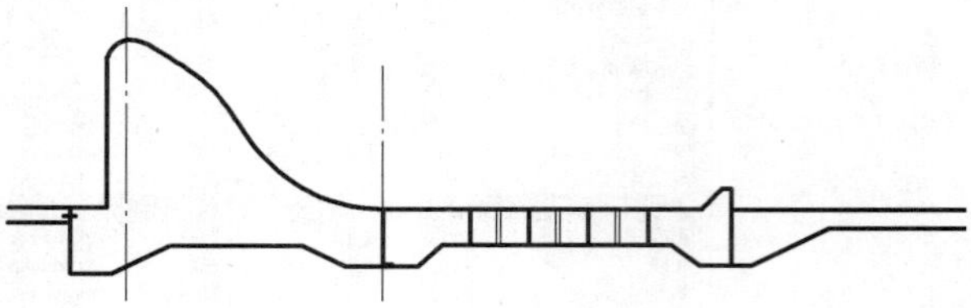

图 14－35　坝面曲线的绘制

（2）输入图层管理器命令（LA），创建新图层细实线，线型为实线，线宽为 0.2mm，颜色为白色，选择为当前层。

（3）输入画线命令（L），绘制反滤层、折断线，如图 14－36 所示。

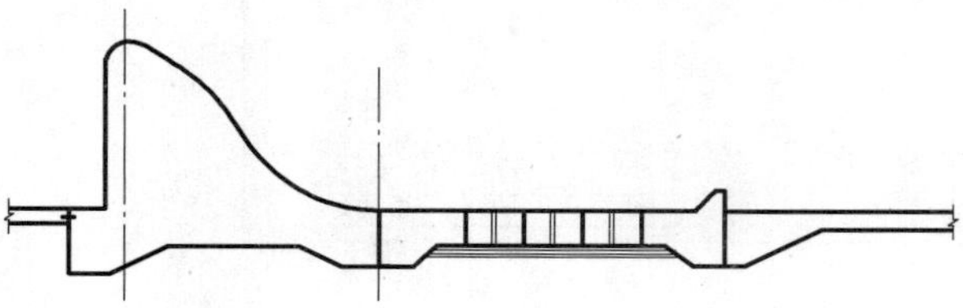

图 14－36　反滤层、折断线

4. 断面材料的绘制

（1）创建新图层为材料层，线型为实线，线宽为 0.2mm，颜色为黄色，选择为当前层。

（2）输入填充命令（H），选择混凝土材料进行填充，如图 14－37 所示。

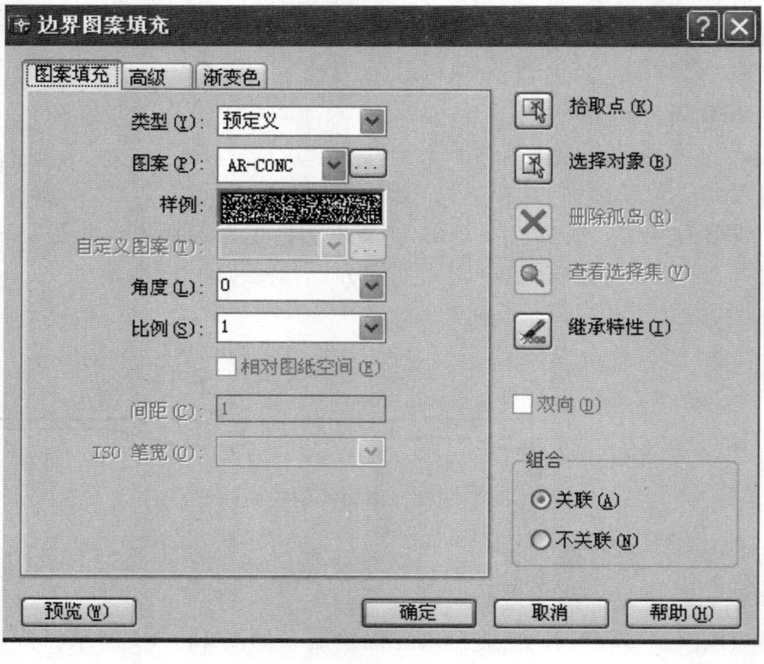

图 14－37　图案填充设置

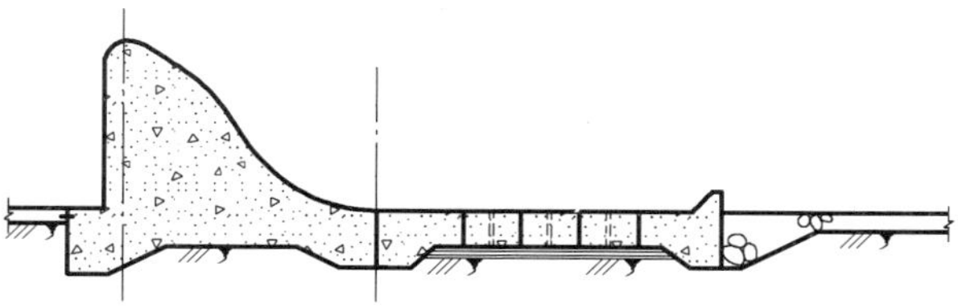

图 14-38 材料填充后图形

(3) 干砌块石的材料绘制需要用样条曲线（SPL）自行绘制，自然土壤的材料绘制也是输入画样条曲线命令自行绘制，如图 14-38 所示。

5. 标注、文字、图框的绘制

(1) 创建新图层标注层，颜色为蓝色，线型为实线，线宽为 0.2mm。

(2) 创建新图层文字层，颜色为绿色，线型为实线，线宽为 0.25mm。

(3) 输入文字样式命令（ST），创建文字样式“汉字”，设置字体大小为 3.5，字体为仿宋，高宽比为 0.7，如图 14-39 所示。

(4) 输入标注样式管理器命令（D），新建标注样式为“水利工程 A2”，选择“继续”，设置“直线和箭头”以及“文字”相关内容，如图 14-35 所示。

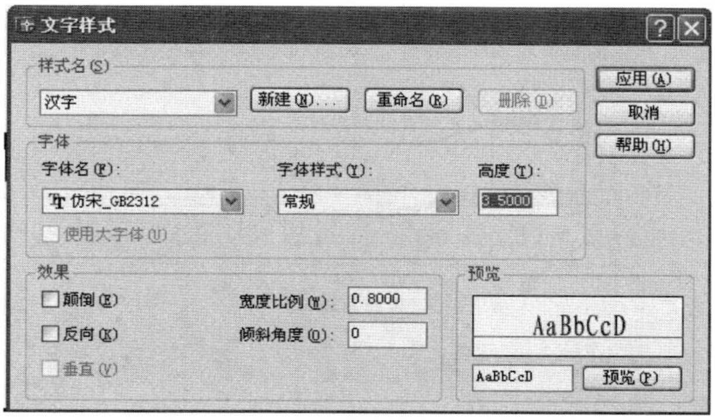

图 14-39 文字样式的设置

(5) 切换当前层为文字层，输入多行文本命令（T），在坝面曲线坐标表格中输入大坝坐标。

(6) 切换当前层为标注层，选择线性标注、连续标注，对所作图形进行标注。最后完成的图形如图 14-40 所示。

(7) 输入插入命令（I），将已经做好的图框插入现在的图形，比例、选择角度设置为在屏幕上指定，如图 14-41 所示。

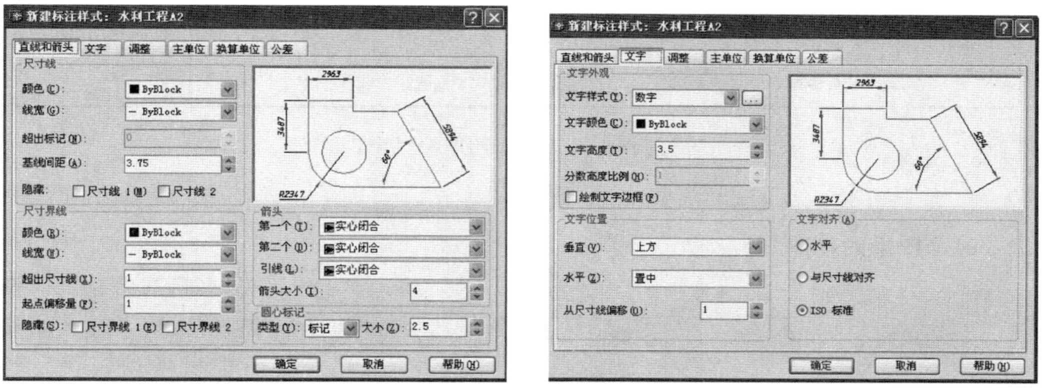

图 14-40 标注样式设置

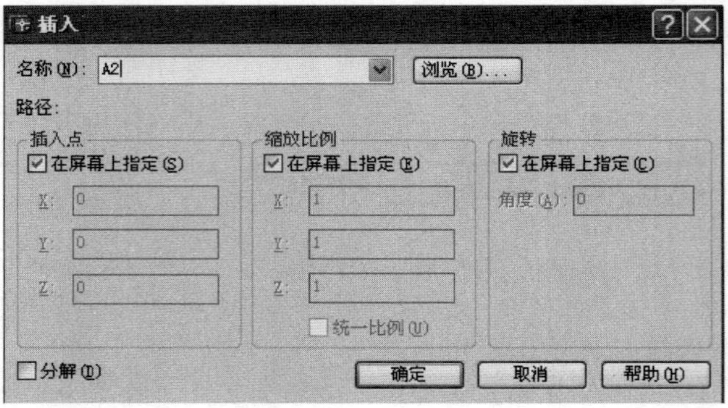

图 14 - 41 插入的相关设置

【例 14 - 4】 泄水建筑物（水闸）的绘制，如图 14 - 42 所示。

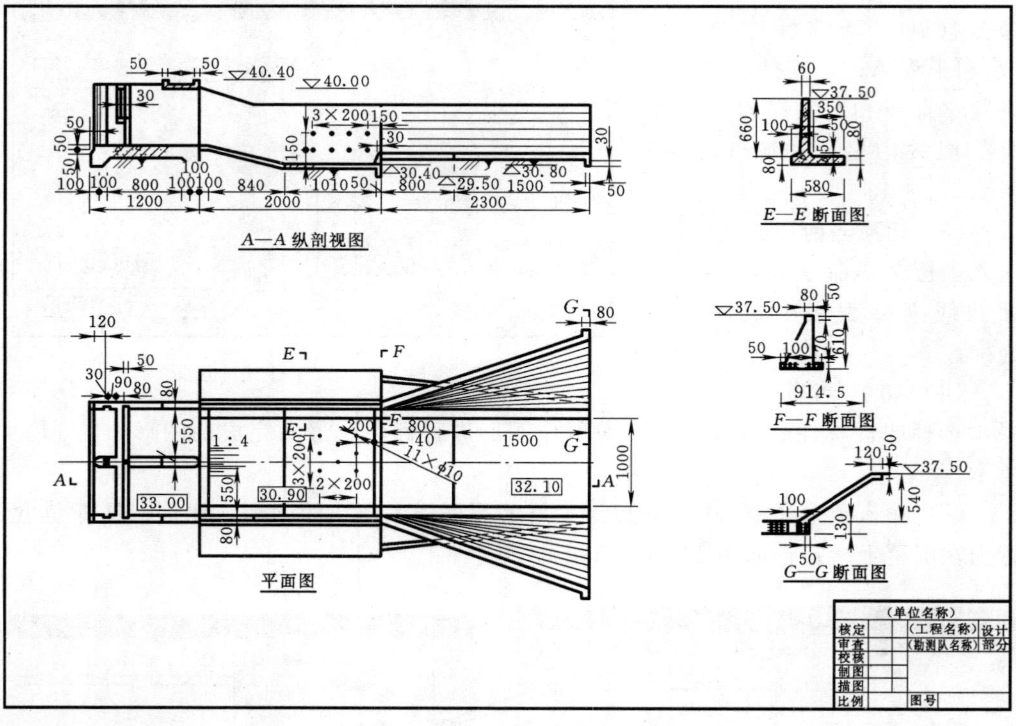

图 14 - 42 水闸的绘制

1. 水闸纵剖面的绘制

(1) 图层的创建。

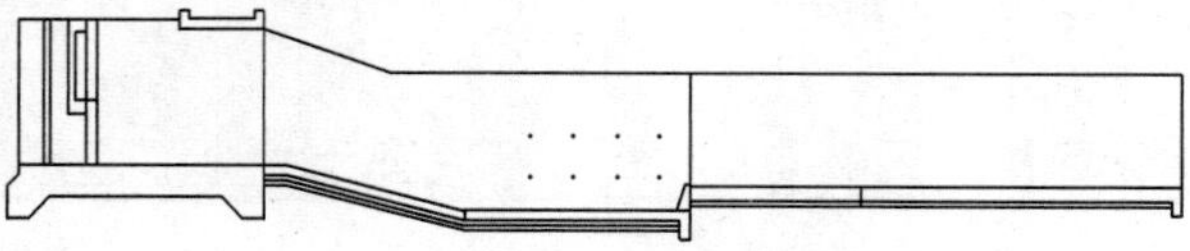

图 14 - 43 水闸 *A*—*A* 剖视图的绘制

(2) 绘制水闸剖面轮廓。选择当前层为粗实线层，输入画线命令（L），根据所给尺寸，绘制水闸剖面轮廓，如图 14 - 43 所示。

2. 水闸半平面的绘制

由于水闸的平面图是对称结构，所以在绘制时采取绘制一半，再用镜像的方法。

（1）主轴线的绘制。设置当前层为轴线层，输入画线命令（L），绘制如图14－44所示的轴线。

（2）水闸半个轮廓的绘制。选择当前层为粗实线层，输入画线命令，绘制如图14－45所示的轮廓。

图14－44　轴线的绘制

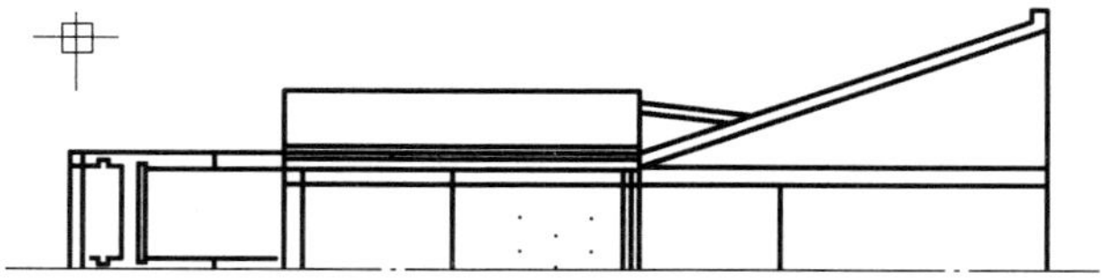

图14－45　水平图绘制

（3）水闸整体轮廓的绘制。输入镜像命令（MI），选择对象为所绘制的半个轮廓，以轴线为镜像线镜像就得到如图14－46所示的图形。

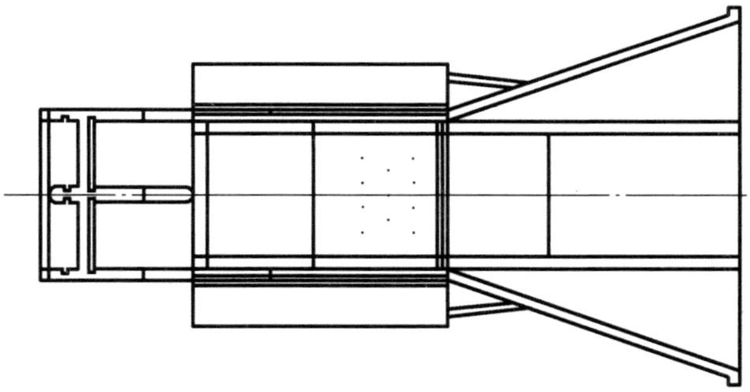

图14－46　镜像命令的应用

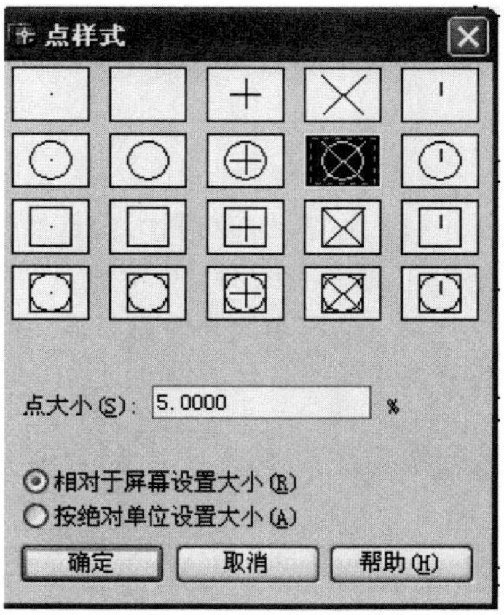

图14－47　“点样式”对话框

3. 素线的绘制

选择当前层为细实线层，输入画线命令（L），绘制素线。为了保证所绘制的素线均匀分布，建议采用绘制点的方式平分直线。具体方法如下：

（1）单击“格式”菜单，选择“点样式”，弹出如图14－47所示对话框，选择点样式为圆。

（2）单击“绘图”菜单，选择“点”｜“定数等分”，如图14－48所示。

（3）输入画线命令（L），在对象捕捉的帮助下，完成如图 14－49 所示的素线的绘制，完成后删除所绘制的点，如图 14－50 所示。

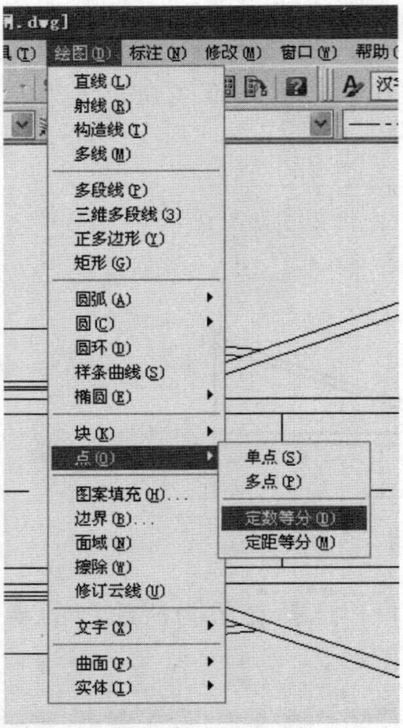

图 14－48　点的定数等分

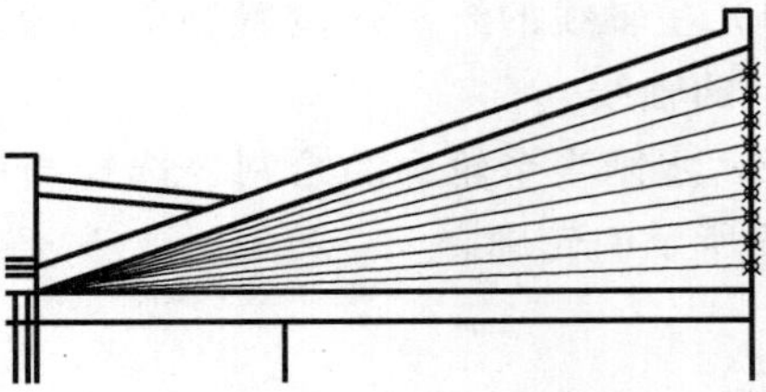

图 14－49　素线的绘制

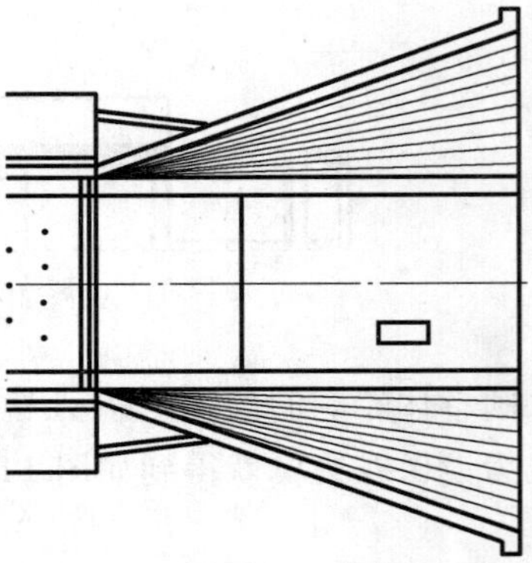

图 14－50　镜像命令的应用

4. 材料的绘制

（1）关于剖面材料力的自然土壤和浆砌块石这两个常用的材料，只能用样条曲线（SPL）命令来绘制。

（2）输入填充命令（H），选择需要填充的范围，设置填充图形为混凝土和 45°斜线分两次填充，结果如图 14－51 所示。

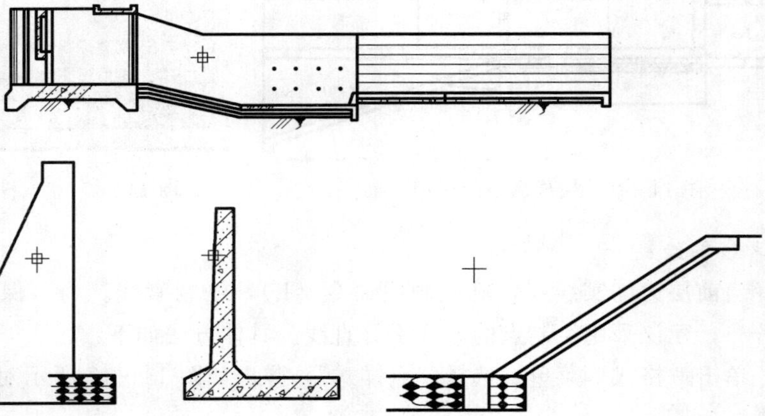

图 14－51　材料的填充

5. 标注、文字的绘制

(1) 文字样式的设置，同［例 14－3］。

(2) 标注样式的设置，同［例 14－3］。

(3) 标注：打开“标注”工具栏，单击线性标注、连续标注，对所作图形进行标注，完成后如图 14－47 所示。

技能训练项目十四

技能训练实训： 抄绘渡槽设计图。

技能训练目标： 熟悉 AutoCAD 基本绘图及修改命令。

技能训练内容： 抄绘渡槽设计图，如图 14－52 所示。

技能训练要求： 用 A3 图纸绘制渡槽设计图。

技能训练步骤：

1. 设置图层。
2. 绘制图框及标题栏。
3. 绘制图形。
4. 标注尺寸。

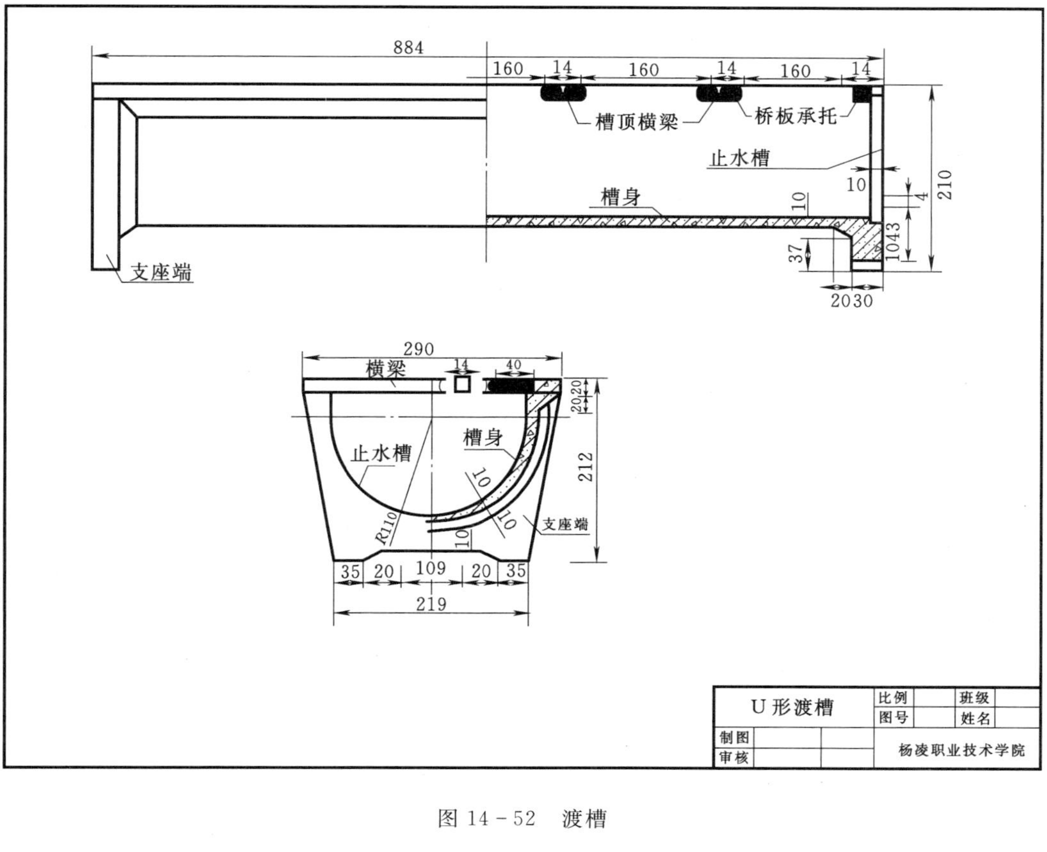

图 14－52　渡槽

参 考 文 献

[1] 樊振旺．水利工程制图［M］．郑州：黄河水利出版社，2015.
[2] 牟明．建筑工程制图与识图［M］．北京：清华大学出版社，2011.
[3] 唐玉文．建筑工程制图与识图［M］．北京：中国科技大学出版社，2013.
[4] 蒋允静．画法几何与土建工程制图［M］．西安：陕西科技出版社，2001.
[5] 曾令宜．水利工程制图［M］．郑州：黄河水利出版社，2000.
[6] 何倩玲．CAD 2010 基础教程［M］．北京：中国建筑工业出版社，2010.
[7] 孙玲．建筑 CAD［M］．北京：机械工业出版社，2011.
[8] 武荣．建筑工程图绘制［M］．北京：中国水利水电出版社，2009.
[9] 郝红科．水利工程图识读与绘制［M］．北京：中国水利水电出版社，2011.
[10] 陈彩萍．工程制图［M］．北京：高等教育出版社，2003.
[11] 刘雪松，樊林娟．道路工程制图［M］．北京：人民交通出版社，2005.
[12] 白金波，田凯．建筑 CAD［M］．天津：天津科学技术出版社，2015.
[13] 白金波，陈玉中．建筑工程制图与识图［M］．天津：天津科学技术出版社，2013.
[14] 争国权．道路工程制图［M］．北京：人民交通出版社，2001.
[15] 唐人卫．画法几何及土木工程制图［M］．南京：东南大学出版社，1999.